U0237846

园区工业废弃物
资源化价值流研究

金友良　曾辉祥　著

科 学 出 版 社

北 京

内 容 简 介

本书以园区工业废弃物为研究对象，探讨废弃物资源化中的价值流转及补偿问题。首先，以会计学的货币计量和成本流转核算等理论为基础，吸收废弃物循环利用中的物质流分析、投入产出分析、生命周期分析的原理与方法，构建园区工业废弃物资源化物质流与价值流一体化的理论分析框架；其次，依据园区工业废弃物资源化的不同模式，从企业内部、企业之间及园区集中处理三个层面分别进行价值核算及影响因素分析，并以此为基础，提出价值补偿方案；最后，引入具体的综合工业园区，研究其主要产业链中的废弃物物质及能源集成价值流。

本书适合从事环境管理会计、循环经济等方面研究的高校和科研机构的广大师生，以及政府及企业的相关人员阅读、参考。

图书在版编目（CIP）数据

园区工业废弃物资源化价值流研究 / 金友良，曾辉祥著. —北京：科学出版社，2021.4

ISBN 978-7-03-063790-1

Ⅰ. ①园… Ⅱ. ①金… ②曾… Ⅲ. ①工业园区－工业废物－废物综合利用 Ⅳ. ①X7

中国版本图书馆 CIP 数据核字（2019）第 283460 号

责任编辑：徐 倩 / 责任校对：贾娜娜
责任印制：张 伟 / 封面设计：无极书装

科学出版社 出版
北京东黄城根北街 16 号
邮政编码：100717
http://www.sciencep.com
北京建宏印刷有限公司 印刷
科学出版社发行 各地新华书店经销
＊
2021 年 4 月第 一 版 开本：720 × 1000 1/16
2021 年 4 月第一次印刷 印张：15
字数：300 000
定价：138.00 元
（如有印装质量问题，我社负责调换）

前　　言

工业园区不仅是区域经济发展的重要引擎，其废弃物也是加剧生态环境恶化的主要诱因。循环经济以"3R"原则①为核心，以"废弃物资源化"为主旨，强调资源的再循环和再利用，已成为破解工业园区绿色转型升级困境的有效途径。园区循环经济的发展需要在追求经济利益的同时兼顾环境影响。目前，由于我国废弃物管理措施起步较晚，实施难度较大，环境状况总体恶化的趋势尚未得到根本遏制。尽管园区某些废弃物通过技术及管理在企业之间实现了物质循环，但其价值循环未得到充分体现，工业园区缺乏科学合理的价值补偿激励措施，致使废弃物资源在园区企业之间流转不畅，协同处理程度不高，造成了资源的大量浪费和环境污染。因此，有必要通过园区关联企业之间的协作，构建企业间的废物循环经济链条，以此创造更多的协同机会，为生产企业提供资源或能源，实现废物的再生增值，这也是推动生态文明建设的有效途径。

针对园区废弃物资源化协同处理问题，不仅需要政策、技术等方面的支撑，同时是一种建立在资源的物质流动与价值流转基础上，将物质、能量、资本、劳动力、市场等要素有机结合的经济问题。废弃物资源化伴随资源的物质流动，将发生相应的价值变动。因此，构建园区工业废弃物资源化协同处理的物质流动与价值流转一体化理论与方法体系，揭示物质流与价值流互动影响的变化规律，客观反映废弃物的价值流转信息，提出废弃物资源化价值补偿的对象、依据及标准、相关政策建议等，可充分调动企业开展废弃物资源化的主动性和积极性，从而完善废弃物的交易市场体系，推动废弃物的协同处理，提高资源的循环利用率。

本书围绕园区工业废弃物资源化协同处理中的价值流转及补偿主题，利用循环经济、产业共生、废物流分析、资源价值流会计及博弈论等理论，从理论层面构建园区工业废弃物物质流动与价值流转循环一体化的理论分析框架，从方法层面，根据园区废弃物资源化的不同模式，对园区各节点企业及园区系统层面各类废弃物的价值流转、变动趋势、影响因素进行计量分析，以此为基础，设计价值补偿方案。本书的主要内容如下。

（1）园区工业废弃物资源化的物质流动与价值流转机理。鉴于工业废弃物

---

① 3R 原则（the rules of 3R）：指的是减量化（reducing）、再利用（reusing）和再循环（recycling）的简称。

资源化价值流研究属于多学科的知识嫁接、理论融合和集成创新而成的一种全新理论与方法体系。研究对象从企业层面扩展至园区，考虑经济与环境两大系统，即先在企业层面考虑各节点废弃物的内部资金运动与生产过程产生的环境损害，然后以各节点企业废弃物为输入口，在园区层面建立废弃物再利用价值流转核算与分析理论体系，以此作为废弃物资源化协同处理决策的重要依据。

（2）废弃物资源化的价值流转核算与分析。废弃物资源化的模式不同，其价值流核算及分析的方法也存在差异。本书将园区工业废弃物资源划分为企业内部、企业间协同处理和园区集中处理三类模式。企业层面核算借鉴成本会计的逐步结转原理，以企业连续生产流程（节点/物量中心）的资源物量流动计算资源流转价值和废弃物外部损害价值。在企业之间运用 Stackelberg 博弈理论，进行演化博弈视角的企业间协同处理废弃物的价值流转核算及影响因素分析，以及生态产业共生视角下不同共生状态（不共生、部分共生和完全共生）、不同回收模式（集中回收和竞争回收）的废弃物资源化交易价格模型，得出模型最优均衡决策结果，并通过模型对比和参数分析，识别共生网络中共生程度较低、回收模式不合理、价值流转和价值增值不充分的关键节点，通过对影响因素的分析与调整，优化其共生状态或共生模式，最大化价值流转规模，提高资源利用效率。为企业优化生产决策，园区及政府对企业废弃物资源化行为给予政策支持提供依据。

（3）园区工业废弃物资源化协同处理中的价值补偿。政府的价值补偿及配套政策是推动园区经济主体开展工业废弃物资源化实践的重要保障。本书在分析园区工业废弃物资源化价值流转及政府的价值补偿机理基础上，运用 Stackelberg 博弈理论，根据园区工业废弃物资源化的不同模式，分别构建不同模式下的政府价值补偿模型。通过对比分析，得出最佳价值补偿方案；废弃物资源化过程中，通过政府补贴可调整共生链的价值，实现园区废弃物价值流转的畅通。

（4）案例应用。本书引入 NX 综合工业园区案例，对该园区"热电—建材""啤酒—饲料"等产业链的废弃物物质集成及能源集成进行分析，以热电厂和啤酒厂为例，核算各企业内部废弃物回收的价值流；以"啤酒—饲料"和"热电—建材"产业链及园区废水集中处理为例，分别核算酒渣和灰渣在企业间协同处理、园区集中处理废水的价值流转情况；根据园区的能源集成网络，对园区煤、蒸汽及电力等能源的综合利用价值流进行核算与分析，提出不同废弃物资源化模式下的价值补偿政策建议。

本书在撰写过程中参考了许多学者的研究成果，虽然在书后附有参考文献，但是可能存在遗漏，在此向有关作者表示歉意和深深的感谢。

由于园区工业废弃物资源化价值流在我国仍处于探索阶段，加之本书著者专业水平和知识范围有限，书中的观点和内容尚不完善，不足之处在所难免，敬请各位专家、同行和广大读者不吝指教。

金友良　曾辉祥

2020 年 11 月

目　　录

第1章　绪论 ……………………………………………………………………… 1

  1.1　研究背景及意义 …………………………………………………………… 1

  1.2　研究目的、思路及方法 …………………………………………………… 4

  1.3　基本框架与主攻关键 ……………………………………………………… 6

  1.4　主要创新点 ………………………………………………………………… 9

第2章　废弃物资源化价值流相关研究及理论基础 …………………………… 10

  2.1　相关研究综述 ……………………………………………………………… 10

  2.2　废弃物资源化价值流理论基础 …………………………………………… 15

  2.3　本章小结 …………………………………………………………………… 32

第3章　园区工业废弃物资源化价值流转机理 ………………………………… 33

  3.1　园区工业废弃物资源化物质流动和价值流转 …………………………… 33

  3.2　园区工业废弃物资源化价值流分析方法体系构筑 ……………………… 49

  3.3　园区工业废弃物资源化物质流与价值流分析对接研究 ………………… 60

  3.4　本章小结 …………………………………………………………………… 64

第4章　园区工业废弃物资源化价值流转核算及分析 ………………………… 66

  4.1　基本框架 …………………………………………………………………… 66

  4.2　企业内部回收价值流核算及分析 ………………………………………… 69

  4.3　企业间协同处理废弃物价值流核算及分析 ……………………………… 76

  4.4　园区集中处理废弃物的价值流核算及分析 …………………………… 119

  4.5　园区工业废弃物资源化价值流评价及优化 …………………………… 122

  4.6　本章小结 ………………………………………………………………… 125

第5章　园区工业废弃物资源化价值补偿政策 ……………………………… 128

  5.1　园区工业废弃物资源化价值补偿政策问题剖析 …………………… 128

  5.2　废弃物资源化价值补偿机理及模式 ………………………………… 134

  5.3　不同模式下废弃物资源化的价值补偿政策 ………………………… 138

  5.4　本章小结 ………………………………………………………………… 153

第6章　工业废弃物资源化价值流在园区中的具体应用——以 NX 综合
工业园区为例 ………………………………………………………… 156

  6.1　NX 综合工业园区基本情况介绍 …………………………………… 156

6.2 NX 园区工业废弃物物质及能源流分析 ……………… 160

6.3 NX 园区工业废弃物资源化价值流核算及分析 ……………… 167

6.4 NX 园区能源集成价值流核算 ……………… 175

6.5 NX 园区废弃物资源化价值流评价及优化 ……………… 188

6.6 NX 园区废弃物资源化价值流转补偿政策建议 ……………… 204

6.7 本章小结 ……………… 216

参考文献 ……………… 218

后记 ……………… 229

第1章 绪 论

1.1 研究背景及意义

1.1.1 研究背景

随着"工业 4.0"时代的来临和"中国制造 2025"的推进，越来越多的工业企业向园区集聚，使得园区废弃物不断增加，给生态环境造成巨大压力，一些产业园区甚至变成了污染集中区。据统计，2017 年工业固体废弃物产生量为 33.8 亿吨，工业废水排放 182.8 亿吨，工业废气排放 67.9 万亿立方米。虽然废弃物的产生不可避免，但可通过对废弃物的回收处理使其转变为资源，其资源化已成为全球废弃物管理的趋势（刘光富等，2014）。早在 20 世纪 70 年代初，卡伦堡（Kalundborg）就已存在废物交换行为，1996 年德国颁布了《循环经济与废弃物管理法》，成为全球废弃物循环利用率最高的国家，原废弃物管理系统已发展为资源管理系统，从业人员 20 余万人，涉及 3000 多家企业，每年创造产值达 400 亿欧元。英国将废物交换和循环利用上升到了国家环境战略层面；美国 1993 年建立了国家废物交换网路信息服务平台,2009 年,美国政府设立了资源保护与恢复办公室；日本 1997 年起在全国范围内建立了"生态城镇"。20 世纪 90 年代起，日本开始向循环型社会转变，正式实施对废弃物进行循环利用的国策。据预测，在 2050 年内，全球通过对废弃物加工处理提供的原材料，将由现在的约 30%提高至 80%（刘光富等，2014）。工业园区作为实现废弃物资源化的重要集中地，引起了我国政府的高度重视。2012 年 6 月，废物资源化科技工程被列入"十二五"专项规划；2013 年 7 月，习近平总书记在视察格林美股份有限公司（以下简称格林美公司）时指出，"变废为宝、循环利用是朝阳产业"[①]。2014 年 4 月修订的《中华人民共和国环境保护法》，于 2015 年 1 月 1 日起实施，同年 5 月，国家发展和改革委员会（以下简称国家发改委）等七部委联合下发了《关于促进生产过程协同资源化处理城市及产业废弃物工作的意见》。2014 年 11 月国务院通过了《中华人民共和国大气污染防治法（修订草案）》。2015 年，国家统计局首次发布了循环经济发展指数，其中资源消耗、废物排放、污染物处置的减量化水平显著提升，但是废弃物回收

---

① 资源来源: 垃圾资源化, 腐朽化神奇——（湖北 荆门）格林美"城市矿产"开发案例分析, http://theory.people. com.cn/n1/2016/0804/c401815-28611732.html[2016-08-04]。

利用进展缓慢①。上述法律法规的颁布实施，对加快我国工业废弃物（industrial waste）的无害化处置、资源化利用步伐具有重要作用。未来废弃物资源化利用将成为推动循环经济发展的重点环节（蓝艳和周国梅，2016）。然而，由于我国废弃物管理措施起步较晚，实施难度较大，环境状况总体恶化的趋势尚未得到根本遏制。中华环保联合会对我国 18 家工业园区的调研结果发现，环境状况仍令人担忧。其主要原因如下：第一，园区企业进行废弃物资源化的利润较低，有时甚至难以弥补成本，影响了企业的积极性和主动性。第二，政府的价值（或成本）补偿政策在实际应用中存在诸多问题，难以合理确定价值补偿的对象、依据及标准。如果补偿太低或补偿对象不合理，会导致园区企业经济利益受损；反之，补偿标准太高，则造成财政压力太大。第三，在推进废弃物综合利用产业集聚发展的实践中，废弃物综合利用企业面临技术研发、高额投资成本、经济效益具有不确定性等问题，多数企业缺乏积极性，阻碍了废弃物资源化产业的发展。

目前我国废弃物资源化正处于快速发展的前期阶段，废弃物处理方式粗放、综合利用率低，与发达国家相比仍有较大差距。废弃物的产生不仅消耗资源，还对环境造成污染，加强资源化回收利用势在必行，必须通过政策调整，完善顶层设计。2017 年 4 月 21 日，国家发改委等 14 个部门联合发布的《循环发展引领行动》中指出，到 2020 年，主要资源产出率比 2015 年提高 15%，主要废弃物循环利用率达到 54.6%左右。一般工业固体废物综合利用率达到 73%，农作物秸秆综合利用率达到 85%，资源循环利用产业产值达到 3 万亿元。75%的国家级园区和50%的省级园区开展循环化改造②。这标志着我国将致力于升级到以资源化、生态化为核心的生态循环，加快促进循环经济产业链迅速发展。2019 年 1 月，国家发改委和工业和信息化部印发了《关于推进大宗固体废弃物综合利用产业集聚发展的通知》，引导企业推动工业固废资源综合利用，实现产业规模化、高值化、集约化发展。

发展绿色循环低碳经济的首要领域是工业系统，近年来经过政府的大力倡导和各地方的积极实践，企业退城入园不断推进。生态工业园区成为统筹区域经济发展、解决资源浪费及工业污染等问题的核心腹地，其节能减排和可持续发展的成果对发展循环经济有着极为重要的意义。然而，目前大多数工业园区内废弃物被遗弃或经末端处理后排放，循环利用力度不够；企业关联性和企业间协作程度不强，对整体资源消耗和环境效率重视不足，生态性得不到充分发挥。尽管园区

---

① 资料来源：2015 年国家统计局政府信息公开工作报告. http://www.stats.gov.cn/ztjc/xxgkndbg/gjtjj/201603/t20160329_1337329.html. 2016-03-29。

② 资料来源：关于印发《循环发展引领行动》的通知. https://www.ndrc.gov.cn/fggz/hjyzy/fzxhjj/201705/t20170504_1203307.html. 2017-05-04。

某些废弃物通过技术及管理在企业之间实现了物质循环，但其价值循环未得到充分体现，缺乏科学合理的价值补偿激励措施，致使废弃物资源化在园区企业之间流转不畅，协同处理程度不高，造成了资源的大量浪费和环境污染。

"废弃物资源化"（waste recycling）思想萌芽于美国经济学家 Kenneth Boulding 在 1966 年提出的宇宙飞船经济，其概念最早由 Pearce 等学者提出，又称作资源循环（回收）利用。随后，工业发达的荷兰提出了废物交换的想法，即在产废主体和潜在利废主体之间进行物质交换，迄今已成为"废弃物资源化"的一种重要方式。我国将废弃物资源化作为循环经济的重要内涵，其概念归纳为"退出生产环节的物质，采用经济、技术方法及管理措施，既实现废弃物无害化处理、减少污染物的排放，又从中回收大量的有价物质，提升废弃物的综合利用率，具备公益性和经济性双重特性"。通过园区关联企业之间的协作，可构建企业间的废物循环经济链条，以此创造更多的协同机会，为生产企业提供资源或能源，实现废弃物的再生增值，是推动生态文明建设的有效途径。园区开展废弃物资源化协同处理，不仅需要政策、技术等方面的支撑，同时是一种建立在资源的物质流动与价值流转基础上，将物质、能量、资本、劳动力、市场等要素有机结合的经济问题。它伴随资源的物质流动，将发生相应的价值变动，由此形成废弃物的价值流，这体现了资源环境的外部性，并且将对经济主体的成本效益产生影响。以物质流动的路径为基础，分析价值的流转过程，建立物质流和价值流循环统一的分析框架，这是深入分析废弃物资源化价值流转研究的基础。因此，构建园区的工业废弃物协同处理的物质流动与价值流转一体化的理论和方法体系，揭示物质流与价值流互动影响的变化规律，客观反映废弃物的价值流转信息，并设计出科学、符合实际的价值补偿方案，可以使工业废弃物以资源的形式再次进入生产领域，促进园区资源（能源）节约和环境负荷降低。

1.1.2　研究意义

面对当前我国园区工业废弃物资源化协同处理中的价值流转和补偿现状，从提高工业废弃物循环利用率的战略目标出发，实现经济与环境的共赢，必须清楚回答以下两大基本问题。

（1）如何充分认识园区工业废弃物资源化协同处理中的价值流转规律。这是实现废弃物资源化协同处理的理论前提和物质基础，也是本书的立足点。废弃物资源化尽管能够产生环境效益，但是经济利益才是各企业协同处理废弃物的主要动因。因此，本书认为，在现有技术条件下，物质流转不再是阻碍废弃物资源化的关键问题，其核心问题是如何遵循市场价值规律，让废弃物资源化协同处理成为市场的主导行为。因此，有必要对废弃物的价值流转规律进行研究，开发废弃物资源化协同处理中的价值流核算方法，识别价值流转不畅的关键节点，对其原因进行分析，进一步构建废弃物资源化协同处理的物质基础条件和市场实现条件。

（2）如何设计科学合理的价值补偿方案，促进园区工业废弃物资源化的协同处理。本书认为，如果不能形成合理的价值补偿机制，废弃物可能被大量抛弃，造成资源浪费和环境损害。因此，针对废弃物在资源化协同处理中存在价值难以弥补的问题，应根据对废弃物价值流转的计量分析，判断是否需要进行合理的价值补偿来确定对哪些主体、对象与环节进行补偿，以及价值补偿的数量和途径，试图采用合理的价值补偿来推动园区废弃物的协同处理。

鉴于此，本书的研究意义如下。

（1）本书考虑废弃物资源化的不同模式，以物质流分析作为基础，设计园区工业废弃物物质流和价值流的理论与方法体系，探究园区废弃物资源化协同处理过程中的价值流转规律，从而挖掘出废弃物资源化协同处理中的物质基础及市场实现条件，把握废弃物资源化对经济和环境效益的影响趋势。现有研究较多关注技术层面的物质循环，经济层面的价值流转涉及偏少，本书在园区层面引入成本、价格、收益等经济核算分析指标，对进一步丰富循环经济、低碳经济、产业共生、环境管理会计（environmental management accounting，EMA）等相关理论有着十分重大的理论价值。

（2）园区工业废弃物资源化的价值流研究是一个涵盖机理分析、价值流核算与评价、价值流转影响因素分析、价值补偿及政策工具的完整框架体系，为优化园区废弃物的流动路径，提高废弃物流转效率提供了方法体系。本书以 NX 综合工业园区为案例，引入废弃物资源化价值流核算及分析体系，计算废弃物内部损失成本、废弃物交换价格及循环流转价值增值，评价和分析废弃物流转情况，识别关键影响因素，为政府价值补偿及政策设计提供决策相关的经济性信息，运用经济手段，对资源和环境进行管理。通过分析典型园区工业废弃物协同处置中的价值流转规律，提出合理的价值补偿方案及政策建议，可充分发挥政府及园区管理委员会（以下简称园区管委会）的主导、协调和激励作用，通过园区与政府的良性互动，企业可以获得资金支持，主动性和积极性得以调动，对完善废弃物的交易市场体系、推动废弃物的协同处理、提高资源的循环利用率、促进生态文明和建设"美丽中国"具有重大的应用价值。

1.2　研究目的、思路及方法

1.2.1　研究目的

本书的研究目的包含以下三个方面。

（1）构建园区工业废弃物协同处理中的物质流动与价值流转一体化的理论分析框架。根据废弃物在园区中的流动路径，构建"物质流动—价值流转"二元结构理论与方法体系，解析废弃物资源化过程中的价值流转的规律，以识别废弃物资源化过程中的物质基础和市场条件。

（2）研究园区工业废弃物资源化处理过程中的价值流转核算方法，为价值补偿提供量化依据。分别对企业内部回收、企业间协同处理及园区集中处理下的废弃物价值流转进行经济与环境两个方面的核算、评价，并对价值流转规律及影响因素进行深入分析。

（3）设计科学合理的价值补偿方案，并提出政策建议，充分发挥政府及园区管委会的主导、协调、激励作用及市场的决定作用，使企业能在提高资源的利用效率和环境绩效中获得综合利益，从而促进工业废弃物资源化的协同处理，实现我国经济与环境的和谐发展，即针对园区废弃物资源化的实际发展情况，设计价值补偿方案及配套政策建议，并通过实例估计价值补偿及政策工具的经济及环境影响。

1.2.2　研究思路及方法

本书围绕园区工业废弃物资源化协同处理中的价值流转及补偿主题，利用循环经济理论、产业共生理论、废物流分析理论、资源价值流转会计（resource value flow accounting，RVFA）及博弈论等，首先，在理论层面，将园区工业废弃物物质流和价值流统一起来，构建它们之间循环一体化的理论分析架构；其次，在方法层面，对园区各节点企业及园区系统层面各类废弃物的价值流转、变动趋势、影响因素进行计量及分析，为价值补偿提供量化依据；最后，以价值流转计量及分析为基础，设计科学合理的价值补偿政策方案。研究思路和框架如图 1-1 所示。

鉴于本书涉及多学科融合交叉，且研究所涉及的问题较为复杂，故需要采用多种研究方法及分析方法来完成。具体包括以下方法。

（1）文献研究与规范分析。通过查阅和梳理文献资料，对国内外关于循环经济、产业共生、投入产出分析、废弃物资源化、资源价值流、博弈论等相关理论和方法进行归纳分析，从物质流与价值流的互动影响机理中发现价值流研究方法在园区工业废弃物资源化中的空间和优势，实现技术性分析与经济性分析的统一，构建园区工业废弃物物质流动与价值流转的理论分析框架。

（2）计算绘图与流程分析。将物质流分析与价值流分析相结合，以园区工业废弃物资源化的物质流转为基础，将工业废弃物资源化链网中的每一节点作为计算单元，绘制出相对应的物质流图，显示工业废弃物流动情况。同时，根据价值流的核算结果进行分析，揭示各节点上工业废弃物的价值构成、环境损害及价值变动，并进行价值流转的影响因素分析。

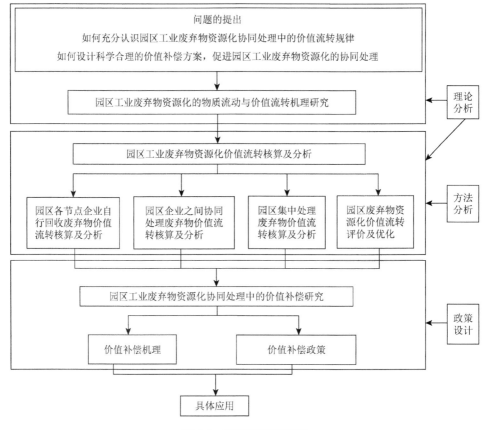

图 1-1　研究思路和框架

（3）定性和定量分析。通过对园区工业废弃物资源化不同模式及资源化的影响因素进行定性分析，利用博弈论构建不同共生状态和不同回收模式下废弃物资源化价格及政府价值补偿模型，根据应用案例中收集的数据对模型结果进行验证和敏感性分析，得出政府最优价值补偿系数及企业最优经营决策。

（4）案例研究法。以 NX 综合工业园区为案例，根据调查收集该园区废弃物资源化的相关数据，对园区主要产业链废弃物资源化进行价值核算、评价及优化，据此为政府或是园区管委会提供决策相关的政策建议。

1.3　基本框架与主攻关键

1.3.1　基本框架

本书共包括 6 章，基本框架及研究的内容安排如下。

第1章为绪论。阐述本书的研究背景及意义,提出本书研究的主要问题,介绍本书的研究目的、内容与方法、主攻关键及主要创新,为接下来的研究奠定基础。

第2章阐述工业废弃物资源化价值流研究进展及理论基础,重点从废弃物资源化的物质流分析与价值流分析等研究领域入手,在系统梳理国内外最新研究动态的基础上,分析废弃物资源化的成本效益、相关补偿政策,以及产业共生视角下废弃物资源化协同处理等方面的研究,并对循环经济、产业共生、生态产业学、废物流分析、资源价值流会计、博弈论、价值补偿等理论进行详细阐述,为展开园区工业废弃物资源化价值流转机理研究做铺垫。

第3章阐述园区工业废弃物资源化价值流转机理。工业废弃物资源化价值流研究属于多学科的知识嫁接、理论融合和集成创新而成的一种全新理论与方法体系。通过有效融合废弃物资源化的物质流状况和价值流特征,以物质流动的路径为线索,分析价值的流转过程,构建物质流与价值流循环一体化的理论分析框架。以会计学的货币计量和成本流转核算等理论为基础,吸收废弃物循环利用中的物质流分析、投入产出分析、生命周期分析的原理与方法,构筑园区工业废弃物价值流转的理论基础。研究对象从企业层面扩展至园区,考虑经济与环境两大系统,即先在企业层面考虑各节点废弃物的内部资金运动与生产过程产生的环境损害,然后以各节点企业废弃物为输入口,在园区层面建立废弃物再利用价值流转核算与分析理论体系,以此作为废弃物资源化协同处理决策的重要依据。

第4章为园区工业废弃物资源化价值流转核算与分析。废弃物资源化的模式不同,其价值流核算及分析的方法存在差异。本书将园区工业废弃物资源划分为企业内部、企业间协同处理和园区集中处理三类模式。企业层面核算借鉴成本会计的逐步结转原理,以企业连续生产流程(节点/物量中心)的资源物量流动计算资源流转价值和废弃物外部损害价值。在企业之间运用Stackelberg博弈理论,构建演化博弈视角下的企业间协同处理废弃物的价值流转核算及影响因素分析,以及生态产业共生视角下不同共生状态(不共生、部分共生和完全共生)、不同回收模式(集中回收和竞争回收)的废弃物资源化交易价格模型,得出模型最优均衡决策结果,并通过模型对比和参数分析,识别共生网络中共生程度较低、回收模式不合理、价值流转和价值增值不充分的关键节点,通过影响因素的分析与调整,优化其共生状态或共生模式,最大化价值流转规模,提高资源利用效率。为企业的优化生产决策、园区和政府对企业废弃物资源化行为的政策支持工具提供依据。

第5章为园区工业废弃物资源化价值补偿政策。政府的价值补偿及配套政策是推动园区经济主体开展工业废弃物资源化实践的重要保障。本部分在分析园区工业废弃物资源化价值流转及政府的价值补偿机理基础上,运用Stackelberg博弈理论，根据园区工业废弃物资源化的不同模式，分别构建不同模式下的政府价值补偿模型。通过对比分析，得出最佳价值补偿方案；废弃物资源化过程中，通过政府补贴可调整共生链的价值，实现园区废弃物价值流转的畅通。

第 6 章为工业废弃物资源化价值流在园区中的具体应用。本部分引入 NX 综合工业园区案例，对该园区"热电—建材""啤酒—饲料"等产业链的废弃物物质集成及能源集成进行分析，以热电厂和啤酒厂为例，核算各企业内部废弃物回收的价值流；以"啤酒—饲料"和"热电—建材"产业链及园区废水集中处理为例，分别核算酒渣和灰渣在企业间协同处理、园区集中处理废水的价值流转情况；根据园区的能源集成网络，对园区煤、蒸汽及电力等能源的综合利用的价值流进行核算与分析，提出不同废弃物资源化模式下的价值补偿政策建议。

1.3.2　主攻关键

工业废弃物按照形态可分为固体、液体、气体废弃物。考虑到园区工业废弃物种类繁多，成分复杂，处理比较困难，本书以园区工业废弃物为研究对象，探讨废弃物资源化的协同处理问题，从物质流动与价值流转一体化理论分析出发，依据废弃物物质流动与价值流转互动变化影响原理，对园区工业废弃物资源化协同处理中的价值流转进行核算，分析其流转规律、影响因素及价值流转不畅的原因，在此基础上，设计价值补偿方案，从而实现园区工业废弃物资源化利用和无害化处理。本书拟解决的关键问题如下。

（1）园区工业废弃物资源化中的物质流动与价值流转机理的研究。园区废弃物资源化协同处理受经济利益驱动，属于市场行为，必须遵循市场价值规律。因此，本书需要构建废弃物资源化协同处理中物质流和价值流转相统一的方法体系，探究废弃物在实现资源化过程中的价值流转规律，为后续价值补偿方案的设计奠定理论基础。

（2）园区工业废弃物资源化中的价值流转核算与分析研究。价值计算与分析为价值补偿提供依据。因此，本书首先应对企业各类废弃物价值进行核算，包括各类废弃物消耗的材料（能源）、人工和设备折旧等；其次在园区层面通过物质集成、能量集成、信息集成，对废弃物的输入、消耗与循环、输出价值流转进行经济和环境核算，对价值流转规律及影响因素进行分析。

（3）园区工业废弃物资源化中的价值补偿政策研究。根据废弃物资源化协同处理中的价值计量及流转规律分析，可揭示价值流转不畅的重点环节，并进行原因分析，从而判断如何进行科学有效的价值补偿，针对园区工业共生网络发展的实际情况，设计价值补偿方案，提出政策建议，并评估价值补偿政策的经济及环境影响，鼓励企业相互利用废弃物，提高资源的使用效率。

1.4　主要创新点

本书尝试性地建立了废弃物资源化不同模式下的价值流理论与方法,并以案例的形式验证其可行性和合理性。其特点在于对工业园区的废弃物资源化价值流研究及补偿的理论和实践的系统性研究在国内并不多见,本书对此进行研究,具有以下创新和特色。

(1) 园区工业废弃物资源化协同处理的物质流动与价值流转一体化理论分析框架具有前沿性。本书以各节点企业废弃物价值流转核算为基础,从园区系统层面出发,构建了物质流与价值流一体化的理论分析框架,揭示园区工业废弃物资源化协同处理中的价值流转及影响因素,为园区废弃物流转优化、管理网络建设、价值补偿政策设计提供支持。

(2) 园区层面的废弃物资源化价值流转核算及分析方法具有新颖性。本书融合物质流分析、投入产出分析、生态产业共生理论和供应链理论、会计学的成本核算理论,以园区物质(能量)集成路线为基础,跟踪、描绘废弃物在园区领域的物质流动与价值流转状态,明晰二者的内在逻辑关系,开拓性地构建相对完整的园区工业废弃物资源化协同处理中的价值流转核算及分析体系。

(3) 园区工业废弃物资源化价值补偿方案设计具有创新性。本书拟对某典型园区进行案例研究,通过对该园区工业废弃物的价值流转进行计量及分析,据此设计价值补偿方案,提出价值补偿依据及标准、相关政策等。其成果可向其他园区及城市推广,从而促进废弃物资源化的协同处理,推进我国经济与环境的和谐发展,在国内外实务中均是一种创新性尝试。

第 2 章　废弃物资源化价值流相关研究及理论基础

2.1　相关研究综述

2.1.1　物质流分析与价值流分析

废物流分析决定了价值流数据的形成和分配，其分析方法一方面能够明晰废弃物从产生到消失各阶段的物质循环情况，通过控制流量和流向，实现物质流路径优化的目标；另一方面，可定量地描绘废弃物流动对生态环境的影响，为研究经济系统与自然生态系统之间的关系提供相关数据支持。废物流是物质流的组成部分，目前国内外废物流分析方法主要包括了元素流分析（substance flow analysis，SFA）、经济系统物质流分析（economic wide-material flow analysis，EW-MFA）。元素流分析追踪特定物质或元素在经济–环境系统内的流量和流向，评价特定物质或元素对生态环境的压力及危害，量化经济系统中物质流动与资源利用、环境效应之间的关系。EW-MFA 则关注一定时间范围内物质的总量与结构，通常把经济系统当作"黑箱"，进行物质通量和使用强度两方面的分析。EW-MFA 分析框架中的区域内物质输出（domestic material output，DMO）由经济系统排出的固体废弃物、废水、废气组成，与废物流分析最为相关。各国学者在 EW-MFA 分析框架上设定一系列指标，用于衡量经济系统废弃物资源化程度和效率，如废弃物回收率、废弃物循环利用率、最终处置量等。物质流分析关注某一种或几种元素、化合物或产品的流动路径，通过对其在特定环境中的流动规模、途径、结构和动力机制的研究，指出不同环节上减少资源消耗和降低环境影响的措施（石磊，2008）。武娟妮和石磊（2010）通过工业园区的磷代谢网络的构建，解析工业系统和污水处理模块的磷代谢途径和通量，从而提高水资源利用效率，减缓水环境污染压力。葛建华和葛劲松（2013）从制度设计、试点先行、技术投入三个层面，提出了逐步建立和完善园区的物质流分析体系，以评价园区的环境绩效。Arena 和 Gregorio（2014）结合生命周期评估（life cycle assessment，LCA）方法，将废物流分析方法成功地应用于意大利地区城市固体废弃物的管理规划；Ohnishi 等（2017）整合了物质流分析、碳足迹（carbon footprint）和能值分析（emergy analysis），对日本川崎的工业及城市共生进行了综合评估。

废弃物价值流分析则为废物流优化提供决策、控制、考核的经济信息和手段。

价值流分析一方面能够突破"物质"的局限,为废弃物资源化的经济分析和决策提供直接依据;另一方面,可以细化评估废弃物的环境损害成本,更好地评价废弃物资源化过程中的环境绩效。毛建素和陆钟武(2003)将单位质量的元素 M 具有的价值定义为"价位",并绘制了产品生命周期价值循环流动图,反映出废弃物资源化过程中的增量价值,如产品制造阶段对加工废物的回收利用,不仅节约了环境税等(机会成本),还增加了价值产出(废弃物的再利用价值);产品消费后的报废阶段对废物的回收利用,可减少消费者的环境税,增加废弃物出售收入,这种增量价值通过物质循环得以实现。价值循环流动虽然可以反映废弃物资源化的诱因和增量价值的构成,但对于废弃物价值如何计量并没有进一步分析。价值流分析的重要工具——RVFA 的研究,为企业内部、企业间的废弃物资源化价值流转核算与分析提供了理论基础和方法指引,它是我国会计学界借鉴德国材料流转成本会计(material flow cost accounting,MFCA),并结合资源消耗会计(resource consumption accounting,RCA)发展而来。MFCA 把投入生产的原材料、能源、间接费用,区分为面向产品的流量和面向废弃物的流量,在生产(工程)单元从实物量与价值量两个方面加以计量。基于 MFCA 的成本信息能够揭示出"负制品"按各成本要素(材料成本、能源成本、系统成本、处置成本)划分类别的损失成本,但无法反映废弃物对环境系统的损害费用。RVFA 在 MFCA 的基础上,引入日本的基于端点建模的生命周期损害评价(life-cycle impact assessment method based on endpoint modeling,LIME)方法,对废弃物外部环境损害价值进行估算,可以更全面地评价废弃物资源化带来的环境效益。肖序和刘三红(2014)认为,元素流与价值流是互动统一的,元素流转决定了价值流数据的形成,为促进两者之间的转化,可在元素流和价值流之间创立一个相互连接的数据系统,为元素流的优化提供有关的数据,帮助选择资源、环境、经济最优的元素流转路径,提升经济与环境效益。熊菲和肖序(2014)依据物质流与价值流互动影响规律,从资源的消耗、循环及废弃物输出等不同角度出发,构建了基于价值流转的绩效测试指标体系方法。

2.1.2　废弃物资源化的成本效益研究

随着废弃物资源化价值流理论的不断融合发展,越来越多的学者开始从经济、社会及政策制度等角度探索废弃物资源化的驱动力量及影响因素,由于存在废弃物再利用成本,且环境效益难以通过成本或价格的形式收回,企业开展废弃物资源化的动力不足,政府通过设计合理的价值补偿方案,实施配套的政策工具,以保证废弃物资源价值流转的顺利运行。虽然废弃物资源化的物质流分析较为成熟,但价值流转核算分析及补偿政策等相关研究还处在探索阶段。

实践中，大量废弃物被遗弃或经末端处理后排放，没有实现废弃物的循环利用；企业间废弃物协同处理也存在"只循环，不经济"现象，导致企业开展废弃物资源化活动的动力不足。学者们试图从经济、社会及政策制度等角度揭示影响废弃物资源化物质循环、价值增值的驱动力量及影响因素。刘三红等（2016）通过分析循环经济的动力问题，提出企业实施废弃物资源化行为的最根本动力是企业内部的经济效益，并逐一分析了影响废弃物资源化经济利益机制的因素，包括原生产品的价格与成本、可供回收产品的数量或成本、再资源化产品的价格和成本、废弃物环境损害污染值或环境税、政府对再资源化补贴或优惠等。肖序等（2009）认为，企业对废弃物进行再利用、再循环的经济基础，即新资源的市场价值与废弃物循环再利用降低环境负荷所获得的价格和财政税收补贴等间接价值流入之和应大于废弃物处理成本。随着产业共生理论的快速发展，废弃物协同处理的影响因素分析逐渐成为研究重点。Berkel（2006）认为在工业化国家，经济和监管因素是废弃物共生的主要驱动力；而公司管理层之间的沟通和信任是废弃物协同处理的重要软推动因素。李清慧和石磊（2012）从废弃物交换的市场机制出发，运用主体建模的方法构建了废弃物交换的模型框架，并且基于 Swarm 平台进行了仿真分析，认为废弃物交换的经济条件取决于上下游企业不同策略的选择及效用，同时考虑政府补贴或惩罚等因素。Mirata（2004）分析了财政因素和环境规制对促进企业间合作的影响。一方面，政府通过出台经济激励措施，如财政补贴、税收优惠、贷款支持，通过外部收益内部化的方式转化为企业的直接经济利益，推动废弃物协同处理的协调发展；另一方面，政府通过设定标准排放限值，采用环境税等经济惩罚手段，以及行政手段（如停产、吊销营业执照等）提高企业末端治理成本，减少工业废弃物的排放，提高产废企业合作共赢的积极性。Domenech 和 Davies（2011）运用社会网络分析（social network analysis）方法，探讨了隐藏在废弃物交换背后的社会因素，并以卡伦堡为例，识别行动者在网络中的地位和作用。卢福财和胡平波（2015）综合考虑各种利益关系对企业间合作的驱动，进一步厘清了工业废弃物循环利用网络内企业间的合作演化关系。

2.1.3　废弃物资源化的补偿政策研究

日本为促使产业废弃物的减量化、再利用和资源化，专门开征了产业废弃物税，该税专用于产业废弃物减量化、资源化技术的研发、资源化设施的整备及共享产业废弃物处理信息等（杭正芳和周民良，2010）。在"十二五"规范和法规中，提出了有关资源综合利用的补偿政策，其中《节能减排"十二五"规划》中规定，

加大中央预算内投资和中央节能减排专项资金对节能减排重点工程和能力建设的
支持力度，继续安排国有资本经营预算支出支持企业实施节能减排项目。2008 年
1 月 1 日起施行的《中华人民共和国企业所得税法》也明确指出，对环境保护、
节能节水项目的所得给予优惠的具体方式是三免三减。即自项目取得第一笔生产
经营收入所属纳税年度起，第一年至第三年免征企业所得税，第四年至第六年减
半征收企业所得税。目前国内外学者研究政府对企业补偿政策主要集中在以下几
个方面：①政府补偿政策对企业产生的影响。师博和沈坤荣（2013）运用实证研
究方法，研究了政府适度干预更有利于推动制造企业实施节能减排活动。刘渤海
（2012）、常香云等（2013）分别以废旧机电和废旧汽车零部件回收再制造企业为
研究对象，研究了政府合理的财政补贴对企业废弃物资源化的影响程度。②政府
补贴策略不同，其效果存在差异。Mitra 等（2004）研究了政府对再制造商、制
造商进行补贴及对两者都补贴这三种情形，指出政府价值补偿能够促进企业实
施再制造活动，政府同时补贴制造商和再制造商，比单独补贴更能调动它们的
积极性。夏西强等（2017）通过构建原始制造商、再制造商与零售商模型，针
对政府不补贴、补贴再制造企业，以及补贴购买再制造产品的消费者三种情况
的博弈主体及消费者收益，认为政府应对不同情况实施差异化的价值补偿策略。
Basiri 和 Heydari（2017）研究了逆向供应链中的激励问题，认为政府对制造商
的激励优于对零售商的激励。胡强等（2017）比较了政府直接补贴制造企业和
消费者两种方式，提出政府加大对制造企业的补贴力度，可降低再制造产品的
市场价格，且两种不同的补贴方式均能使制造企业增加收益。③考虑政府补贴
的政府与企业间博弈研究。陈军和杨影（2014）考虑政府与产业链上下游企业
的三级供应链，构建了它们之间的博弈模型，研究了政府如何制定最优财政补
贴额度，以有效调控副产品的交易价格，缓解核心企业的利益冲突。张汉江等
（2016）以回收再制造的闭环供应链为对象，以政府作为决策主体，对制造商回收
再制造产品进行财政补贴。王喜刚（2016）基于社会福利最大化视角，通过建立
Stackelberg 模型来解决逆向供应链废弃产品的回收价格和社会最优补贴。朱庆华
和窦一杰（2011）通过构建政府和生产商之间的博弈模型，为政府的最优补贴、
生产商的绿色战略决策提供参考。任鸣鸣等（2016）、何开伦等（2016）运用委托
代理理论，研究了政府如何制定工业废弃物资源化价值补偿激励政策，以提高企
业废弃物资源化的主动性和积极性。

2.1.4　产业共生与废弃物资源化协同处理研究

生态产业共生是基于循环经济和工业生态学的一个概念。生态产业共生是指

一个企业生产过程的副产品作为另一个企业生产过程的原材料，使物质和能量消耗得到优化，减少废弃物的处理和资源的损失。从传统意义上来说，单独的实体以合作的方式参与物质、能源、水和副产品的物理交换以获得竞争优势的行为即形成了生态产业共生。生态产业共生的关键是企业间协同合作和地理位置的邻近提供的协同可能性。其目标是在不同层面获得收益：①从经济效益的角度来说，企业可以降低原材料采购成本，节约废弃物处置成本，并且通过销售副产品获得额外的收益，通过从同等数量的原材料中产生更多的经济产出，生态产业共生使得资源效率提高；②从环境效益的角度来看，生态产业共生可以减少自然资源的消耗和废弃物处理，以及对环境的损害；③从社会效益的角度来看，生态产业共生强调区域、行业和政府机构的合作为区域经济的发展做出贡献。循环经济较发达国家的生态产业共生研究，以"废弃物交换利用"和"废弃物的闭路循环"为主，通过企业间废弃物资源化的协同处理，生态产业共生关系的建立来实现企业间物质的闭路循环及能量的梯级利用。Chertow（2000）从个体参与者、区域环境、经济效益和政府监管角度，探讨了波多黎各瓜亚马的新兴生态产业共生网络。Mortensen 和 Kornov（2019）构建了生态产业共生的概念框架，将生态产业共生形成过程分为产生共生的意识和兴趣、探索和发掘共生关系、建立条件和组织三个阶段，在不同阶段的利益相关者，如企业、园区、政府等扮演的角色和功能也会相应存在差异。Dong 等（2014）评估和比较了中国柳州、济南及日本川崎钢铁中心工业区生态产业共生活动的数量、规模及相关环境和经济效益。Li 等（2015）对贵阳市生态产业共生网路的环境效益进行了定量评价。Ren 等（2015）通过结合生命周期的可持续性评估框架和多标准决策方法，提出了生态产业共生活动的可持续性评估方法。此外，Liu 和 Wu（2016）等通过采用混合的能量分析和指数分解分析方法，对沈阳经济开发区生态产业共生的整体效益进行了评价。

国内对生态产业共生理论的研究主要分为技术主导论和管理主导论两大阵营。技术主导论着重于技术（清洁生产、回收利用、再生提取等技术）开发、创新及应用来实现企业间的废弃物资源化，通过废弃物质循环和能量流转，形成企业间废弃物协同处理的共生关系，达到节能减排的效果；管理主导论强调通过管理手段来运营生态产业网络，如通过提高环保意识、强化监督管理、创新管理模式等来达到节能减排的目的。近年来，众多学者对生态产业共生的形成、运营、模式、演化路径、影响因素和绩效评估等进行了诸多研究。

按照共生行为模式，生态产业共生包括寄生、偏利、非对称互惠及对称互惠共生。从废弃物资源化协同处理视角来看，生态产业共生有三种驱动模式：顶层规划、自组织和政府促进模式。经济效益、资源环境价值取向及系统内部运作和自组织机理会推动产业共生系统的形成，通过投入产出分析法、全要素生产率分析法、生态效率评价和企业环境绩效评价等方法，可以评价生态产业共生效应。生态产业共生受园区层面、企业间和企业内部的因素影响，如园区层面的制度因素和第三方组织，企业间信息流通和信任水平与交易成本，企业内部技术、成本因素和环境观念等。随着对生态产业共生网络的研究不断成熟，刘光富等（2014）逐渐将其由工业领域拓展到城市废弃物资源化共生网络的研究。

2.1.5　已有研究的局限性

通过对文献进行梳理及考察相关政策，有关废弃物资源化理论和实践均取得了一定的进展，为本书的研究提供了基础，但目前的研究仍有以下不足。其一，虽然对物质流的分析较为成熟，但价值流分析多停留在企业层面，很少在园区层面展开。其二，废弃物资源化仅关注了园区层面的交换价格、投资成本、协作收益等，价值流转信息未得到真实反映，无法计算协同处理中经济和环境效益，致使废弃物在协同处理中的价值流转出现瓶颈。其三，补偿研究虽然对政府制定工业废弃物资源化价值补偿政策具有一定的参考价值，但仍存在以下不足：第一，大多研究主要集中在政府的价值补偿及策略对企业废弃物资源化过程的影响方面，缺乏政府对企业的价值补偿对象、标准及依据等内容，致使补偿政策难以落实。第二，政府作为废弃物资源化参与主体，大多关注的是社会服务和消费领域产生的废旧物品回收再制造，以及政府对再制造企业的激励问题，很少涉及政府如何对园区工业废弃物资源化进行价值补偿的问题。第三，废弃物资源化模式不同，价值补偿的激励效果存在差异，将直接影响企业废弃物资源化决策。已有文献并未从政府角度研究园区不同模式下的废弃物资源化价值补偿。虽然对资源的综合利用及节能减排进行补偿的政策在法律中有所体现，但是这种补偿并没有使企业对废弃物综合利用的积极性提高，反而有所降低，因为这种补偿主要面向一个企业或者项目，没有对园区整体采取系统的补偿举措，因此，企业的经济利益得不到保证。其四，虽然站在理论的角度，园区产业共生是切实可行的，但实际来看，园区产业共生并没有很好地改善环境质量，园区工业废物综合利用率也没有得到有效提高，主要原因是目前还缺乏完善的法律及政策的支持。

2.2　废弃物资源化价值流理论基础

园区工业废弃物资源化价值流研究以循环经济理论、产业共生理论、废物流分析理论、RVFA 及博弈论等相关学科为基础，对废物流分析方法进行借鉴与补充，是多学科的理论融合和集成创新而成的一种新的理论方法体系，它融合了废弃物物质流和价值流分析，以园区工业废弃物的循环流动为载体，从园区层面来解析园区工业废弃物资源化的价值流转机理、价值流转核算分析、价值流补偿政策。

2.2.1　循环经济理论

循环经济（circular economy）源于 Boulding 在 1966 年提出的"宇宙飞船经济"。其概念最早由 Pearce 等学者提出。它是一种"资源—产品—再生资源"反馈式闭路循环的非线性经济，以自然生态系统中物质及能量的循环利用规律为参照，最大限度地减少经济活动的环境影响和生命周期成本，最大限度地发挥资源价值，从而以最低的资源和环境代价实现经济与环境协调发展（王国印，2012）。

循环经济则以"减量化、再利用、再循环"的"3R"为原则，以资源（特别是物质资源）的节约和循环利用为核心（王明远，2005）。依据不同的物质流循环路径，循环经济可划分为以下三种运行模式。

（1）以生产企业物质流"小循环"为研究对象。以生产技术的提升为侧重点，以企业内部的绿色技术创新为目标，通过创新技术来促进企业内部的清洁生产、资源循环利用和节能减排，达到减少生产和服务过程中的物料和能源使用量的目的。该模式在单个企业内部工序之间、生产过程之间，对废渣、废水回收利用，梯级利用废热能源等（如本工序产生的废弃物直接回用、其他工序产生的废弃物经简易处理后回用到另一个工序、余热等能源在企业内的循环利用）。

（2）以园区的物质流"中循环"为研究对象。该模式的侧重点为通过建立区域层面的工业园区和生态产业链，实现各企业之间的原材料、产品、副产品互换和资源共享的产业共生组合。通过产业链上的企业间、产业之间的企业，以及不同生产区域企业间的共生合作，单个企业可以接收其他工业企业产生的废弃物和余能，使其作为接收方的生产原材料能源，实现废弃物的互换和能源的循环利用。

（3）以社会的物质流"大循环"为研究对象。在这种模式下，侧重点在于地区与国家层面，通过优化和利用各类产业和不同工业群体之间的资源来改善环境整体绩效，区域的可持续发展进一步提升。针对社会服务和消费领域产生的各类生活类、消费类废旧物品，通过社会回收等手段进行资源化加工后，再次返回至生产领域进行循环利用或者再制造（王国印，2012；王琪，2006；张静波，2007）。

早期循环经济的理念在政府主导下引入中国，在消化和吸收日本、德国等国家的先进经验后，在生产和消费过程中，物质闭路循环得到广泛的研究和实践。此后，循环经济的理念在中国得到迅速的发展，目前循环经济的理论与实践研究已经拓展到生产生活中的方方面面。对国内文献的研究领域总结如下。

（1）循环经济的内涵与外延研究。刘庆山（1994）认为，循环经济就是废弃物的再次资源化利用，实质意义是自然资源的二次利用。诸大建（2000）突出了"循环"和"经济"两个不同维度，将循环经济定义为"物质闭环流动型经济"，但难免过于简单。苏扬（2005）区分了循环经济的层次性。首先，循环经济强调的是一种发展理念；其次，循环经济是一种经济增长的方式；最后，循环经济才是污染治理的一种理念。王保乾（2011）认为循环经济本质是一种解决方案，应分析经济发展过程中的外部性。陆学和陈兴鹏（2014）认为，在应对社会、环境及经济发展三者关系中，循环经济是处理三者管理的积极方式，而不是一种消极的治理模式。

（2）循环经济的实践研究。"3＋1"模型在国内得到广泛的接受并应用，即企业小循环、园区中循环和社会大循环，以及再生资源产业。诸大建（2005）认为，全流程管理资源不仅需要企业自身的参与，还需要带动公民和政府参加。当然也需要有市场性、参与性和管制性的政策作为保障。朱明峰和梁桥（2007）探究了实现循环经济的形式和途径，认为物质循环和非物质循环的可能性可以作为出发点进行考虑。田海龙等（2009）、牛文元等（2010）提出，要促进循环经济的演进，构建"自然资源完全价格"的体系来推动循环经济的发展。Su等（2013）就有关循环经济应用框架进行了概括，并总结了其实践领域、层次和对策。

（3）循环经济测度方法。生态效率作为其测度的核心方法，在实际应用中，可以综合其他指标，构建一个体系来度量。根据国家发改委发布的《循环经济发展评价指标体系（2017 年版）》，评价指标与园区相同，具体包括资源输出、耗用、综合利用及废弃物处置量指标，但在评价时也考虑经济发展水平、生态环境质量等。冯之浚（2005）从经济、社会和生态环境三个方面来评价循环经济。元炳亮（2003）对生态工业园的模式展开研究，参考物质利用强度来构建指标体系和计算。还有学者从区域和产业循环视角出发，研究评价体系（钟太洋等，2006）。

通过对国内外文献研究进行综合分析，发现循环经济主要以定性分析为主，研究内容多以内涵和运行模式展开研究，定量分析的研究相对较少。在循环经济的实践应用上，主要集中在战略实施、方法路径和技术改进上，而关于中观层面的园区研究不多。关于循环经济的研究方法，以物质量为基准，进行物质平衡基础上的总量分析，跟踪物质流动路径，缺少资源价值流动分析。在循环经济的评价方法上，以生态效率和资源利用率为基准，综合其他指标构建体系来评价，这种方法强调"源头减量"，但忽视了人类对资源的需求是源源不断的，没有全面反映出循环经济的内涵。

废弃物资源化作为循环经济的重要组成部分，循环经济的理念是把废弃物视为可再被利用的资源，最终转化为"废弃物再资源化"。因此，本书在构建园区工业废弃物资源化价值流研究体系之前，参考循环经济的经济系统中有关物质循环的视角与方法，对园区工业废弃物资源化过程中的物质流动规律进行阐释，以中观园区层面为研究对象，在现有的研究成果和经验的基础上，以动态的价值流为研究视角，研究在园区循环经济的实践应用和评价。不仅要注重资源的利用效率，更要强调废弃资源的外部性，旨在对循环经济的现有研究做有益补充。

2.2.2　产业共生理论

生态产业共生理论从产业组织理论与生物学的共生理论中汲取知识，生物学里的共生是指不同的生物物种之间相互依存、相互竞争的共生关系。在工业领域，产业共生指副产品的交换利用、废弃物资源化协同处理网络。

早在 18 世纪 90 年代，产业共生的概念就已被提出，即一个企业从另外的企业购买副产品作为原材料进行生产，企业之间协同合作提高共同利益，获得资源节约与环境保护的双重效益，以此来实现价值最大化。它强调通过产业内共生企业的协同合作，提高对资源的利用和处理效率。产业共生在工业废弃物处理中，企业产出的废弃物可被另一个企业购买，作为原材料或者资源，构建"生产者—消费者—分解者"的关系，对生产过程产出的废弃物进行消化分解，提高产业链内企业的盈利能力，在实现经济效益的同时，实现环境效益与社会效益。产业共生的关键是企业相互进行废弃物的交换和利用。目前，共生关系在产业中打破了传统企业之间的上下游联系，初始阶段的物质交换逐步向废弃物、信息、能量、资金、技术、人才交流等过渡，是废弃物循环利用的重要途径。

产业共生属于生态产业学领域的前沿概念（陈有真和段龙龙，2014），也被称为区域资源协同、副产品协同、工业废弃物资源化网络等（van Beers and Biswas，2008）。它强调从整体层面系统地实施废弃物的最小化、再利用和再循环，重点放在企业之间的集群、合作与协调（Bansal and McKnight，2009）。产业共生作为一种客观的经济现象，其共生关系的形成依赖于两个方面：一是产业链之间应有连续及相关性；二是通过产业链之间的连接，能够给上下游企业带来价值增值（胡晓鹏，2008）。

　　基于产业共生的废弃物资源化协同处理，可提高资源的综合利用效率，减少初始投入的资源数量及成本，降低污染物排放、污染控制和废物管理费用，可产生经济和环境效益，因此被世界经济合作与发展组织（Organization for Economic Co-operation and Development，OECD）称为实现绿色经济增长的重要制度及创新工具。通过企业间的生态协作，上游企业的输出（包括废弃物），可作为下游企业的输入，即将一个企业的工业"三废"（废气、废水、废渣）或其他废弃物与另一个企业生产过程投入相契合，实现资源节约和环境保护（吴志军，2010）。最简单的协同处理模式是地理位置相邻的两两企业共生，共生企业通过延展和构建废弃物资源价值链，从企业间整体的角度促进废弃物的技术转化、价值增值，降低生产成本，获得共生效益。随着共生关系企业发展到一定的规模和数量，共生价值链相互纵横交叉，废弃物协同处理的边界开始突破地理相邻性原则，拓展至整个共生网络中的所有成员（Lombardi and Laybourn，2012）；协同处理的对象也越来越多，包括工业废弃物的协同利用问题，城市工业废弃物如废旧电器、电子废弃物、生活垃圾和建筑垃圾等的综合管理问题（刘光富等，2014）。

　　园区工业废弃物资源化协同处理是产业共生网络的一种典型模式，我国现阶段的园区主要是根据企业间共生关系进行规划和布局的。园区工业废弃物资源化共生模式是以废弃物为连接纽带的，为追求经济效益和环境效益，通过废弃物交换利用，将各个企业联系在一起形成共生产业链。通过共生产业链下的企业合作，其中一个产业可以利用另外产业产出的废弃物，作为原材料或者资源来进行生产。或是企业双方或多方产生的废弃物，流入到其他一个或多个企业。以废弃物为纽带的产业共生网络，最大的特点是将园区工业废弃物回收再利用及最终进行无害化处理。废弃物资源化不仅节约了原材料成本，还减少了企业的废弃物无害化处理成本和排污成本，实现企业经济利益和环境效益的统一。例如，工业园区的某热电企业，在其生产过程中会产生大量的废渣，如果未进行产业共生，那么废渣等废弃物需对外排放，这不仅浪费了企业的资源，同时企业还要为其支付处理费等；随着工业园区进行生态产业链改造，热电企业的废渣可以作为建材企业生产建材产品的原材料，对废渣的资源化利用节省了部分原材料的投入，解决了废渣无害化处理问题，实现了环境与经济效益。

2.2.3　生态产业学理论

　　生态产业学借鉴生态经济原理，并融合知识经济规律，综合考虑了生态系统的承载能力，是具备生态功能的循环型产业。生态产业学兴起于 1990 年，是一门交叉整合的学科，它的功能主要是探究产业与产品和自然环境间的关系，将人类的生产活动比作自然生态系统，物质、能量和信息可以在人类产业活动系统中流动与储存，它能完成闭路循环，提高资源的使用效率。在 20 世纪 80 年代末，Frosch（1989）率先提出"工业代谢"，指出工业生产过程与生物新陈代谢类似。因此，可用生态学概念及相关理论指导产业发展，指引其走向可持续发展道路。他还将传统产业活动模式升级为更系统的生态产业系统模式。Gallopoulos（1990）在此基础上对该理念进行了扩充，借鉴生态系统相关研究，提出"生态产业系统"与"生态产业学"等概念。1991 年，全球首次"生态产业学论坛"在美国举行，在本次论坛上，生态产业学的含义、方法和推广运用的前景被系统、全面地提出。与生态产业学有关的概念框架由此形成，相关学者指出生态产业是"研究产业活动及其产品和环境之间存在怎样的关系的交叉学科研究"。20 世纪 90 年代以来，环境科学、生物等学科都参与生态产业学相关的理论和实践的研究，生态产业学得到飞速发展。针对研究对象和学科性质，各领域的学者进行过诸多研究。简而言之，生态产业学是一门综合学科，主要探究产业子系统与自然生态系统之间的关系，并探讨如何实现产业可持续发展。

国际上对生态产业学的研究，从研究对象上划分，包括以下四类。

（1）站在产品研发者的角度，研究内容主要考虑如何在产品研发阶段考虑对环境的影响，在考虑经济效益的同时不能忽视环境效益，目的是设计出产品整个周期内对环境损害最小的产成品，以期在生产消费领域实现可持续发展。

（2）站在生产管理者和服务提供者的角度，研究的重点在于确定产品或服务全生命周期的内外部成本，为产品定价、生态设计和制定环境税等提供参考依据。

（3）站在政策制定者的角度，主要研究如何制定出法律法规和规范的政策，落实到各环境责任人，具体包括产品研发人员、生产者、经销商及回收商等，协调他们之间的责任、利益关系，通过政府的强制力量，要求各责任主体在各个环节做到环境保护，减少环境污染。

（4）对系统科学家而言，借鉴自然生态中的概念和机理，研究工业生态系统中的各种"流"及其由"流"构成的"工业链网"形态、物质集成与能源集成方式，探讨工业系统的柔性以适应外界环境的干扰。工业园区是一个为寻求材料、能源及废弃物最小化的工业系统，工业园区的运作机理和运作模式也在系统科学家的研究范围之内。

国内学者对生态产业学的内容进行了进一步扩展研究，主要包括如下内容。

（1）产业系统和自然生态系统的关系。综合评估生态系统的环境承载力，全面了解生态系统处置污染物的能力、恢复速度，并收集大量的信息来获取目前的环境状况，确保对环境现状有一个清晰的认识，再根据生态系统环境容量平衡产业系统的投入与产出流。

（2）工业代谢过程改良。工业代谢重点考察个体代谢效率，代谢模式若要达到理想化，就要使工业代谢模式向自然生态系统靠近。生态产业学的研究侧重于与生物代谢过程进行比较分析，并将其引入到生态产业系统内。

（3）产品生态评价与设计。这部分研究追踪产品从设计生产到消耗成为废弃物的全过程，不断挖掘降低产品对环境造成损害的机会，在产品绿色设计方面提供技术支撑。

（4）区域生态产业系统设计与建设。主要采用区域产业系统集成的方法，对自然生态这一系统所具备的结构与功能进行模拟，在产业间通过高效运转的"供给网"，打造物流"闭路再循环"，进行区域生态产业设计与构建。

综合上述研究可以看出，无论国内抑或国外，对生态系统的同产业系统对比和模拟已趋近成熟，这些研究为生态产业化的深化与发展带来了良好的指引。国内外学者在生态产业的研究方法上意见较为一致，均认为系统工程的工业共生、柔性、系统集成等是生态产业学的基本方法。工业代谢和生命周期理论逐渐成为主流的评价方法。当前有关生态产业学的研究和评价方法都基于物质流分析，如工业代谢分析主要分析产业系统中物质与能源流，生命周期评价法通过分析物耗、能耗，量化废弃物的排放量。从实际上看，这种研究方式忽视了企业在减耗的同时对经济高效益的诉求。

生态产业学运用自然生态系统的运转规律，模仿生态系统中的食物链，在生态工业中构建"生产—消费—分解者"的产业链。从生态产业学的视角来理解，环境问题的根源在于全社会排放出的物质和能量太大，废弃物产量大且难以降解，换句话说，经济系统存在的分解者作用不够强大。园区作为生态产业学的重点实施领域，它的组织形式是依据生态产业学原理，模拟构建出高效的生态系统，使组织内成员间产出的合格品及废弃物得以流转，能量和水实现循环，以及设施连通，园区与环境间关系变得和谐。同时，生态产业学有关企业之间的交易行为、共生机理及评价方法为本书研究奠定了基础。

本书在前人研究基础上，以货币为度量单位，测度产业系统内物耗、能耗与外部环境损害，通过成本核算，为区域的物质集成、生态产业系统的构建提供具有环境和经济价值的信息。

2.2.4　废物流分析理论

在企业层面，从原材料的采购到产品的产出体现了物质流动，从外在来看，展现的是原材料形态的变化,本质上是生产过程中的原材料转化成了另一种能够被企业利用的物质。依据企业生产环节,物质流动可分为原材料、未完工产品、合格品和废弃物的流动。废弃物物质流动是指废弃物的生产、回收、处理、再生产、排放全过程的流动路径。在园区中,园区内每个企业的废弃物物质流动方式不同,具有各自的特殊性,假设把企业当作单独的一个个体,园区的物质流动可以分为小范围的企业内部、中范围的企业之间及大范围的园区与园区间的物质流动。

工业废弃物在企业内部、企业与企业之间和园区层面的废弃物物质流动,其循环利用已经作为环境保护和资源节约的一种措施。在园区层面的工业废弃物循环流动可以从三个层面分析:小范围的企业内部、中范围的企业之间及大范围的园区废弃物集成处理,废弃物循环流动的主要路径如图 2-1 所示。

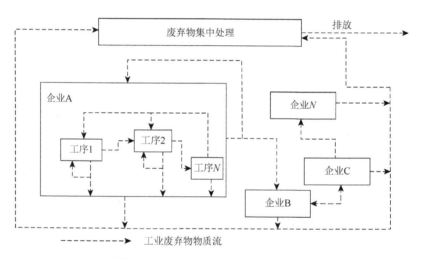

图 2-1　园区工业废弃物物质流动路线

1. 废弃物在企业内部循环利用

在企业内部循环中,企业在生产工艺流程的优化程度和工业废弃物循环利用的能力决定了废弃物的流动量大小,也直接影响企业原材料的投入及直接经济利益,假如 A 生产企业通过回收处理各个生产工序中产生的废弃物,使废弃物变成另一种资源,重新回到企业原来的生产工序继续进行生产,或将企业生产过程的废弃物回收并进行加工处理,作为生产资料再次投入到本企业进行新的生产活动。该模式适合废弃物产出量大、废物处理费成本高及实力雄厚的企业。

然而,由于企业经营管理内部废弃物消化能力有限,不能实现其在内部的全部循环利用,需与园区其他企业协同消化处理。

2. 企业间废弃物协同处理

虽然废弃物对于产出企业来说属于不可再利用的资源，但对于其他企业来说却是有用资源，因此，通过企业间废弃物的协同处理，可实现废弃物的循环利用。例如，建材生产 B 企业接收了发电企业 A 的固体废弃物煤渣，B 企业可以利用废渣进行产品生产，这种方式不仅减少企业原材料的投入，还能带给企业经济与环境效益。废弃物在企业之间交换、再利用后形成产业共生，资源相互共享，资源优化配置，延长废弃物资源化产业链，可最终实现废弃物零排放。

3. 园区工业废弃物集中处理

不能在企业内部循环再利用，以及园区企业间交换利用的废弃物，则可通过园区对废弃物进行集中处理。集中处理回收部分可再利用的废弃物，则可回到园区进行再利用，不可再利用部分将通过无害化处理后对外排放。通过建立园区污水处理厂等公共基础设施，处理园区各企业排放的污水，减少企业重复投资，降低企业废弃物处理的成本。

废物流分析方法主要对废弃物的流向和流量进行分析，它基于元素、物质、产品这三种类型的物流，对企业内部、行业（部门）、区域、国家及全球五个层次的废弃物进行研究分析。废物流分析的方法主要有两种：元素流分析和物质流分析（material flow analysis，MFA）。这两种方法采取流分析的思路和物料平衡原理，可以有效地分析特定物质或元素对生态环境的压力，以及经济系统总的物质通量（卢伟，2010）。

废弃物物流也是逆向物流的一部分，以节约资源和保护环境为目标，以废弃物利用和处置为核心，通过先进的物流理论和管理技术的指导，实现经济效益和环境效益。它是一个系统范畴，在运行过程中，政府部门是宏观调控者，生产企业是产生废物的主体，在生态工业系统中也承担利用废物的角色，废弃物处理企业是核心，废弃物再利用加工和最终处理是关键，而政府的激励或约束是有力保障。目前，相关研究大致分为两类。

（1）废弃物物流管理系统研究。该部分主要按照系统化原则、经济优化原理对废弃物物流管理系统进行设计和分析。

（2）废弃物物流管理系统激励机制研究。该部分主要强调政府规制的必要性，以及如何构建相关宏观及微观的激励机制（李焱煌等，2015）。

废物流分析方法一方面在物质流分析的基础上，描述物质输入及输出情况，有助于解析废弃物从产生到消失的演化路径和机制；另一方面在逆向物流管理研究的基础上，阐述废弃物物流系统的构成、运作和激励，为废弃物资源价值流的研究提供了物质层面的流程与框架。在园区废弃物物质流转和物流系统的基础上,对工业废弃物进行物质集成,促进园区企业间的产业共生和园区废弃物资源化网络的建设,提高园区资源的综合利用效率,减少废弃物排放具有重要意义。梳理相关文献,对园区废物流的物质集成方法分类如下。

(1)物质流分析方法是早期工业园系统集成研究的主要方法,发展已经较为成熟。陈定江等(2004)对工业园的物质集成研究,主要通过输入输出分析法,分析系统的物流网络,得到循环指数和平均路径长度等数据。这些数据能反映物质利用的效率效果和系统结构的指标。采取耦合度方式计算,得到系统内的各个节点是否联系密切。周美春等(2008)实证研究了江苏省袁桥镇某工业园区的规划和建设过程中物质集成方法。首先,考虑了工业园区的运作模式;其次,以废弃物循环为出发点,指出第三方物流可实现物质集成,并建立了概念模型,分析了潜在风险,提出了保障措施。石垚等(2010)依据各部门之间物质输入输出情况,优化园区物质流核算,构建了生态工业园区物质流分析(eco-industrial parks material flow analysis,EIP-MFA)模型及指标体系。陈伟强等(2008)研究了广西的开阳、贵港和贵阳等地工业区大量元素流分析的物质代谢。物质流分析依据质量守恒定律,对社会生产活动中物质的输入、输出、循环利用、最终处置等产品的整个过程的资源消耗、废弃物排放的物质流动路径进行分析。通过物质流分析方法对生产过程进行管理,提高资源的综合利用率,降低废弃物的产生和对环境的污染。但物质流研究方法所研究的园区主要为特征性园区,特别是化工行业的园区。针对物质交换复杂的工业园区,其局限性较大,不能很好地反映园区集成情况。

(2)质量交换网络综合法。该方法主要在净化分离过程的物质集成中得以应用。针对具体的元素或物质,对典型元素流动特性进行分析,优化物质流路径。Karlsson 和 Nellore(1999)提出了总成本和资本的交换网络方法,并在质量交换综合网络应用了夹点技术,探究了网络投资费用是如何受最小传质推动力作用影响的。Wilson 和 Manousiouthakis(1998)分析了公用工程在多组分浓度中最小化的问题。通过夹点技术,可预测企业带来的水、能源与物质的变化,目前应用还不广泛,但是该理论对园区规划具有重要意义,夹点技术有很大的成长潜力与空间。

(3)产品的体系规划、数学优化和元素集成方法。清华大学生态产业学术研究中心提议,在构建原料、副产物、产品和废物的工业生态链过程中,应用产品体系规划、元素集成、数学优化方法及多层面生命周期评价方法,这些方法能优化产品结构,从而达到物质集成。胡山鹰等(2003)描述了生态工业系统规划过程中的理论方法,并将其应用到实践中,这类方法主要包括产业生态系统的柔性分析，元素代谢与物质循环分析，以及物质、能量、水系统和信息集成方法，其中物质的集成过程从元素和产品体系的规划出发，构建生态产业物质链，进行生命周期评价和对产品结构进行优化。陈定江等（2004）综合和构建生态工业系统中的物料流、货币流和能量流的交换及连接，从而引入受约束的工业园区规划模型，其计算结果为工业园区的布局和管理提供了一定的参考。郑东晖等（2004）针对减少废物排放的三种主要途径：源头减量、再使用、废物再循环，构造了超结构网络模型。基于此，他提出了物质集成模型的表达式、约束条件与目标函数，对物质集成的普适性方法进行构建和拓展。周哲（2005）在构建生态产业链时，运用了产品体系、数学规划方法，实现物质的最大利用和最优循环，重新规划了开阳磷煤化工生态工业示范基地的物质集成。通过产品体系规划、数学优化和元素集成方法构建生态产业链，同时应用多方面多层次生命周期的方法对产品的结构进行评价，对比其他研究，系统性更强，但是仍需进一步补充研究以适应现实应用的需要。

（4）混合整数非线性规划方法。现阶段工业园区的集成研究最常用的方法，是生态工业系统集成的混合整数非线性规划。周齐宏等（2004）以工业园区企业的用水情况为研究对象，借助 Swarm 软件对不同用水政策进行研究，结果表明，把园区看作一个系统，系统内部的用水状况会受到单个企业用水行为的影响，通过比较分析三种不同的水价标准，发现它们各自的效用也不一致。也有学者构建了废弃物交换的模型框架，并借助 Swarm 平台对模型进行仿真分析，得出了 200个周期内工业园区废弃物交换的数量和价格，其结果为工业园区规划提供了参考（李清慧和石磊，2012）。

2.2.5 资源价值流转会计

RVFA 是在德国 MFCA 的基础上发展而来，是一种 EMA 工具，属于 EMA 的范畴。20 世纪 90 年代初，MFCA 的概念最早出现在德国南部纺织公司 Kunert 的环境管理项目，Wagnerimu-augsburg 咨询公司与 Augsburg 大学的教授 Bernd Wagner 联合提出 MFCA（Wagner，2015）。21 世纪初，日本将其引入国内并于 2007年发布了"物料流成本核算指引"，2011 年实现了 MFCA 的标准化（ISO 14051）。其中，Jasch（2006）最早提出企业环境成本与物料流成本核算的基本框架，并将废弃物视为成本分摊对象。伴随企业环境压力的日益凸显，ISO 14051 加速了MFCA 在南非、泰国等地区的进一步推广和广泛应用（Christ and Burritt，2015；Fakoya and van der Poll，2013；Kasemset et al.，2015）。近年来，MFCA 工具已开始延伸至供应链的物质集成领域，通过构建供应链的 MFCA 模型，综合物质流与价值流路径绘制废弃物流程图，并对其结果进行分析，以提高供应链企业的物质和能量效率（Nakajima et al.，2015）；研究视角已逐渐扩展到废弃物回收、减少废弃物排放决策等方面（Fakoya，2015）。

MFCA 建立在两个流程成本导向的核算方法基础上，即剩余材料成本会计（residual materials cost accounting，RMCA）和流量成本会计（flow cost accounting，FCA）（Schmidt and Nakajima，2013；Jasch，2015）。RMCA 从末端管理视角，假设剩余材料成本与环境损害之间存在因果关系，确定不产生剩余材料的节约潜力和环境效益；FCA 重点研究企业活动与环境影响之间的关系，综合评估生产流程和产品的经济环境改善潜力。自 2011 年发布了 ISO 14051，MFCA 实现了国际化、标准化，在德国、日本等国家得到广泛推广及应用（Christ and Burritt，2015；Kokubu and Kitada，2015）。2014 年 5 月，新修订的 ISO 14052 将 MFCA 扩展至供应链集成，以获得多个企业的成本节约信息（Prox，2015）。MFCA 核算的基本原理是基于物理单位和货币单位两个维度，对生产过程各个环节的材料、能源和系统成本进行可视化分析，并在产成品（正制品）和废弃物（负制品）之间进行严格的量化分配。

由于物质流成本会计在理论与实践上的延展性不足，无法满足循环经济分析，国内学者肖序从循环经济角度对 MFCA 进行了拓展和应用，将废弃物产生的外部环境损害引入到价值核算体系中，提出了 RVFA 的概念。RVFA 采用货币化方式，计算投入与产出的物质流价值，废弃物作为负制品要分担部分成本，反映出废弃物的内部材料损耗，明晰废弃物的数量、结构组成及对成本和经济效益产生的影响，找出环境损害和材料损耗的关键环节。经济环境的价值概念是价值流核算的资源价值的关键点，不仅核算资源消耗、折旧成本和人工费用，还得核算环境系统受物质末端损害的价值，这种方式契合了循环经济的内在要求。对资源的"输入—消耗—输出—回收利用"的全过程进行监测，并预测与管理环境损害，从而优化企业资源流路径。有关资源价值流，有学者研究了其在我国制造企业中的应用（毛洪涛和李晓青 2008）。郑玲和肖序（2010）则以日本的田边公司为案例，考察在当前绿色低碳背景下，资源流成本会计的控制决策模式在协调企业与环境矛盾中的重大意义。有学者以某氧化铝企业为例，将资源价值流会计应用于实践中，其方法是基于 MFCA 核算方法，利用流量管理的理论，对 MFCA 的材料流成本计算方式进一步拓展和延伸，以更合理的方式分配企业的人工、制造费用等，使价值流转过程更加清晰。随后，肖序团队相继构建并不断完善 RVFA 的"内部资源损失-外部环境损害"二维分析方法，广泛应用于流程制造企业及工业园区的价值诊断和改善决策（Zhou et al.，2017）。RVFA 的概念体系如表 2-1 所示。

表 2-1　RVFA 概念体系

一般概念	具体概念				
资源流转价值概念	内部资源价值	资源流转价值评价增量价值	资源流转附加价值		
		资源流转核算价值	财税		
			资源流转价值	系统成本价值	人工、折旧等
				物质流成本价值	正制品价值
					负制品价值
	外部环境损害价值	生态损害核算与评价的价值	资源、能源投入及消耗等产生的环境影响评估价值		
			废弃物排放的外部环境损害价值		

表 2-1 中，资源流转价值包含了内部资源价值和外部环境损害价值，资源价值流会计的核算基础是物质流动，它利用价值作为核算尺度，实现了企业生产体系中价值流量和物质流量的透视化，核算体系中最关键的是将企业的各项成本在产成品和废弃物之间进行合理分配，由此，传统会计核算体系中的成本结构发生改变，体现了废弃物的损失成本。

园区循环经济的发展，需要在追求经济利益的同时兼顾环境影响。资源价值流会计将废弃物作为开展"经济-环境"二维分析的连接点，旨在提升资源利用效率和降低环境影响，成为推动循环经济实践的重要技术保障（王达蕴等，2017）。

然而，该领域已有研究主要关注企业层面的"资源—产品"代谢过程，并未扩展至企业之间和工业园区。伴随着资源价值流会计的实践推广和经验总结，尽管已有学者提出将其由微观向中观层面扩展，构建企业共生与废弃物交换网络的思路（肖序和曾辉祥，2017），但目前仍处于理论探讨和框架设计阶段。基于此，本书将在 RVFA 的基本原理和一般方法的基础上，分析园区工业废弃物物质流动路径的特殊性，通过物质流和价值流互动关系原理，借鉴循环经济的组织区间分类，在挖掘园区废弃物资源价值流核算机理的基础上，结合工业废弃物资源化具体模式，尝试构建一套废弃物资源化视角下的园区资源价值流分析方法体系，并进行案例分析，为园区的价值补偿方案及配套政策支持提出建议。以肖序教授为首的研究团队将 MFCA 与循环经济结合，从成本投入和流转的角度研究了企业层面的"物质流-价值流"问题（肖序等，2008），并广泛应用于燃煤发电、造纸、有色金属等流程制造企业（谢志明，2012；肖序和刘三红，2014；肖序和熊菲，2015）。以此为基础，"物质流-价值流-组织"三维模型将全生命周期理论引入资源价值流分析，研究边界从企业拓展到园区和国家层面（肖序和曾辉祥，2017）。显然，上述研究成果为废弃物资源化价值流核算与分析提供了理论基础。然而，园区产生的工业废弃物，除了企业自行回收利用外，还需通过企业间的价值交换或集中资源化处理才能实现循环利用。因此，基于市场规律研究废弃物的价值流转，并通过价值核算识别其流转不畅的关键节点，是当前改善园区废弃物资源化率的关键所在。鉴于此，本书拟从机理、方法及案例三个层面来探讨园区废弃物资源化价值流分析体系。相对于已有研究，本书主要贡献在于以下两方面。

（1）尝试将资源价值流会计应用于园区工业废弃物资源化，并针对不同资源化模式提出相应的价值流核算模型，是资源价值流会计研究边界的扩展和方法的进一步完善。

（2）首次以园区工业废弃物为切入点，研究废弃物资源化的价值流转问题，既是对资源价值流会计在研究对象上的细化，也有助于推动园区废弃物的协同处理，提高资源循环利用率，为促进园区循环经济发展提供决策参考。

2.2.6　博弈论

博弈论（game theory），又称为对策论，是基于博弈主体（决策者）均理性的假设前提，彼此间在冲突与合作的关系下，进行决策的数学模型的理论方法。博弈论主要探讨在一定的外部经济条件下，个人如何建立自身的最优选择的问题，而个人的最优选择是建立在其他人选择之上的函数。大约从 20 世纪 80 年代起，博弈论逐渐成为主流经济学中的一部分，被广泛运用于研究稀缺资源有效配置或者个体行为选择分析等相关模型中（张维迎，2004）。以博弈主体（决策者）是否具有协议为分类依据，博弈模型可分为合作与非合作博弈模型，其主要区别是当事人双方是否达成一个协议，并且遵守这个协议。根据博弈过程中的时间序列性，分为静态博弈（static game）和动态博弈（dynamic game），根据信息是否对称分为不完全信息博弈（incomplete information game）和完全信息博弈（complete information game）。

斯塔克伯格博弈又名 Stackelberg 博弈，属于完全且完美信息的动态博弈，是一种动态的寡头市场产量博弈模型，博弈双方的选择行动有先后之分，可利用逆推归纳法进行分析，寻求博弈的完美纳什均衡（谢识予，2002）。演化博弈是博弈论的另一个思考角度（黄凯南，2009），考虑到了博弈双方的理性局限和犯错误的可能性，适用于经济社会环境和决策较为复杂的情形。演化博弈分析的核心是有限理性的博弈方群体成员的策略调整过程、趋势和稳定性，可以检验博弈双方的学习和动态调整过程的稳定性及策略均衡，在理论分析和实际应用中具备很强的分析优势。演化博弈中具有代表性的例子有快速学习能力的小群体成员反复博弈，以及学习速度较慢的大群体随机配对反复博弈，两者的动态机制分别为："最优反应动态"和"复制动态"。一个完整的博弈包括以下几个方面：参与人、战略、行动、支付、结果、信息、均衡。博弈论能够将复杂的关系问题简化，并将各行为主体的内在逻辑规律反映出来。因此，博弈论广泛应用于解决实际问题。

　　我国工业废弃物资源化价值补偿政策的制定属于博弈论范畴。目前园区工业废弃物资源化的瓶颈，实质是废弃物资源化参与企业主体间存在利益冲突：即外部性——工业废弃物资源化产生的正外部环境效益与成本得不到补偿之间的冲突；经济发展与保护环境——企业存在的本质是追求自身的经济效益最大化，而政府在发展经济的同时，考虑更多的是社会利益及生态环境保护。因此，运用博弈论，研究园区工业废弃物资源化参与各方的经济决策和利益博弈，制定我国工业废弃物资源化的政策，解决废弃物资源化外部性问题，以及经济利益追求与环境保护之间的利益冲突，可提高园区企业进行废弃物资源化的积极性。博弈论与园区工业废弃物资源化价值补偿政策之间的关系如图 2-2 所示。

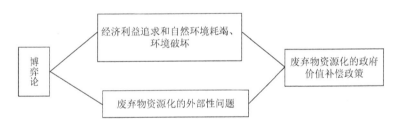

图 2-2　博弈论与废弃物资源化价值补偿政策之间的关系

　　园区工业废弃物资源化活动的主要参与主体为政府和企业，由于政府和企业所扮演的角色不同，承担的责任和义务不同，废弃物资源化中追求的目标也不相同。政府在制定相关政策时，站在全社会福利的角度，建立经济和环境可持续发展的经济发展机制，以应对资源短缺和环境污染日趋严峻的局面。建立经济与环境可持续发展机制，要求在生产领域产生的废弃物由传统的"资源→产品→废物"生产方式，向"资源→产品→废物→废弃物资源化→产品→……"的资源循环利用发展模式转变，减少废弃物资源浪费和环境污染，实现经济与生态环境可持续发展的目标。政府或园区管委会在制定园区工业废弃物资源化价值补偿政策中，在考虑经济利益的同时，更多关注资源节约和环境保护带来的生态效益。

　　由于经济利益是企业进行废弃物资源化活动的根本动力，企业进行废弃物资源化活动的决策标准为所获得的利益最大化，即企业生产经营决策标准为活动的边际收益大于或等于边际成本。然而，在废弃物资源化活动中，企业的边际成本大于社会的边际成本，对于企业来说不是最优决策，属于社会和政府的最优决策，为此，企业可能会放弃对废弃物进行资源化。因此，政府有必要对企业废弃物资源化活动给予一定的价值补偿，然而，由于政府财政资金有限，只能按照一定的比例对企业补偿。对于如何确定价值补偿方案，才能更好地激励企业进行废弃物资源化活动，政府与企业之间存在着博弈关系。

园区工业废弃物资源化活动中，政府与企业的博弈关系表现为：在环境保护法律法规对环境保护和环境违法处罚越来越严的情况下，企业在废弃物资源化活动中，以自身利益最大化为前提进行决策；而政府在已有的法律法规指导下，以通过企业工业废弃物资源化来减少新资源投入、减少环境污染的环境效益最大化为前提，制定园区企业工业废弃物资源化的价值补偿政策，由此引出了政府和企业间博弈问题的研究。

园区工业废弃物资源化的效果，在于企业进行废弃物资源化的积极性和能力、政府的价值补偿政策引导和高效的激励机制。因此，政府和园区工业废弃物资源化企业的博弈关系如何，将对园区工业废弃物资源化效果产生重要影响。为实现经济与生态环境的可持续发展，其管理方法依据《中华人民共和国循环经济促进法》和相关环保法律法规，要求企业在生产经营的每个阶段，需对自身产出的废弃物进行处理。因此，本书将企业是否按照《中华人民共和国循环经济促进法》和相关环保法律法规的要求处置或回收废弃物，作为政府与园区废弃物资源化企业博弈的结果。

2.2.7　价值补偿相关理论

生态环境的公共物品属性，以及废弃物资源化技术研发溢出、固定性投资排他成本高、外部性风险高等因素的存在，会导致工业废弃物资源化市场失灵，企业进行工业废弃物资源化技术研发与相关投入的动力不足。因此，需要政府介入并进行适当干预，制定相关价值补偿政策，引导和鼓励园区企业积极进行废弃物资源化，即通过市场机制和政府共同发挥作用，促进园区工业废弃物资源化发展，实现社会资源的最优配置。涉及价值补偿的理论如下。

1）外部性理论

外部效益是指市场主体的活动对社会和企业主体产生有益或有害的影响时，没有得到或应承担其活动所产生的收益或成本，即通过市场自发调节机制无法达到资源有效配置。外部效益有正外部性和负外部性。负外部性意味着社会成本大于市场主体活动付出的私人成本；正外部性意味着市场主体活动所获得的私人收益小于社会收益。

2）公共物品理论

大部分物品在生活中具有竞争性和排他性，竞争性和排他性的含义是这些物品属于有偿使用，需付出一定的代价。但由于技术和经济上的原因，有些物品不再具有竞争性和排他性，这些物品只能依靠政府来提供，私人不具有这方面的能力，这类物品称之为公共产品，如环境保护、国防、公共设施等。

3）市场失灵理论

市场失灵是指单靠市场机制的自发调节，不能达到资源的优化配置状态。市场机制本身固有的缺陷可能导致资源配置缺乏效率，从而导致市场失灵。在废弃物资源化中，市场失灵主要表现在两个方面。①具有公共物品属性的生态环境。人类的生存之地——生态环境，具有公共产品非竞争性和排他性的特点。工业生产过程中污染物的大量排放和资源的过度开采，会对生态环境造成损害，影响生态环境的平衡，因此需要政府介入对环境进行保护。同时政府需要采取有效措施，激励园区企业提高资源的利用率，减少废弃物资源浪费，降低环境污染。②市场机制不能有效解决外部效应。环境问题产生的根本原因是外部性问题：第一，对于环境产生正外部性的行为，没有一种有效的价值补偿机制，其产生的外部收益无法收回，从而导致收益与付出成本不相匹配，最终导致环境资源无法实现优化配置；第二，污染成本低于废弃物资源化与环境保护成本，导致环境污染的速度快于废弃物再利用与污染防治的速度，环境污染问题并没有得到遏制。

在园区工业废弃物资源化模式下，市场失灵表现在：废弃物资源化节约资源和保护环境产生的正外部性。节约资源、保护环境是产生正外部效应很强的公共产品，外部性不能转化为内部性，因此市场主体主动进行节约资源、保护环境的意愿不强。在园区工业废弃物资源化中，工业企业进行废弃物资源化带来的经济效益，小于其所节约的资源和减少废弃物排放产生的显著的外部环境效益。如果企业为废弃物资源化付出研发成本、设备投入成本等，大量的成本投入和资源化产出的显著环境效益得不到弥补，则企业主动进行废弃物资源化的驱动力不足。

综上所述，工业废弃物资源化产生的环境效益很显著，同时还具有明显的外部性。由于生态环境有着明显的公共物品属性，一方面，市场主体污染环境行为所承担的私人成本不包括社会成本；另一方面，市场主体的活动对生态环境改善，如园区企业实施废弃物资源化产生的外部环境效益往往不能获得。因此，市场主体自觉防止污染环境和保护环境的动力不足。作为追求经济利益最大化的市场主体，当获得的经济利益不足时，企业不会主动投入更多资金节约资源进行废弃物资源化，市场机制不能有效发挥作用，需要政府发挥调节作用。在园区工业废弃物资源化活动中，政府应针对市场失灵的各个方面采取有效措施，积极引导企业自发地进行废弃物资源化。

2.3　本　章　小　结

本章将国内外主要的废弃物资源化研究成果进行了整理，在此基础上，阐述了园区工业废弃物资源化价值流转相关理论。本章主要内容如下。

（1）废弃物资源化是近年来兴起的全新研究领域，从对国内外有关工业废弃物资源化方面文献的查阅情况来看，其研究主要包括物质流与价值流、成本效益、补偿政策、产业共生等方面。

（2）园区废弃物资源化的循环经济理论基础、废弃物价值流分析、核算和价值补偿的相关理论，主要包括：从产业共生理论和生态产业学理论的视角，构建园区生态产业共生链和共生网络；从废物流分析理论角度，阐述了废弃物的物质流动路径和园区废弃物资源化模式；从资源价值流会计角度介绍了价值流核算的基本方法；从博弈论的一些方面提出了构建企业与企业之间废弃物交易价格模型和政府价值补偿模型的方法与理论；并对价值补偿的外部性理论、公共物品理论及市场失灵理论进行了阐述。

第3章 园区工业废弃物资源化价值流转机理

3.1 园区工业废弃物资源化物质流动和价值流转

3.1.1 园区工业废弃物资源化的概念、模式

1）园区的概念演化、分类及现状分析

园区又称工业园区（industry park）。国家或者省、市等政府部门为了提高经济发展效率，采取行政手段规划选择一块区域，通过对现有企业及生产要素等的科学聚合、有效整合，突出产业性特色，优化功能性布局，从而提高区域内工业生产的集约性和协作性，推动产业升级和企业分工，提升现有产业和企业的市场竞争力。园区是循环经济的重要实践，被认为是协调环境污染和经济发展的一种有效方式。园区最早的雏形出现于 20 世纪 70 年代的卡伦堡工业共生体。在 20 世纪 90 年代初，一些学术论文和会议报告中开始出现园区这个独立的概念。

Lowe 等（1992）将园区定义为：园区是一个包括众多企业的生物群落，各企业来自制造、服务业等不同行业，它通过原材料、水、能源等在这些企业之间进行协调共享，达到优化经济和环境效益的双重目标，最终使得企业群落实现的效益之和远远大于各企业分散决策时的个体效益总和。Côté 和 Cohen-Rosenthal（1998）指出，园区应该具备以下好处：①通过有效地利用自然和经济资源，减少物耗和能耗等；②加速物质流转、改善职工健康状况和社会公众形象；③通过废弃物的销售增加企业、居民收入。美国可持续发展理事会则强调，园区是一种强化自己和当地社区人力资源的商业群落，在与当地社区合作及园区与园区之间的相互合作中，互享资源，从而提升经济效益并改善环境质量。园区也被称为物质与能量共享的工业系统，能实现废物产生量最小及减少资源能源消耗的目标，在园区内部建立可持续的经济、生态、环境关系。

20 世纪 90 年代，园区概念的提出促进了清洁生产和绿色工业等理论的盛行，生态工业园区发展的先驱，主要包含物质交换、废弃物循环利用的工业共生体。在这段时期的研究中，虽然也有不少文献提到了原材料、能源在企业之间的交换、再生材料循环使用的案例，但是能完全满足工业生态系统特征的系统全面包括多个行业的例子并不多见，全面满足工业生态系统特征的、综合的、多行业的例子

仍然非常少，以美国为代表的许多国家，将设计工业生态系统的计划提上日程。在这种背景下，一批园区项目得到了美国国家环境保护局、可持续发展委员会的支持。这些园区不仅涉及多个行业的各个层次，同时还各具特色。位于弗吉尼亚州、查尔斯角港的可持续技术工业园是目前发展较成熟的案例之一；地处马里兰州巴尔的摩，费尔菲尔德园区以工业园转型、环境技术和废弃物再利用为发展特色；得克萨斯州的布朗斯维尔园区以销售和区域性废弃物交换为特色；田纳西州查塔努加工业园以军工制造设施开发为技术特点；佛蒙特州伯灵顿园区以城市农业产业园、生物能源、废弃物处置为特色。

1992 年，加拿大着手于伯恩赛德工业园的研究。Côté 教授全程参与园区的筹划与设计，帮助园区 1200 多家企业实现绿色化。其措施是：发展先进技术为成员企业服务，通过废弃物审计以减少包装物；挖掘企业与企业之间的资源、能源关系；为企业间废弃物交易提供条件，增进生态产业学间的相互关系。从 1995 年开始，美国俄勒冈州的波特兰工业区展开类似的项目，该工业园区汇集了具备多种废弃物和能量交换能力的制造和服务行业。加拿大园区的发展虽然处于起步阶段，但它在实践和理论上都取得了很大的进展。在 40 个工业园区中，有 9 个被认为很有可能发展为很强的园区。

园区的概念在日本使用较少，因此缺乏确切的园区数据，有学者估算出有 60 个左右的园区项目在设计、运行初期，也涵盖了暂时没有正常运转只有初步计划的项目。Zona industry Manis 园区项目由印度尼西亚运行开发，刚开始时运行具有强烈不确定性，但发展到目前，该园区企业之间的合作可以防治污染、节约企业成本并能够创造经济效益。

在欧洲，瑞典、丹麦、法国、英国等国家踊跃参与到园区项目建设中。总体上看，北美、亚太和欧洲的园区实践形成了三个主要集群的分布特征。

改革开放后，中国的工业园区已经经历了几次转型。首先是建立经济技术开发区，其次是高新技术产业园区的蓬勃发展，继而全面开启生态工业示范园区的建设。目前工业园区已成为产城一体化发展的"集中高地"，其发展内涵也逐层提高。随着园区循环化改造、低碳园区和园区建设等全面铺开，工业园区逐渐成为"经济—环境—社会"可持续发展的人工复合生态产业系统。2000 年前后，我国开始系统性研究园区构建与规划的工作。国家环境保护局和联合国环境规划署在 1999 年 10 月开始，计划推行"中国工业园区的环境管理研究项目"，开始将生态工业理念灌输到试点工业园区中。"广西贵港国家生态工业（制糖）园区"和"广东南海园区"于 2001 年 12 月被批准为国家级生态产业示范性园区。国家环境保护总局于 2003 年年底发文，明确要求符合条件的各园区努力构建生态产业示范区。从环境保护部联合其他部委于 2014 年公布的《国家生态工业示范园区名单》来看，到 2017 年年初，经过专家讨论并同意通过了 48

家国家生态工业示范园区外，还批准了 45 家工业园建设国家园区。2008~2013 年，有 22 家被定名为国家生态工业示范园区，2014~2016 年，有 26 家被批准为国家生态工业示范园区。虽然中国园区有着十分迅速的发展，但是我国园区目前依然处于开始阶段，与其他有着先进园区发展经验的国家相比，还有很大的差距。

我国政府在推行园区建设中，重新分析了园区的本质和运转原理，《中华人民共和国环境保护法》中将生态工业园定义为：综合循环经济、工业生态学理论和清洁生产条件而构建的新型工业园区。它采取更新理念、体制及创新机制等方法，将不同类别的企业、产业联系起来，形成资源共享和废弃物循环利用的产业共生组合，开辟"生产者—消费者—分解者"循环途径，促进园区经济的可持续发展。

进行工业生产会产生许多废弃物和副产品，同时会产生各种各样的环境问题，如水、空气、废弃物污染、土地沙漠化等。在自然生态系统中，所有生物种群的生长都会产生一定的废弃物，但这些废弃物却在各个生物种群之间循环利用，组成了一个繁杂且具有柔性的生态链，因而，自然生态在经过了相当长时期依然能够健康发展。通过对自然生态系统研究，人们发现其主要是由生物和环境系统共同构成，依照生物群落中的各种不同生物间的营养关系可分为生产者、消费者和分解者，不同生物在生态系统中相互关联，此类营养关系被定义成食物链。各食物链交错连接，组成了一个网状形式，形成了食物网。自然生态系统通过食物链和食物网进行物质生产、物质循环、能量流动和信息传递，一种生物产品可以通过食物链网转化，变成另一种类型的生物产品，可以使低能量的生物产品通过食物链的浓集作用变成高能量的产品，通过食物链网的作用，使一些低价值的产品变成高价值的产品，也可以增加或减少食物链中某些环节，使其他环节中的产品发生增减变动。在人工对食物链网的干预中，通过"加环"或"减链"的办法，可以改变物质、能源的转移途径和富集方式，设计生产型食物链网、减耗型食物链网及增益型食物链网。

生态工业系统就是仿照自然生态物质循环的方式来规划工业生产系统的一种工业模式，某一生产环节的废弃物，能够被另外环节作为原材料来使用，系统内部从原料、中间产物、废弃物到产品的所有生产过程，均可成功实现物质循环，最优化地利用资源、能源。生态工业系统具备与自然生态系统类似的能力，也可以把各个企业分类成生产者、消费者和分解者。生产者是创造初级产品的企业，如采矿场。消费者则包括初级产品深加工和高级产品的生产者，如电子产业，还包含终端产品的消费者。而分解者充当的是处理、转化和再利用企业产生的副产品和废弃物角色的企业，如资源再生类公司。生态工业系统中的企业因产品或服务联系起来，从而形成了生态产业链。需要说明的是，在经济学领域产业链的概念，是指生产同一类别或者有着密切关系产品、服务的企业集群，由于前向、后向关联而产生了紧密的联系。生态产业链综合考虑了环境与经济因素，以能耗和污染最小化为目的，促进系统内产生良性循环的产品供给与服务关系。所有生态产业链之间互相交错联结形成了生态产业网。

单个企业、企业群组或者囊括工业、农业和居民区的一个区域系统都能够组成一个工业生态系统。生态工业在园区中得到了充分体现，通过拟建一种效率高且完善的生态系统，使成员之间实现副产品交换及完成能量和水的递进利用，并且共享基础设施来保证经济和环境效益。丹麦的卡伦堡工业园是世界上最早出现的园区，从 20 世纪 70 年代初诞生，以火电厂、炼油厂等 5 家企业为核心企业，包括了卡伦堡的农场、养鱼场及这个地区以外的水泥厂、硫酸厂等其他成员。成员间通过协商签订合约，有偿交换废弃物和废热，使其成为产品生产的原材料，实现了物质、能源循环利用。对比传统工业园，在资源的循环利用上成效显著，但大部分实践中依然存在许多环境问题，其根源在于工业活动的残余物，不能完全像自然生态系统一样循环利用，园区中具有废弃物资源化功能的企业或部门，与自然生态系统中的扮演相同角色的分解者相比，还没有充分发挥应有的功能。

园区是一种新型的工业（产业）园区，也是本书研究的范围和重点，它整合了清洁生产、循环经济、工业生态学等理念和要求①，通过开拓"生产者—消费者—分解者"的物质循环流程来拟建自然生态系统，同时通过物质流、能量将园区各个生产企业联系在一起，共享公共基础设施、互相交换废弃物（或副产品），形成园区内部物质的闭环流动、能源的集成和梯级利用及废弃物的资源化再利用。根据园区性质和产业类型划分，我国的生态工业园区主要有三类。

（1）综合类园区。由不同行业的工业企业共同组成，一般指在传统高新区、经开区基础上改造转型的园区，形成几条较为完善、显著的生态产业链，如湖南省长沙经济技术开发区、湖南省宁乡经济技术开发区。

（2）行业类园区。一般以某一类较大规模行业或产业为依托，如冶金、化工、食品、酿酒等，通过物质副产品、能量、资源交流和转换，形成一个工业生态网络，如广西贵港国家生态工业（制糖）示范园区。

（3）静脉产业类园区。一般通过对各类生产性废弃物和消费类废旧物品的回收、处置、加工、再利用等，形成基于物质资源循环利用的共生网络，类似于日本的生态城镇（eco-town），国内目前有青岛新天地静脉产业园区。

不同园区的基本特征、废弃物流转方式、评价分析及应用模式存在一定差异，从类型分布来看，综合类园区是世界园区数量最多的一类，在我国的比例接近80%，本书将研究范围限定为"综合类工业园区"。

---

① 国家生态工业示范园区标准，2015。

目前，园区在实践中仍然存在许多问题，可以归结为以下三个方面。

（1）产业共生形态发展不充分。园区的产业类型单调，没有理解生态工业与产业共生，园区企业间联系不够紧密，废弃物局限于企业内部的循环利用或者简单的在上下游企业之间延伸，生态产业链的深度和广度不够。

（2）生态化功能的运用不够充分，园区设施不联通、服务能力有限或产业发展与生态基础设施假设关系失调。

（3）园区核心竞争力十分有限。园区缺少完整的废弃物交换和信息平台，使得园区企业信息交流不畅通，园区平台缺乏吸引力，产业升级速度慢，或者沿用现有的工业共生模式来建设园区，没有创新性，有的园区甚至生搬硬套，不符合实际情况。

如何解决园区中废弃物得不到充分利用的问题，以建立园区的高效率产业链网，实现物质流动的闭路再循环，是现阶段园区发展的重中之重。根据生态工业系统的定义，建立一个生态工业系统的关键，是实现系统各个过程之间的物质充分利用和交换，因此，有必要对系统的物质集成进行研究。

园区的核心参与者是企业，而企业最关心的是其决策和行为的经济成本和收益。本书将对园区参与废弃物资源化的企业的工业共生收益进行核算，将隐形收益可视化，为政府废弃物交换价格指导和激励政策提供依据，为园区的生态产业链和基础设施的科学规划提供信息。

2）工业废弃物资源化

工业废弃物是指在工业生产活动中产生的，不能够在企业内部直接利用，因而被弃置或者排放到外部环境中的非意向产出（Graedel et al.，1995）。广义角度的工业废弃物主要包括固体、气体、液体三种形态，即通常说的工业"三废"；从狭义的角度看，常指工业生产、加工过程中产生的废料、废渣、粉尘、污水和污泥等。工业废弃物资源具有以下特征：它是廉价的原材料，与生产过程并存；工业废弃物具有可回收的可能性，是连接不同生产过程的纽带，其关键是废弃物转化为资源的技术和工艺。因此，工业废弃物是一种具有利用潜力的资源，某一企业产出的废弃物，对于其他企业来说，属于可利用的资源。来自某个生产流程或者某个企业的废弃物，对其他企业或许具有一定的回收利用价值。例如，热电企业产生的粉煤灰、炉渣等工业固废，可以作为水泥、建材企业的原材料；产生的大量工业废气二氧化碳可以转化为干冰对外出售；产生的工业废水接入园区的污水管网，经过污水处理厂集中处理后，可再回用到企业生产和居民生活中。由此可见，"废弃物"其实是一个相对性的概念，隐藏着潜在的价值，随着经济社会的发展和技术的进步，越来越多的废弃物将被转化成资源，实现价值飞跃。随着工业生产的发展，工业废物数量日益增加。据统计，2017 年全国工业废水排放量182.8 亿吨，工业废气排放量为 67.9 万亿立方米，一般工业固体废物产生量 33.8

亿吨，综合利用量 18.1 亿吨，综合利用率平均较低[①]。工业园区不仅是区域产业结构升级和经济发展的重要腹地，也是区域环境污染的主要来源。工业园区的绿色可持续健康发展，需要发展园区废弃物资源化，不断减轻并消除工业废弃物污染（何开伦等，2016）。

在废弃物和废旧产品等资源领域，研究者通常使用"综合利用"和"资源化"两个概念。其中，"综合利用"的概念更为广泛，涵盖了"再利用"（reuse）和"再循环"（recycle），指通过各种方式让废弃物或者废旧产品得到重新使用或者资源化利用。狭义的资源化主要指通过一系列的物理分解、搬运或者化学加工过程，让废弃物这一非意向产品转化成一种新的经济资源，再次投入到工业生产和消费中去（任勇和吴玉萍，2005）。杨忠直（2008）将废弃物资源化定义为两个过程，对于从生产或生活中排放的废弃物，首先，通过物理分拣或化学提炼，加工转化成为再生资源和能源；其次，对不可再资源化的剩余物质，通过无害化处理过程后再对外排放。2012 年 4 月 13 日，科学技术部、国家发改委等 7 部委发布的《废物资源化科技工程"十二五"专项规划》中也有规定：废弃物资源化既显示公益性，也需要具备经济性，具体指对退出生产及消费环节的废弃物，利用技术、经济和管理等手段，在保证无害化处理及污染排放控制的基础上，推动回收利用废弃物中含有的大量有价物质，提高废弃物的综合利用效率。

废弃物通过内部回收，为生产企业提供替代资源或能源，或者通过关联企业或产业之间的协作，构建废物循环经济链条，实现废物的再生增值，推动生态文明建设和可持续发展。综合比较分析，本书将园区工业废弃物资源化也划分为两个过程：来自生产排放领域的废弃物，通过资源化和无害化处理，输出再生资源并排放无害物质，如图 3-1 所示。

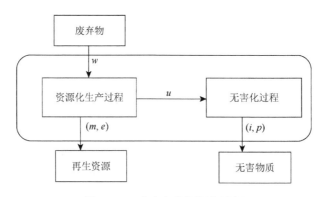

图 3-1　工业废弃物资源化过程

---

① 数据来源：中华人民共和国生态环境部网站。http://www.mee.gov.cn/。

图 3-1 显示，来自园区工业生产中的各类废弃物，通过内部回收、市场交换或者第三方集中处理进入园区资源化处理系统，工业废弃物经过资源化生产，可以获得再生材料或能源；无法资源化的剩余物质根据环境规制要求，需要进行无害化环保处理再排放或安全存放。理想中的废弃物资源化是不存在无害化处理过程的，受科技及生产水平的约束，仍有一些暂时无法被资源化利用的物质。随着科技进步及社会需求发生变化，暂时不能被资源化再利用的废弃物或者废弃物中的无害物质，均有再生利用的潜力。因此，尽可能地将废弃物转化成再生材料或再生能源并获取最大的产出价值，是废弃物资源化系统的首要任务；其次，将经过无害化处理的无害物质和毒性物质予以排放或安存，保证环境损失（损害价值）最小化。

如图 3-1 所示，在目前的科技水平下，废弃物资源化系统中，资源化生产过程的生产函数可以表示为式（3-1）：

$$y w, m, e, u = 0 \tag{3-1}$$

其中，w 为废弃物的投入数量；m 和 e 分别为输出的再生材料数量、再生能源数量；$u = u(w)$ 为暂时不可再资源化的废弃物质数量。废弃物资源化系统的无害化处理过程的生产函数可以表示为式（3-2）：

$$f u(w), i, p = 0 \tag{3-2}$$

其中，i 和 p 分别为无害化处理过程输出的无害物质和毒性物质。在 w 和 u 一定的情况下，m 和 e、i 和 p 的数值为反向变化关系。

资源化生产过程中的再生价值最大化，以及无害化处理过程的外部损害最小化，是废弃物资源化系统的经营目标。因此，资源化生产过程及无害化处理过程的优化模型分别表示为式（3-3）及式（3-4）：

$$\text{Max}: R = p_1 m + p_2 e = 0 \tag{3-3}$$

$$\text{s.t.}: y w, m, e, u = 0$$

$$\text{Min}: L = l_1 i + l_2 p = 0 \tag{3-4}$$

$$\text{s.t.}: f u(w), i, p = 0$$

其中，p_1、p_2 分别为再生材料和再生能源的价格（价值）；l_1、l_2 分别为单位无害化物质和毒性物质带来的环境损失（损害价值）。

模型优化求解条件如下：

$$\text{Mrtt（边际技术转换率）} = -\frac{\mathrm{d}e}{\mathrm{d}m} = \frac{\partial y}{\partial e} / \frac{\partial y}{\partial m} = \frac{p_2}{p_1} \text{（市场替代率）} \tag{3-5}$$

$$y w, m, e, u = 0$$

$$\text{Mrts(边际技术替代率)} = -\frac{\mathrm{d}i}{\mathrm{d}p} = \frac{\partial f}{\partial i} / \frac{\partial f}{\partial p} = \frac{l_2}{l_1}(\text{环境替代率}) \qquad (3\text{-}6)$$

$$fu(w), i, p = 0$$

由此可求解出最优解（m^*，e^*）、（i^*，p^*）。

3）园区工业废弃物资源化模式

园区工业企业既是废弃物的产生主体，又是各类废弃物的回收利用主体。企业在生产过程中会产生废物，需要对这些废物进行处理或处置。企业选择何种处理方式主要受主营业务、组织能力、规模经济及技术水平等因素的影响。由此形成废弃物资源化的三种模式：企业内循环利用、企业之间协同处理、第三方集中处理，如图3-2所示。

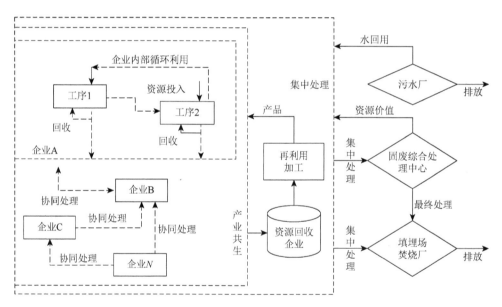

图 3-2　园区工业废弃物资源化模式

虚线表示工业废弃物在园区中的流转情况

园区内生产企业在产品制造过程中，可处理能力范围内排放的废弃物，形成企业内循环利用模式，这一般适用于生产规模大、技术水平较高的企业，其废弃物的回收再利用可能会带来经济利益；而对于小企业而言，这种经济利益往往会因为废弃物回收和再利用的投资、运行成本而抵消，甚至不足以抵消其成本，在这种情况下，交给外部企业进行资源化协同处理更为经济。对于具有较高利用价值的废弃物主要有两种流向。

（1）卖给相邻的下游生产型企业作为替代原材料，这种基于废弃物交换、生产过程协同的共生关系可以形成于产业集中区（包括虚拟型产业园区）内企业之间、产业之间及生产区域之间。

（2）流向专门的资源回收企业，这类企业主要回收一些相对纯净、价值较高的物质，如金属、玻璃、塑料、包装纸等，通过商业方式集中收购或处理，再回馈到生产领域加以循环再利用或再制造。而对于经济价值极低的部分，一般通过废弃物供应企业和废弃物专业（综合）处理中心之间进行交易。例如，专业污水处理厂、工业废弃物综合处理中心、危废（危险废弃物）处理企业等机构，它们是此类废弃物的流转站和终极处理者（朱文兴和卢福财，2013；石海佳，2015；田金平等，2016）。

3.1.2　园区工业废弃物资源化的物质流分析

废物流分析决定了价值流数据的形成和分配（肖序和刘三红，2014）。废物流分析方法一方面能够明晰废弃物从产生到消失各阶段的物质循环情况，通过控制流量和流向，实现物质流路径优化的目标；另一方面，可定量地描绘废弃物流动对生态环境的影响，为研究经济系统与自然生态系统之间的关系提供相关数据支持（戴铁军和赵鑫蕊，2017）。

废物流是物质流的组成部分，目前国内外废物流分析方法由元素流分析、EW-MFA 等主要方法组成（余亚东等，2015）。元素流分析追踪特定物质或元素在经济−环境系统内的流量和流向，评价特定物质或元素对生态环境的压力及危害，量化经济系统中物质流动与资源利用、环境效应之间的关系。EW-MFA 则关注一定时间范围内物质的总量与结构，通常把经济系统当作“黑箱”，进行物质通量和使用强度两方面的分析（邢芳芳等，2007；张玲等，2009；王军等，2006）。EW-MFA 分析框架中的区域内物质输出由经济系统排出的工业废弃物、废水、废气组成，与废物流分析最为相关。各国学者在 EW-MFA 分析框架上设计了多个指标来衡量废弃物资源化的程度与效率，如废弃物回收率、循环利用率、最终处置量等（黄和平等，2007；平卫英，2011）。武娟妮和石磊（2010）综合运用了两种物质流分析方法，以江苏宜兴经济开发区为例，分别构建了工业园区磷、氮代谢网络、可解析工业系统与污水处理模块的磷、氮代谢途径和通量，从而提高水资源利用效率，减缓水环境污染压力；Arena 和 Gregorio（2014）结合 LCA 方法，将废物流分析方法成功地应用于意大利地区城市工业废弃物的管理规划中；Ohnishi 等（2017）整合了物质流分析、碳足迹和能值分析，对日本川崎的工业及城市共生进行了综合评估。

基于物质循环的废物流分析，从技术角度揭示废弃物的流动路径，并对各经营环节的废弃物实物量的利用效率和效果进行评价分析，有助于不同地区、不同时期和不同经济实体之间相互比较，但是废物流分析方法很少考虑经济和社会因素，导致其研究成果大多只有生态导向功能，无法直接运用。

园区工业废弃物资源化的物质流分析，是指定量分析园区内工业废弃物的流动及转化，在一定的时间、空间范围内，对其流动与储存状况等进行评价总结和整体描述，并在整体上对园区工业废弃物的物质转化速率和物质流动特点进行了反映。

1. 物质流向分析

园区工业废弃物的资源化模式有不同的分类，其中，工业废弃物资源化包括企业内部的废弃物循环流动与企业之间的废弃物交易流动。企业内部的资源化主要通过清洁生产、绿色设计等途径来实现，企业之间靠供需关系来设置连接。随着产业共生的规划发展，园区的工业废弃物也逐渐由企业内循环流动，向企业之间交易流动转变，图3-2中的虚线部分描绘了工业废弃物在园区中的流转情况。

在园区废弃物资源化实践的初期阶段，企业生产过程中的废弃物常常被看作非意向的"副产品"，经过简单的初级处理或者无害化处理后排放到环境中，园区企业之间的独立性较强，只有零星的几个企业会发生偶然的废弃物交易，这个阶段的工业废弃物的流向大致可以描述为工业废弃物"产生—综合处理—对外排放"，这是工业废弃物的正向自然流动路线。随着企业生产者责任的延伸，园区产业多样性的发展及园区管委会的规划改进，园区内工业废弃物的流转路径会发生一定的改变，形成工业废弃物"产生—资源化处理—再生利用"的逆向优化。

2. 物质流量分析

在园区内工业废弃物的流向分析的基础上，对废弃物资源化"入口""消耗与循环""出口"的流量计算，可以从物质层面评价园区企业整体的废弃物产出水平、资源化水平、环境污染水平。图3-3描绘了废弃物产生、投入、输出的流量分配情况。

物质流量遵循投入产出物质守恒定理，输入到园区废弃物资源化系统的物质通量等于系统内部废弃物存量净增加数量加上输出系统外数量。由输入端可得，废弃物供给量（total waste supply，TWS）来源于两个方面，一是园区内产生量（waste generation in park，WGIP），二是园区外输入量（waste generation out park，WGOP），合计构成投入到园区资源化系统的数量（废物流强度）。废弃物

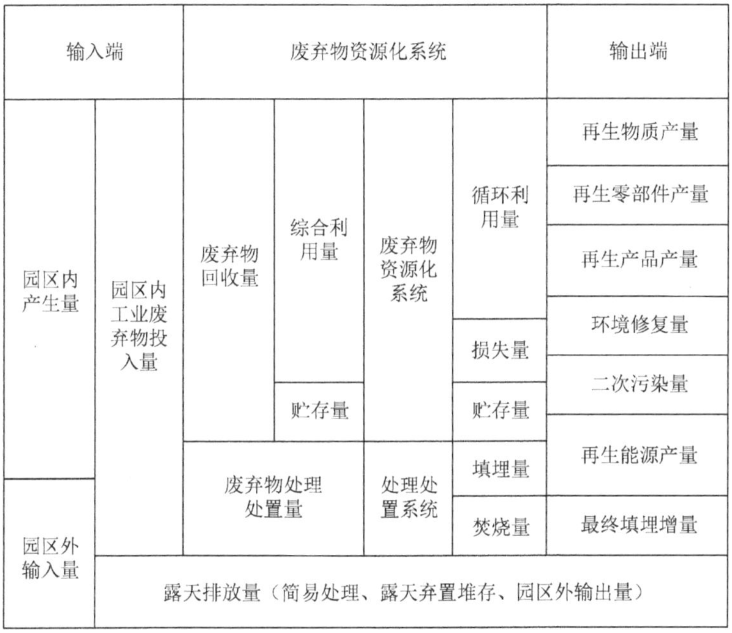

输入端	废弃物资源化系统					输出端
园区内产生量	园区内工业废弃物投入量	废弃物回收量	综合利用量	废弃物资源化系统	循环利用量	再生物质产量
						再生零部件产量
						再生产品产量
					损失量	环境修复量
			贮存量		贮存量	二次污染量
园区外输入量		废弃物处理处置量		处理处置系统	填埋量	再生能源产量
					焚烧量	最终填埋增量
	露天排放量（简易处理、露天弃置堆存、园区外输出量）					

图 3-3　物质流量分配图

供给量在园区废弃物投入量（waste input in park，WIP）、简易处理量（waste simple treatment，WST）、露天弃置堆存量（waste open storage and discharge，WOSD）和园区外输出量（waste export，WE）之间进行分配。园区废弃物投入量表明输入园区废弃物资源化系统边界内的废物流强度，反映了进入废弃物资源化系统中的有效投入数量，园区废弃物投入量包括了废弃物回收量（waste recovery，WR）和废弃物处理处置量（waste treatment and disposal，WTD），并在循环利用量（waste recycling exploitation，WRE）、损失量（waste loss，WL）、贮存量（waste storage，WS）、填埋量（waste landfills，WLs）和焚烧量（waste incineration，WI）中进行分配。废弃物输入到资源化子系统和处理处置子系统后，转化为再生产品产量（recycling product output，RPO）、环境修复量和二次污染量等。其中，废弃物资源化过程的物量损失及焚烧过程中产生的污染物等都会对环境造成二次污染，带来环境容污力的下降。

　　物质流量的分配公式如表 3-1 所示。园区废物流分析过程中，废弃物供给量、园区废弃物投入量、再生产品产量、废弃物资源化率（waste recycling exploitation ratio，WRER）、废弃物回收率（waste recovery ratio，WRR）、废弃物产生强度（waste generation intensity，WGI）、废弃物转化效率（waste recycling efficiency，WRE）是其中最为重要的静态流量指标。废弃物供给量反映了能够为资源化系统输入的工业废弃物资源数量，而园区工业废弃物资源化的目标就是提高园区废弃物投入量的比重，减少直接排放的损失，如简易处理量、露天弃置堆存量、园区外输出量。为实现此目标，首先需要从循环开始控制，把园区企业废弃物的产生量进行削减，把废弃物产生的强度进行降低；其次，对现有的资源化系统进行规范管理，扩大废弃物的回收数量，提高废弃物资源化率，同时加快科技研发和技术提升，提高废弃物转化为再生资源（能源）的效率。

表 3-1 物质流量指标计算公式

准则层	指标层
废弃物输入指标	废弃物供给量 = 园区内产生量 + 园区外输入量
	园区废弃物投入量 = 园区废弃物回收量 + 废弃物处理处置量
	废弃物供给量 = 园区内废弃物投入量 + 简易处理量 + 露天弃置堆存量 + 园区外输出量
废弃物输出指标	园区废弃物输出量 = 再生物质产出量 + 再生能量产出量 + 环境修复量 + 二次污染量
	园区再生产品输出量 = 再生物质产出量 + 再生能量产出量
废弃物消耗指标	废弃物贸易平衡项 = 废弃物园区外输入量 - 废弃物园区外输出量
	废弃物贮存量净增加量 = 园区系统废弃物投入量 - 废弃物综合利用量 - 废弃物处理处置量
	废弃物资源化率 = 废弃物循环利用量/废弃物园区产生量
	废弃物回收率 = 废弃物回收量/废弃物园区产生量
准则层	指标层
强度和效率指标	废弃物生产率 = 废弃物资源化系统生产总值/园区废弃物投入量
	废弃物产生强度 = 废弃物园区内产生量/园区生产总值
	废弃物贸易强度 =（园区外输入量 + 废弃物园区输出量）/输入输出总额
	废弃物转化效率 = 园区再生产品输出量/园区废弃物投入量

废弃物价值流分析能够提供经济和环境两个方面的信息，是物质流分析的补充和进一步深化。价值流分析一方面能够突破"物质"的局限，为废弃物资源化的经济分析和决策提供直接依据；另一方面可以细化评估废弃物的环境损害价值，更好地评价废弃物资源化过程中的环境绩效（肖序和刘三红，2014）。

毛建素和陆钟武（2003）将单位质量的元素 M 具有的价值定义为"价位"，并绘制了产品生命周期价值循环流动图，反映出废弃物资源化过程中的增量价值，如产品制造阶段对废物的回收利用，不仅节约了排污费（机会成本），还增加了价值产出（废弃物的再利用价值）；产品消费后的报废阶段对废物的回收利用，可减少消费者的排污费，增加废弃物出售收入，这种增量价值通过物质循环得以实现。价值循环流动虽可反映废弃物资源化的诱因和增量价值的构成，但对于废弃物价值如何计量并没有进一步分析。价值流分析的重要工具——RVFA的研究，为企业内部、企业间的废弃物资源化价值流转核算与分析提供了理论基础和方法指引，它是我国会计学界借鉴德国 MFCA，并结合资源消耗会计发展而来。MFCA 把生产投入的原材料、能源、间接费用，划分为面向产品及废弃物两股流量，并在每个生产（工程）单元从物质量和价值量两方面来计量。基于 MFCA 的成本信息能够揭示出"负制品"按各成本要素（材料成本/能源成本、系统成本、处置成本）划分类别的损失成本（冯巧根，2008；肖序和郑玲，2012），但无法反映废弃物对环境系统的损害费用。RVFA 则在 MFCA 的基础上引入日本的 LIME 方法，对废弃物"外部环境成本内部化"的价值进行估算，可以更全面地评价废弃物资源化带来的环境效益。

随着废弃物资源化价值流理论的不断融合发展，越来越多的学者开始从经济、社会及政策制度等角度探索废弃物资源化的驱动力量及影响因素（Salmi et al.，2012；Costa et al.，2010；Ashton and Bain，2012；Spekkink et al.，2013），由于存在废弃物再利用成本，且环境效益难以通过成本或价格的形式收回，企业开展废弃物资源化的动力不足，政府通过设计合理的价值补偿方案、实施配套的政策工具，来确保废弃物资源的价值流转。虽然以废弃物资源化的物质流分析为基础的体系较为成熟，但价值流转核算分析及补偿政策等相关研究还处在探索阶段。

1）废弃物资源化的价值流概念体系

企业的资源价值流转体系中，作为企业的产出物，废弃物和产成品同样有着使用价值，对园区整体层面而言，园区投入的全部价值也要分配在产成品与废弃物之间，并且基于各工业废弃物的物质含量进行分配。对工业废弃物而言，以分配成本为基础来考虑对外部环境的损害，二者综合产生工业废弃物的资源价值，这体现了一种静态的价值。

构建园区生态共生网络和生态产业链，可以在园区内实现工业废弃物重复利用，同时可以改变其价值构成，废弃物质的循环利用可以在一定程度上替代企业的物质投入，节约企业的资源投入成本，还可以降低对外部环境的危害，获得一定的环境效益和政府的补贴及税务优惠，最终实现价值增值，产生工业废弃物集成价值。由此，产业共生下工业废弃物集成价值是研究工业废弃物的价值流动与转换，是基于社会-经济-环境这一系统下的动态价值概念，如图 3-4所示。

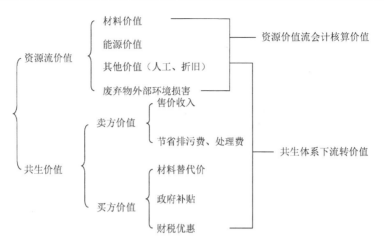

图 3-4　工业废弃物价值体系

物质中所含有的有用元素是物质流动过程中的价值核心，以上海化工区为例，其各种物质中所具有的氯元素，就是物质流转价值的核心。同理，有用元素的流转也为工业废弃物的流转提供了基础，价值流动是以元素流为基础。在一个完善的园区产业链中，一个企业产生的工业废弃物之所以能够被另一企业重复利用，最根本的原因就是该工业废弃物还存在有用元素，通过循环利用能够产生经济与环境效益。

2）价值流转的构成及变化

"废弃物资源化的价值流转"以资源（废弃物）流动为基础，按照循环经济的发展模式，可描绘为废弃物资源在企业内部、企业之间及园区整体层面的价值变化。其中包括现行会计系统中的材料、人工及其他间接成本等，以及废弃物对外部环境系统的损害价值。废弃物资源化价值由废弃物净损失成本、回收利用成本、处置成本和废弃物外部损害价值四部分构成。具体而言，废弃物净损失成本等于企业产生的废弃物所分摊的材料、人工及其他成本减去废弃物再利用价值和国家税收优惠等政策补贴后的净额；废弃物回收利用成本是废弃物在回收过程中发生的运输、筛选、提炼等费用；废弃物处置成本是指处置废弃物需要支付的运输、填埋等费用；废弃物外部损害价值是废弃物对生态造成的损害成本。

由于废弃物同样耗费了原材料、能源，凝结了劳动力等系统成本，即内部资源损失价值，再加上废弃物排放的外部环境损害价值，一起组成了废弃物的资源流价值。如果废弃物在企业内部或者企业之间得到循环流动，会给废弃物资源化的相关企业带来"节支增收"的经济增值作用，并减少废弃物排放或原生材料使用带来的环境损害，产生环境价值，这两个价值称为资源化的"流转价值"，见图 3-5。

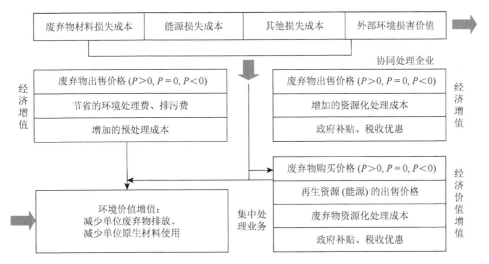

图 3-5   工业废弃物流转价值体系

3）价值流转规律

工业废弃物在企业各生产流程环节产出时，按照资源价值流会计方法分配材料成本价值、能源成本价值、系统成本价值，按照外部环境损害价值评估模型计算环境损害价值。企业内部资源化模式中，工业废弃物往往作为一种中间产品，其流转价值完全被内部化了，根据现有的会计核算体系被纳入下一阶段主产品生产的成本核算中。

园区层面的废弃物流转价值，主要通过合理的废弃物交易定价来体现，并不断调节上下游合作企业间的成本效益及价值增值量。园区企业间的协同合作或第三方集中处理，能够发挥彼此的价值优势，产生"1＋1＞2"的效果。工业废弃物在园区内的流转价值，主要是废弃物的再利用价值，一方面是内部资源价值流中的材料成本价值，即再生替代物质价值，其价值能够通过再生资源市场体现出来；另一方面是外部环境影响评估的环境损害价值，具有明显的"外部性"，需要通过政府的财政税收政策加以"内部化"。值得关注的是，由于工业废弃物不是为契合特定生产或者消费目的的意向产出物，其结构和性能需要经过特定的物理分离和化学转化才能达到再利用的标准，因而无论是何种方式的资源化模式，均需要投入一定的收集、预处理和资源化利用等成本。通过资源化的成本效益对比分析，即可得到园区工业废弃物资源化过程中废弃物的流转价值。

废弃物作为一种特殊的"商品"，要实现在园区内的自由流转，需要一定的经济约束条件，即带来正的经济价值增值，否则就会出现流转不畅或者只"循环"不"经济"的问题。实践中，大量废弃物被遗弃或经过末端处理后排放，没有实现废弃物的循环利用,企业间的废弃物协同处理等也存在只"物质流动"无"价值流转"的现象,企业开展废弃物资源化的动力不足。究其背后原因,主要是经济效益不足,环境效益得不到合理补偿,且相关配套政策不够,只有保证废弃物在实物流动基础上实现正的价值增值,才能够让废弃物在园区内以货币价值的形式独立地参与市场交易和流转,这就是本书探讨的废弃物价值流转的内在规律。

由此可见,园区工业废弃物资源化的价值流研究,主要是通过确定废弃物的内部转移价格和市场交易价格,计算废弃物的价值增值,进而为价值流转趋势、影响因素分析及价值补偿政策建议提供与价值流有关的经济信息。

4)价值流转模式

价值流是在物质流分析基础上,用货币价值来反映废弃物资源的价值投入、转移、增值和补偿等过程。废弃物资源化不仅是物质的流动过程,同时是价值转移与价值创造的过程。基于园区工业废弃物资源化模式,从我国工业园区废弃物资源化价值流转的实践来看,发生在生产领域的废弃物资源化价值流转流程为"资源→产品→废弃物→废弃物资源化"。工业废弃物在企业内部循环或者向企业外部流动,主要取决于其含有的有价值材料的数量。针对不同的经济主体及资源化模式,废弃物资源化过程中的经济价值增值主要包括:①企业内部回收模式,"替代原生材料的价值+节约的环境处理费和排污费+政府补贴及税收优惠–企业内部回收成本"。②企业间协同处理模式,上游产废企业的经济价值增值为"工业废弃物的出售价格+节约的环境处理费和排污费+政府补贴及税收优惠–增加的预处理成本";下游利用企业的经济价值增值为"节约的原生材料购买价格+政府补贴及税收优惠–增加的资源化处理成本"。③园区集中处理模式,集中处理企业的经济价值增值为"工业废弃物的购买价格+再生资源(能源)的出售价格+政府补贴及税收优惠–废弃物资源化处理成本"。除经济价值增值外,工业废弃物的资源化利用还能带来两个方面的环境价值增值:减少单位废弃物排放带来的环境效益;减少单位原生材料开采、消耗带来的环境效益。通过经济和环境两个方面的计算,可以更全面地反映工业废弃物资源化过程的经济绩效和环境绩效。对三种价值流转模式的具体描述如下。

(1)企业内部回收模式的价值流转。企业内部废弃物资源化,是通过对其产出的废弃物及余能余热进行最大限度地开发和利用。企业自行回收利用废弃物的价值流转变化主要体现在以下几个方面:①废弃物中含有有用物资的价值。企业在生产过程中产出合格的产成品和废弃物,运用物质流和价值流分析方法,可将生产过程各个环节所投入的成本、消耗的资源和对环境损害的价值评估归集,按照一定的物质流标准,对产出的合格品和废弃物进行成本分配,即产出的废弃物也应承担相应的成本。②废弃物回收利用相关成本。回收利用相关成本包括废弃物回收处理成本、废弃物资源化技术研发成本、资源化设备投入及升级改造成本等。相关成本与企业废弃物资源化预期收益相关，废弃物再利用价值越高，企业进行废弃物资源化的动力越强，对废弃物资源化相关成本投入的积极性越高。③企业利用自身管理与技术对产出的废弃物在企业内部循环利用，可利用的废弃物作为原材料在企业内重新流转，其相关成本价值在生产过程中随着新材料、能源价值与间接费用的投入等一系列价值增值过程形成最终产品价值。

（2）企业间协同处理模式下的价值流转。企业间协同处理是园区企业之间形成产业共生组合，通过交换价格实现废弃物的价值流转，即通过园区内企业、产业或生产区域之间的"废物"交换利用，买卖双方通过合理的价格机制实现废物循环利用和价值流转。因为企业的内部循环有局限性，所以企业内部不能利用的废弃物可以通过废弃物交换将不同企业联结起来，形成资源共享的一种网络共生关系，使一个企业产生的废弃物成为另一企业的能源和原料，实现废弃物价值在企业之间流转，并与其他新材料、能源价值的投入形成产品价值。最终将无使用价值的废弃物进行无害化处理，其流转价值为环境处理成本。

（3）园区集中处理模式下价值流转。通过构建基础设施集中处理废弃物，实现园区整体层面的价值流转。废弃物价值不能通过园区企业内部或企业间流转，废弃物排放会对环境造成损害，此时废弃物价值为负。通过构建基础设施，汇集园区各企业废弃物，进行集中处理后在园区内再利用或无害化处理。经处理过的废弃物可重新进入园区企业生产环节的，在废弃物资源化过程中通过资源和相关成本的投入形成新的价值，从而实现园区整体层面的价值流转；对于不可再利用的废弃物，则通过无害化处理，减少对环境的影响，减少环境损害价值。

园区工业废弃物资源化不仅是资源物质流转变化的过程，也是价值转移的过程。由于废弃物伴随合格品的生产而产生，废弃物的损失价值也将随着不同生产阶段新投入的价值而提高。而在废弃物回收环节，通过回收或利用有用物质，可减少废弃物的最终排放量，降低对原始资源的需求。因此，废弃物资源化可降低资源损失价值，对经济及环境绩效具有积极影响。

3.2　园区工业废弃物资源化价值流分析方法体系构筑

3.2.1　园区循环经济与废弃物资源价值流会计的关系

循环经济中的"再资源化"可理解为收集、再处理使用过的产品和废弃物，将其用于新的生产流程的活动（Cucchiella et al.，2015），循环模式有小循环、中循环和大循环。从废弃物资源化角度看，企业自行回收变成产品属于小循环。中循环有两种：第一种为园区企业之间形成共生组合，即园区内企业之间通过合理的价格机制实现废物循环利用；第二种是由园区统一规划，集中建设处理中心，通过共享促进园区内物质循环、能量有效利用。社会层面的物质流转、新陈代谢属于大循环。

　　废弃物资源化中的物质流动往往伴随着价值（或成本）的流转。从其不同路径与发展循环经济的要求出发，通过"物质流-价值流"一体化分析，追踪废弃物产生的各个环节，可构建与园区物质流路线相匹配的废弃物资源价值流理论与方法体系，充分揭示循环经济物质流的价值流转信息，为园区废弃物流转优化、协同处理及价值补偿政策制定等提供决策参考。因此，园区循环经济与废弃物资源价值流会计的关系可用图 3-6 表示。

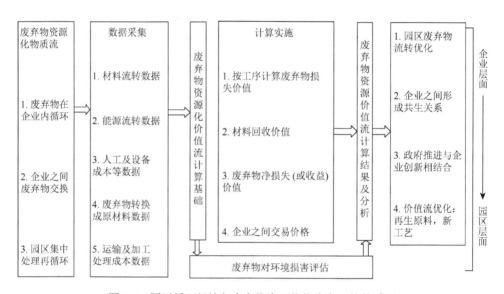

图 3-6　园区循环经济与废弃物资源价值流会计的关系图

　　图 3-6 中，废弃物资源价值流会计与一般的资源价值流会计不同，它不仅核算企业内部废弃物损失成本及回收价值，更注重企业间的废弃物协同处理，基于生态共生关系实现废弃物物质流与价值流在企业间的闭环流动。管理者特别是政府（包括园区管委会）和企业需从废弃物增量管理走向废弃物减量管理，将废弃物转化为有用的资源（诸大建，2017）。

3.2.2　价值流分析方法的差异性分析

园区的循环经济是在生态型资源循环基础上的延伸，物质循环是关键。物质进入工业企业后，通过加工以产成品或废弃物的形式流出，实现物质转移的"明流"。物质的价值随着物质流动而流动，并因加工程度递增而增加，实现价值转移的"暗流"。基于物质流和环境成本会计价值流分析，运用流量管理形式，追踪物质在各物量中心的运动路径来合理分配成本，为提高园区资源利用率提供有现实价值的内外部成本流通的检测信息。在对以往的实践应用探索中，以价值流为基础的企业一般核算已比较成熟，然而，因为园区同企业的实践环境各异，价值流核算需做出相应调整以适应不同环境。实践应用环境的差异重点体现在以下三个方面。

（1）核算对象与单位的差异。核算对象为企业时，通常将重要工序或工序组视为其最小核算单位的物量中心。而园区由独立经济主体和有利益需求的企业组成，使其成为不可拆分的核算整体。所有企业归属于不同的产业链，构成了与企业物质流相似的工艺流路径。因此，产业链核算过程中需要把企业设置成物量中心，或者依照实际情况把几个同类的企业组合成一个物量中心。这样可使产业链主体的核算，不仅在物质总量和流量上都更充分，还完善了核算框架，扩大了讨论空间。

（2）物质流动路线互异。企业和工序分别作为物量中心和产业链，与企业物质的输入路径类似，但输出路径却更加繁杂，不但囊括了相同流向的下游物量中心的产成品和负制品，而且囊括了流向下游物量中心并被利用的负制品和流出产业链的正制品两种相反的流动路线。产业链价值流核算不同于企业核算的关键在于，在园区产业链中，废弃物的转移是特殊的物质流动方式。仍以物质 M 为例，所描述的园区产业链物质 M 流动路线如图 3-7 所示。

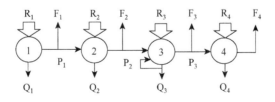

图 3-7　园区产业链物质 M 流动路径图

图 3-7 中，在各物量中心中，R 为新投入的物质 M；P 为流入下游物量中心的废弃物；F 为产出的合格品；Q 为最终废弃物。

（3）核算目标存在差异。在不变的工艺流程中，需要寻求能提高潜在资源利用率的企业价值流核算方式，在产业链乃至整个工业园区中，需要分析共生效率的产业链价值流核算，进行产业链的物质聚合，实现对园区产品体系的规划。

为考虑上述差异，本书将在企业的价值流核算基础上，构建更具园区特征的价值流核算框架。

3.2.3　价值流分析方法体系的功能定位

构建园区的价值流核算体系的目标，是通过构建园区的物质流动和价值流动模型，设计针对园区的核算方法与流程，核算园区的内部资源损耗、外部环境损害和共生收益，提供相关的数据来源和理论基础来实现园区的物质集成和价值补偿。在不同的核算阶段，这种方法体系在园区内所展示的能力也不相同，具体如下。

（1）准备阶段的督促功能。在准备阶段，要求核算主体仔细分析与该园区有关的环境指标，构建具体核算框架，并加强核算对象在生产过程中对环境数据收集的重视程度。

（2）物质集成阶段的支撑功能。提供与物质集成方案的设计、选取和实施相关的信息，保证方案成功实施。

（3）集成效果的评价功能。差异化分析对比方案实施前后园区的价值流取得的数据，进一步取得物质集成方案实施效果的评价。

（4）价值补偿的发现功能。通过物质集成，对各个价值流转关键节点进行分析，识别政府或园区管委会的补偿政策对废弃物价值流转的影响，为制定补偿政策提供依据。

3.2.4　价值流分析的基础与准备

1）时空边界的界定

在园区价值流核算之前，应首先明确核算的时间和空间边界。园区的价值流核算的空间边界可能是一个企业，一条生态产业链，也可能是整个园区。在确定空间边界时，应该以园区实际的物质流动路线为基础，重点关注园区主要污染物、污染源与有较大改善潜力的企业和生态产业链，最终选取一定对象纳入核算范围。

园区企业异常繁杂，在确定时间边界时，不同企业的生产周期一般不相同，在核算园区整体时，把年作为单位，可避免因季节生产导致的信息差异。核算园区典型企业或生态产业链时，在考虑生产流程和周期后，需选取时间充裕且连续的时期，确保收集的数据有研究价值。该时期单位可以是月、季度、年或一个生产周期。

2）物质流与物量中心的界定

园区模拟生态系统中的生物群落，基于特定区域的物质流、能源流、信息流现状，促进各产业间的协调发展，形成生态产业群落。它使一个企业的负制品成为其他企业的原材料，产生和"生产者—消费者—分解者"相似的生态产业链模式。根据企业的角色和所产生的作用不同，分为生产型企业、消费型企业和分解型企业。为将生态产业链补充完整，园区通常还拥有卫星或远程虚拟企业，这些企业又被称为补链型消费者企业，可持续消费和分解产业链的剩余资源。园区生态产业链相互交织形成网状结构，即工业园的生态产业链网。此外，园区内资本、政策和信息的流动，以生态产业链网为桥梁组成有组织关系的企业联盟，成功达到了区域范围内资源循环流动的目的。园区物质流模型如图3-8所示。

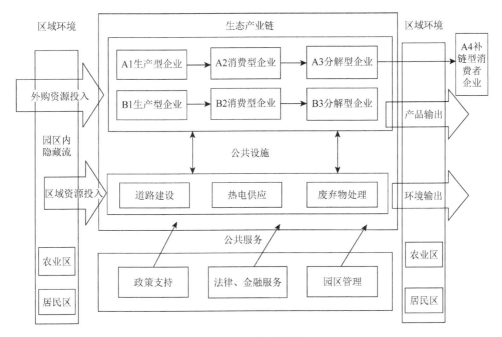

图 3-8　园区物质流模型

园区的物质流主要体现在生态产业链中，其中生态产业链的基本组成单位又是园区内相关企业，因而分析园区的物质流，首先要分析废弃物在园区内相关企业的各流动阶段。生态产业链由企业间工业物质的输入与输出关系串联而成，物量中心的设置需以产业链上的企业为基本单位，若产业链复杂，应先将企业中各生产流程或生产线或辅助厂逐级向上汇总成一个大物量中心。物量中心的边界由链产品分类、加工层级、主要污染节点或其他信息综合确定，输入输出物量中心的物质、能源与系统成本能够有效识别和归集，且不同的物量中心之间拥有物质流动的通路。园区内各企业物质流一般模型如图 3-9 所示，生态产业链物质流一般模型如图 3-10 所示。

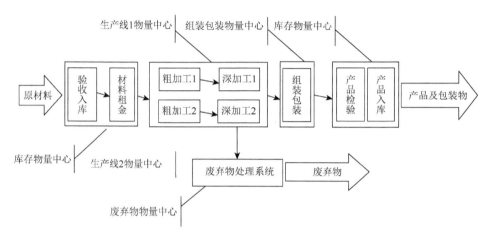

图 3-9　园区内企业物质流一般模型

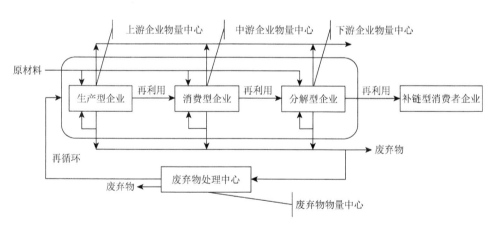

图 3-10　生态产业链物质流一般模型

3）资源流成本的分类

《经济学解说》把"资源"视为生产过程中所使用的投入，明确了生产要素的经济学内涵，是"资源"在经济生产运作过程中的本质。资源流包括物质流和价值流，本书所提及的资源流成本是指以物质流为载体，以货币计量，反映生产中资源投入、流转、增值和补偿过程的价值成本。它包含材料耗用成本、工资薪金、制造费用。传统会计中，所有成本计入产成品，价值流核算则将废弃物纳入成本核算体系，废弃物与产成品按一定的标准分配成本，使废弃物也分担部分生产成本，以获得统一的经济分析数据，来衡量该生产过程的经济和环境效率。结合成本会计和资源流的相关概念，本书将生产成本划分为三大类，即材料成本、能源成本、系统成本。

3.2.5　价值流分析方法体系总体框架

园区的价值流核算可分为企业、企业间协同处理及园区整体核算三个层面。进一步细分为内部资源价值流、外部环境损害和共生收益核算。园区工业废弃物资源化中的价值流核算的总体框架如图 3-11 所示。

图 3-11　园区工业废弃物资源化的价值流核算框架

内部资源价值流、外部环境损害和共生收益核算来源于园区的物质集成水平三个指标层设置和集成方案的规划。三个指标层依次是生态工业园的资源利用率、环境污染程度和废弃物综合利用率。集成方案依次从源头减量、增加补链企业、发展静脉产业等来推进废弃物资源化。本书重点描述企业间废弃物资源化协同处理（生态产业链）的价值流核算，并通过企业间协同处理层面的价值流转核算来完善园区层面的价值流网络。

企业层面按照资源价值流会计核算思路，以车间或工序设置物量中心，分别计算各物量中心的资源有效利用价值、废弃物损失价值及外部损害价值，并以此为基础决定需要改进的技术环节，确定废弃物资源化的途径。园区共生层面则以产废企业的损失价值为基础，考虑资源化相关成本、补偿政策、经济及环境等因素后，通过共生关系及价格机制实现物质流、价值流等在企业间的闭环流动。园区集中处理废弃物则以处理中心为核算单元，确定该单元废弃物输入、输出端价值，并核算物量中心的材料、能源及其他成本，以反映各类废弃物集成处理的价值流转情况。

3.2.6 废弃物资源化价值流核算方法

1）企业层面资源价值流核算

企业自行回收废弃物的价值核算可分为两部分：一部分为企业各生产流程中产生的废弃物所分摊的材料、人工和其他成本；另一部分为企业自身循环利用废弃物所发生的处理费用。分摊的成本计算以资源流转状态和成本逐步结转方式为基础，依据每一流程的资源流转量（或元素含量）进行。资源价值则按流程环节各工序的主要资源（元素）的流量划分；同时，人工、折旧等间接费用也以此为分配标准对其进行分配，以计算未完工产品或完工产品有效利用价值与废弃物损失价值；废弃物外部损害价值是以物质含量或资源消耗实际数及其损害系数为依据计算的。基于资源流成本概念，可以成功建立资源价值流转核算的基本方程式：

$$RC_i = RUC_i + RLC_i + WEC_i \qquad (3-7)$$

其中，RC_i 为第 i 流程环节的资源流转成本；RUC_i 为第 i 流程环节的合格品成本；RLC_i 为第 i 流程环节的废弃物损失成本；WEC_i 为第 i 流程环节的废弃物外部环境损害价值。

如果以元素流为分配标准，则可将后三类的价值分解如下：

$$RUC_i = \frac{MC_i + EC_i + OC_i}{Qp_i + Qw_i} \times Qp_i \qquad (3-8)$$

$$WLC_i = \frac{MC_i + EC_i + OC_i}{Qp_i + Qw_i} \times Qw_i \qquad (3-9)$$

其中，MC_i 为第 i 流程环节的直接材料成本；EC_i 为第 i 流程环节的能源成本；OC_i 为第 i 流程环节的人工及制造费用等间接成本；Qp_i 为第 i 流程环节的合格品特定物质（或元素）含量；Qw_i 为第 i 流程环节的废弃物特定物质（或元素）含量。

对于式（3-9）中的 MC_i，企业自行回收及加工处理后，可直接作为本企业的原材料，降低了初始投入的材料成本。例如，废弃物可作为其他企业的原材料，则企业之间形成了产业共生关系，其成本可作为企业之间废弃物交换定价的依据。只有当废弃物对外排放时，才需计算废弃物的外部损害成本，其计算公式为

$$\text{WEC}_i = \sum_{i=1,j=1}^{m,n} \text{WEI}_{ij} \times \text{UEC}_{ij} \tag{3-10}$$

其中，WEI_{ij} 为第 i 流程环节第 j 种废弃物质的含量或数量；UEC_{ij} 为第 i 流程环节第 j 种物质的单位环境损害成本。由于废弃物回收前需经过处理才能进入生产领域，废弃物资源化后仍包含一部分损失成本，计算公式为

$$\text{TCWLC} = \sum_{i=1}^{n} (\text{WLC}_i + \text{IC}_i - \text{WMC}_i - \text{WEC}_i) \tag{3-11}$$

其中，TCWLC 为企业废弃物损失总成本；IC_i 为第 i 流程环节的废弃物回收需增加的成本；WMC_i 为第 i 流程环节回收废弃物节约的成本。然而，尽管废弃物通过自行回收节约了材料成本，减少了废弃物的外部损害成本，但废弃物在各环节所分摊的人工、其他费用及回收利用中发生的废弃物处理、设备投资等费用，仍属于废弃物的净损失成本。

2）生态产业链层面（企业间协同）废弃物利用价值核算

为实现园区工业废弃物资源化，废弃物交换价格是价值流转的关键因素，也是双方博弈的过程，它受废弃物的性质、运输及初始化处理成本、替代原材料价格、投资成本、政策等因素影响（苏青福，2011）。本书在综合考虑交易双方经济及环境效益的基础上，构建废弃物交换价格模型，使废物供应者和再利用者的收益均大于或等于市场的平均收益，或至少能弥补对应的成本或放弃的收益（刘三红等，2016），从而实现企业之间的价值流转。

假设企业 A 与企业 B 形成共生关系，企业 B 利用了企业 A 产生的废弃物 W 替代了原材料 R，设废弃物 W 的交换价格为 p_w。A、B 企业之间废弃物资源化价格分析流程如图 3-12 所示。

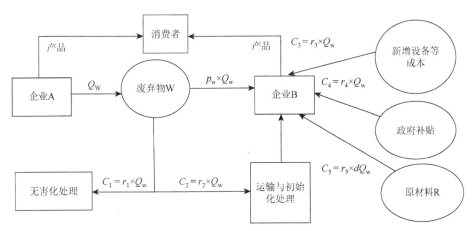

图 3-12　园区企业之间废弃物资源化价格分析图

a. 模型假设

在构建模型前，提出如下假设前提。

假设 1：企业 B 利用废弃物 W 与使用原材料 R 生产的产品质量无差异。

假设 2：企业 A 产生的废弃物 W 需进行无害化处理。

假设 3：企业 B 消耗废弃物 W 需负担运输、新投入设备和初始化处理成本。

假设 4：企业 B 消耗废弃物 W 可以获得政府补贴等。

b. 参数说明及基本数学模型

模型所涉及的参数说明如表 3-2 所示，基本数学模型见表 3-3。

表 3-2　模型参数说明

参数	参数说明	参数	参数说明
Q_w	企业 B 利用废弃物 W 的数量	C_4	企业 B 利用废弃物 W 获得的政府补贴总额
r_1	企业 A 无害化处理废弃物 W 的单位成本	r_5	原材料 R 的单位市场价格
C_1	企业 A 不需无害化处理废弃物 W 节约的总成本（含外部损害成本）	d	单位废弃物 W 转换为原材料 R 的数量
r_2	企业 B 运输与初始化处理废弃物 W 的单位成本	C_5	被替换的原材料 R 的总价格
C_2	企业 B 对废弃物 W 的运输和初始化处理总成本	π_1	企业 A 出售废弃物 W 获得的收益
r_3	企业 B 利用单位废弃物 W 需增加的设备等投资成本	π_2	企业 B 利用废弃物 W 获得的收益
C_3	企业 B 利用废弃物 W 需增加的设备等投资总成本	p_w	企业 B 购买废弃物 W 的单位价格
r_4	企业 B 利用单位废弃物 W 获得的政府补贴，包括政府的直接补贴、税收优惠政策等		

注：p_w 应在 $[-r_1, r_5]$ 中取值，如果 p_w 小于 $-r_1$，企业 A 会自己处理废弃物 W；当 p_w 大于 r_5 时，企业 B 选择外购原材料 R 更划算，不会利用废弃物 W。当 p_w 在该区间取值时，企业 A 与企业 B 的收益均大于零

表 3-3　基本数学模型

对应关系		对应关系	
$\pi_A = p_w \times Q_w + C_1 \geqslant 0$	（3-12）	$C_2 = r_2 \times Q_w$	（3-16）
$\pi_B = C_5 - p_w \times Q_w - C_2 - C_3 + C_4 \geqslant 0$	（3-13）	$C_3 = r_3 \times Q_w$	（3-17）
$-r_1 \leqslant P_w \leqslant r_5$	（3-14）	$C_4 = r_4 \times Q_w$	（3-18）
$C_1 = r_1 \times Q_w$	（3-15）	$C_5 = r_5 \times d Q_w$	（3-19）

表 3-3 中，式（3-12）为企业 A 出售废弃物 W 的收入与节省无害化处理废弃

物 W 的成本之和；式（3-13）为企业 B 节约原材料 R 的成本和获得的政府补贴收入，与购买、运输及初始化处理废弃物 W 支付的，以及投入设备分摊的总成本之差；式（3-14）为废弃物价格的取值范围；式（3-15）为废弃物 W 未利用时需承担的无害化处理成本；式（3-16）、式（3-17）为利用废弃物 W 需增加的处理及设备成本；式（3-18）为循环利用废弃物 W 获得的政府补贴；式（3-19）为企业 B 节约的原材料成本。

c. 模型求解

由式（3-12）和式（3-15），可得

$$p_w \geqslant -r_1 \qquad (3\text{-}20)$$

由式（3-13）、式（3-16）和式（3-19），可得

$$p_w \leqslant r_1 \times d - r_3 - r_3 + r_4 \qquad (3\text{-}21)$$

根据式（3-14）、式（3-21），令 $m = \min[(r_5 \times d - r_3 - r_3 + r_4), r_5]$，则：

$$-r_1 \leqslant p_w \leqslant m \qquad (3\text{-}22)$$

式（3-22）表示企业之间废弃物 W 的交换价格在 $[-r_1, m]$ 中取值时，可通过合理的价格实现价值流转，外部损害成本即为零。同时，对上游企业而言，企业可获得收入，并减少资源损失成本。

3）园区层面（园区集中处理）废弃物价值流核算方法

废弃物集中回收处理企业包括综合利用企业、再生资源企业等，这些企业往往存在废弃物处理经济效益不足而环境效益显著等问题。为此，园区可借助国家税收、信贷优惠、补贴、专项资金等政策，给予这类企业一定的价值补偿政策倾斜，以保障集中处理的顺利开展，提高资源利用率，从而实现园区经济、环境和社会效益。

集中处理系统中，输入环节为园区产生的各类废弃物，输出为可再使用或再循环的物质（如原料或再生水），同时系统消耗材料、人工、设备等费用。根据投入产出基本原理及资源价值流计算方法，价值流转计算模型构建如下：

$$\sum_{i=1}^{n}(Q_i \times P_i) + (MC + EC + OC) = WV_c + WV_e \qquad (3\text{-}23)$$

其中，$\sum_{i=1}^{n}(Q_i \times P_i)$ 为园区各企业输入的废弃物损失成本之和，它等于各企业废弃物数量乘以单价之和，对单个企业而言，它属于废弃物损失成本；MC、EC、OC 分别为废弃物处理企业投入的材料、能源、人工成本；WV_c 为废弃物处理中心生产的有效利用价值，包括园区再生利用的价值或对外出售的价值；WV_e 为废弃物处理中心的废弃物损失价值；有效利用价值与废弃物损失价值的分配方法可参照单个生产企业进行。

3.3 园区工业废弃物资源化物质流与价值流分析对接研究

3.3.1 物质流动与价值流转互动关系

物质流动是指园区工业废弃物的生产、回收、处理、再生产、排放全过程的流动路径，采用质量指标进行计量；价值流以物质流为载体，采用货币指标进行计量，反映园区工业废弃物资源的价值投入、转移、增值和补偿等过程（邹平座，2005；谢志明和易玄，2008；殷会娟等，2017）。园区在企业生产过程中，会产生大量废弃物，废弃物中蕴藏着潜在资源价值，通过投入一定的材料、设备、人工，开发和利用各种废弃物资源，实现废弃物的经济增值，改善生态环境质量。废弃物的资源价值通过投入到新一轮的生产过程，继续进行价值创造、价值实现和价值补偿。废弃物资源化的物质流动与价值流转的互动关系如图 3-13 所示。

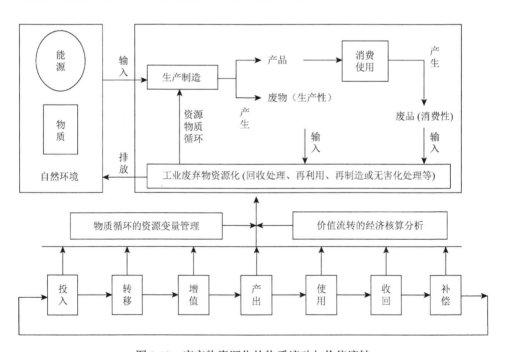

图 3-13　废弃物资源化的物质流动与价值流转

工业园区是若干企业在特定地域范围内的聚集。对单个企业而言，有较高利用价值的废弃物一般有两种流向。一部分由企业自行回收，直接或经过处理后进入生产环节循环使用。另一部分延伸至企业外处理，可分为两种类型：①废弃物经过加工处理后作为园区内其他企业的原料。②由园区废弃物再加工企业回收，加工处理后转化成产品。对于无法回收利用或无回收价值的废弃物，则经无害化处理后有偿排放。

由资源流动理论可知，废弃物资源化后的形态随生产流程而逐步改变。资源作为价值流转的载体，伴随其循环流动，将形成资源循环与价值循环的对应关系。图3-13揭示了废弃物资源化的物质流动和价值流转路径。对一个单独的企业来说，废弃物的损失价值构成与合格品相同（即材料、人工及其他间接成本）。废弃物由企业自行回收后，材料成本在企业内部实现价值流转，人工及其他间接成本则为废弃物的损失价值。企业与企业间的废弃物互换利用中，交换价格是交易双方实现经济及环境效益的基础，也是实现价值流转的关键所在。对于园区集中处理和利用废弃物的企业，因为输入资源为废弃物，往往经济效益不佳而环境效益显著，所以需借助政府的合理补偿政策，发挥规模效应和成本效益，才能实现废弃物在园区层面的价值流转。

图3-14显示，废弃物资源化中的价值流转建立在物质流转基础上，两者形成互动影响的联动规律，并构成两个相互关联、互为影响的数据系统及处理流程。物质流经过园区废弃物的循环利用形成规律性流动，按照生态效益观、"逐步结转"成本计算模式及企业之间的交换价格机制，可形成价值流转核算模型。

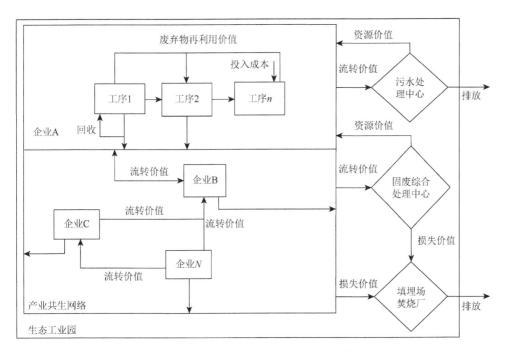

图 3-14 园区工业废弃物资源化价值流转图

在工业系统中，物质随工业生产流程而逐步流转，资源流在工业系统内部再利用、再循环，除很少一部分资源还原到自然以外，其他物质变成新的资源形态（如产成品和废弃物）予以输出。物质流分析方法以质量为计量指标，追踪整个工业系统中指定的物质或者元素，同时追踪其在工业系统中的流入、流出和存储，为降低物耗与促进可持续发展提供有力支撑。根据不同的研究层面，可以把这些方法分类成物质流分析和元素流分析。物质流分析方法一般应用在中观或宏观层面，将工业系统视为一个黑箱，分析其一定时期内物质的吞吐量，包括进入该系统的产品与服务的供应和消费情况。该方法主要为调整安排区域产业结构、选取循环经济模式、明确可持续发展目标等提供依据。元素流分析方法主要应用于微观层面，它以物质守恒定律为理论基础，剖析工业系统内的物质（或元素）的流动、转变情况，估算物质在各个阶段的流动情况，识别有害物质外排的源头和途径，同时将物质利用效率和对环境的影响量化。元素流分析方法主要为行业和企业的清洁生产和效益改善提供科学支持。

物质流分析是基于流量管理理论的一种新管理方法，在环境会计中应用普遍。基于物质流研究，企业能明确掌握生产活动中各物质的流量及去向，通过对废弃物和合格产品的物质分析，可计算各环节的物质耗费，对优化产品生产流程，减少资源耗费具有重要现实意义。但物质流仅是流量分析中的一种，从技术层面来解释物质的去向，还存在以下缺陷。

（1）没有价值体系的支撑，目前仅停留在"物质"阶段，间接提供与价值相关的数据及其他信息，在价值分析、计划和评估中起作用的部分较少。物质流分析客观地反映了企业全部生产活动中的物质运动，但元素的运动仅反馈正负制品的物质含量，无法直接作为经济决策数据。

（2）元素-物质流分析还停留在物质流量分析上，能反映负制品物质含量，并提供相应的信息，但是不能评价废弃物对外部环境的危害程度。工业废弃物是工业生产过程的主要副产品，在循环经济建设中，加强工业废弃物的循环利用，减少对环境的损害是重点。同时从系统性角度出发，企业的外部环境损害也是评价企业环境绩效的重要指标，但是元素-物质流的分析是物理性质上的解释，停留在物质层面（如工业废弃物的产生环节、数量及种类数据）。

现代工业体系里，物质的流转过程不但是资源转换的过程，更是价值的转换和产生的过程。在工业体系中，资源作为介质，随价值的流转而运动，产生了资源流与价值循环的内在逻辑关系，相应的流转路径分别代表资源和价值的运动路径。资源价值流基于资源的物质流转路线，通过对财务数据的分析，综合运用会计学中的成本计算模式和方法发展而来。具体而言，是运用资源的物质流动分析，明确工业系统的生产活动的物质流转情况，包括资源输入、输出、利用或循环。并基于资源的价值流转分析，从成本或价值的角度，分析评价工业系统内部所有环节的资源价值流量，进而分析资源价值流。

将元素-价值流核算方式与元素-物质流分析相结合，可以弥补物质流分析的不足，在 EMA 体系中，物质流分析为价值流分析奠定了基础，价值流分析将企业的内部生产成本、外部市场价格及环境价值联系在一起，是企业生产流程的价值化体现。基于此，物质流与价值流分析可归纳为互相依赖、相互补充的关系，基于物质流分析可以确定价值流分析数据来源及合理的物理解释，价值流分析通过将物质流信息数据化、货币化，为物质流提供优化、控制、考核的经济支撑的基本方法体系。物质流分析与价值流分析都是资源价值体制中的重要方法，在工业废弃物资源流转价值核算体系中具有十分重要的意义。在以工业废弃物为纽带的生态产业链中，需以物质流分析为基础，优化企业、产业链或园区的工业废弃物流转方向及路线，减少重要的损失环节，使有限资源创造最大的经济效益，通过价值流分析，为优化工业废弃物价值流动提供直接的经济数据支持。

对价值流逻辑结构的分析发现，资源价值流分析的实践应用，必须依赖于物质流分析的信息收集和数据处理，否则，资源价值流分析难以应用于实务操作中。而价值流反过来成为衡量物质流动路线优劣的重要工具，二者互动统一，相互依存。

3.3.2　基于价值流分析的物质集成

园区的物质集成是在整个园区内寻求最优的物质流动和分配方案，本质上来说，是以物质流动路径为切入点的系统优化，而价值流分析方法为这种物质流动路径的优化提供经济分析数据。园区的物质集成是以输入减量化、过程再循环和废弃物循环再资源化来构建物质流路线的"增环"与"补链"，以此进一步对物质流路线进行优化，从而成功将循环经济发展至产业链。在此过程中，价值流路线也会发生改变，产生与物质流变化相互动的输入成本流、产出价值流和环境损害价值流。价值流既可以被动反映物质流动路径的变化，也可对物质流和价值流的互动影响规律加以利用，通过一系列指标分析，评价工业系统在物质集成方面已经达到的水平，揭示存在的主要问题，挖掘改善潜力，为今后的集成规划活动指明方向。基于此，物质流、物质集成和价值流三者之间的关系可以表述如下。

（1）价值流转依附于物质的流转，物质流转决定了价值流数据的形成，物质流的技术分析与价值流的经济性分析存在逻辑上的数量关系。

（2）物质集成是物质流动路径的最优解或更优解，它的基本目的是通过物质循环提高资源利用效率。园区的物质集成可以概括为通过物质减量或替代、产业链的增环或补链改变工业园的物质流动路径，从而实现区域循环经济的发展。

（3）价值流可以将物质流输入、输出数据转换为价值信息，把物质运动路径转换成价值运动路径，提供物质流动的经济评价信息，同时提供物质集成的分析和决策工具。

具体而言，物质流和价值流分析，可以跟踪并说明工业系统内物质运动和价值流转情况，比较循环经济实行前后的物耗、废弃物丢弃数量及价值变动等信息；通过物质流和价值流分析所获得的技术性和经济性数据信息，发现其物质集成的潜力改善点，对潜力改善点的物质流动路径进行规划决策，对集成后的状况进行价值流的控制与评价，并及时监控集成体的物质流动路径变化，便于开展新一轮的价值流核算，以实现更高质量的物质集成。

3.4　本章小结

本章描述了废弃物资源化物质流和价值循环机理，建立了废弃物资源化价值流转核算及分析方法体系，实现了物质流与价值流分析对接。本章主要内容如下。

（1）基于园区的概念、分类及现实状况和废弃物资源化的原理，将研究对象界定为综合工业园区，将废弃物资源化模式由微观到中观层次划分为企业内部回收、企业间协同处理和园区集中处理，并从物质流向和物质流动刻画了园区废弃物物质流动的规律，构建了废弃物价值流的概念体系，分析了废弃物价值流转规律。

（2）在前述机理分析的基础上，从循环经济与废弃物资源化价值流关系出发，分析价值分析方法具体应用中的差异性和功能定位，界定价值流分析的界限，同时在园区废弃物价值流核算的现有大体结构下，构筑了不同层面废弃物资源化的价值流核算方法体系。

（3）构建了一套园区工业废弃物资源化价值流分析的理论与方法框架体系。通过园区工业废弃物资源化的不同模式，描绘其物质流动情况、价值流转路径，剖析物质流动与价值流转的互动影响规律。将废弃物的价值纳入核算体系，对内部回收有关成本做出核算及分析，反映废弃物应承担的价值流成本、生产的资源利用效率、内部回收的经济效率和环境效果。在园区企业间构建以废弃物交换价格为基础的价值流转核算模型，并运用演化博弈方法，研究上游产废企业与下游废弃物利用企业合作的经济约束条件、影响因素，揭示园区废弃物资源化价值流转的市场价值规律，为政府价值补偿及政策制定提供理论依据和思路。园区废弃物资源化的价值流核算方法以资源流转平衡原理为基础，将核算价值分为有效利用价值和废弃物的内部损失价值、外部环境损害价值，强调废弃物的内部资源消耗和环境污染程度。通过园区企业内部回收、企业间协同处理和园区集中处理进行全面的价值核算，能够帮助园区、企业确定工业废弃物的资源损失价值、外部环境损害价值，以及资源化选择带来的经济影响和环境影响，进而以流转价值的透明化来促进科学、可靠的决策，保证工业废弃物在园区内的综合流转，实现既"循环"又"经济"的目标。同时，园区的物质集成水平可从三个指标层进行分析评价，即园区的资源利用效率，环境污染程度及废弃物的综合利用水平，反映了价值流核算中的内部资源流损失价值、外部损害价值和共生收益。废弃物价值流核算有助于发现园区中物质集成的潜力改善点，从而揭示资源消耗、经济增长与环境保护间的关系。根据不同模式的价值流核算、价值流转影响因素分析、价值流转综合评价，提出相应的价值补偿及政策建议。同时，在物质流路径优化的基础上，进一步深化价值流优化，可为园区工业废弃物资源化奠定物质基础和市场实现基础。

（4）根据物质流动与价值流动的互动规律，将价值流分析应用于园区的物质集成中，实现物质流与价值流分析的结合，给第 4 章废弃物资源化价值流转核算及分析和第 5 章的价值补偿政策奠定了理论、机理与研究方法的基础。

第4章 园区工业废弃物资源化价值流转核算及分析

4.1 基本框架

4.1.1 价值流转核算及分析框架

园区企业在生产过程中会产生多种工业废弃物，根据国家环境规制，要求生产企业对这些废弃物进行处理或者处置。企业废弃物一般存在两种处理方式。

（1）自行回收再利用。该种方式通常需要企业具备相关的回收处理工序。一般情况下，由于企业规模较小，受生产规模效益限制等影响，企业难以实现废弃物自行回收。对于不能不回收的工业废弃物，受生产责任制的约束，企业需要购买专用处理设备，投入无害化处理成本进行无污化处理，或支付一定的环境税后排放。如果采用初级处理方法（如堆置、填埋、焚烧等），企业将会受到政府的行政处罚。

（2）利用市场机制，交给外部回收企业进行处理。回收企业主要指在市场中以回收、资源化和处置废弃物为主营业务的企业，能够运用废弃物作为原料进行生产的其他生产性企业，也可以是专门对废弃物进行资源化处理的回收企业。为方便、简化计算及分析，工业（产业）废弃物的生产及处理方式如图4-1所示。

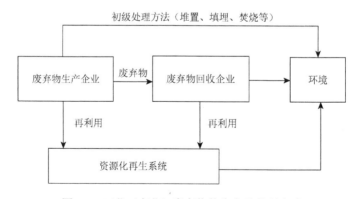

图 4-1 工业（产业）废弃物的生产及处理方式

　　废弃物在生产企业中的内部回收，主要指工业废弃物在企业的内部回收再利用，作为替代原材料投入到再生产过程中。例如，化工行业内产生的废弃有机溶剂、含硫酸钠废水等工业废弃物，大多能直接回收利用或者经过处理后回用，不能回收利用的废弃物质，一般运往就近的废弃物处理中心进行集中处理。

　　在废弃物资源化过程中，物质的流动伴随着价值的流转。工业废弃物的流转价值是一种动态的价值，企业工业废弃物的生产及园区企业间废弃物资源化协同过程中均存在价值的流转。基于物质流与价值流互动影响规律，以工业废弃物价值流转规律为依据，可绘制产业共生下的废弃物流转价值核算基本框架，园区可从企业内部回收、企业间协同处理及园区集中处理三个层面，构建废弃物资源价值流核算的总体框架，如图 4-2 所示。

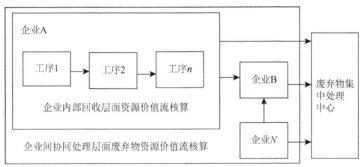

图 4-2　园区废弃物资源价值流核算框架

　　由图 4-2 可知，企业内部回收层面根据资源价值流会计核算思路，以车间或工序设置物量中心，分别计算各物量中心资源的有效利用价值、废弃物损失价值和外部损害价值，以此为基础决定需要改进的技术环节，确定废弃物资源化的途径。图 4-2 中，企业 A 的工业废弃物价值计算，每个单独的工序可以视为一个物量中心，随着物料和成本的输入，各环节都可能输出负制品（即废弃物），因此，该核算框架的目标是分析工业合格品及废弃物（即正、负制品）在生产活动中，各类成本所占的比重，同时辨别废弃物是否能被再次利用。

　　企业间协同处理是在企业内部回收层面核算的基础上的进一步深化与扩充，以废弃物来源企业的损失价值为基础，考虑废弃物循环利用的相关成本、补偿政策、经济环境等因素，以及共生关系及废弃物市场价格机制，实现物质流、价值流等在企业之间畅通流转。同时，废弃物本身的性质也影响企业间协同处理的价值流转。当企业间废弃物资源化不存在负制品交易价格时，其价值流的核算及分析是"内部资源价值—外部环境损害"的二维分析框架在中观层面的拓展；当其存在市场价格机制时，废弃物价格机制的构建成为价值流核算及分析的关键。以图 4-2 中企业 A 与企业 B 之间的废弃物交换为例，企业 A 输出的工业废弃物包含资源流价值，该种工业废弃物流转进入 B 企业的生产活动中，此时会出现交易价格 P，同时还包括运输、处置成本和设备投资，以及减少原材料使用产生的环境效益等，这些效益与费用组成了企业共生层面价值流转的核算基础。其实质是对工业废弃物交换组合价值的计算，将园区中所有的负制品交换组合然后计算汇总，即可得到生态产业共生下的园区废弃物流转价值。

园区集中处理废弃物则引入园区第三方处理中心，以其为核算核心，确定该单元废弃物输入、输出端价值，并核算物量中心的材料、能源及其他成本，以反映各类废弃物集成处理的价值流转情况。

4.1.2　价值流转核算及分析的目标

园区生态产业共生模式下的目标有两个：一是实现产业链间及与外部的联系，二是实现园区的长远发展。共生体现在多个方面，如物质、信息等。其中循环利用是实现废弃物共生的重要途径，因此，想要建立企业工业废弃物的共生关系，实现循环流转，则需对废弃物流转进行价值核算。

目前工业园区工业废弃物集成体系中，各个园区的工业废弃物在没有政府等外部第三方力量的干预下，很难实现自由流通，其中最重要的一个原因，是废弃物市场上缺乏合理的定价机制，废弃物定价依据生产性企业的经验判断，或大部分是低价贱卖处理，从而阻碍了废弃物资源的自由流通。虽然部分园区建立了废弃物信息交流平台，工业废弃物交换存在价格补贴，但成效甚微。基于此，园区工业废弃物流转价值核算包括以下具体目标。

（1）确立工业废弃物交换价格区间。基于买卖双方的合理价格是流通的基础，通过约束条件的设立，求解确定工业废弃物交换过程中，买卖双方均可接受的价格区间。

（2）在确立价格区间的基础上，结合工业废弃物交换过程的各项收益与成本，计算工业废弃物流转的经济、环境价值，实现经济、环境价值可视化。

（3）确立补偿机制及分析评价体系，为进一步提高工业废弃物交易效率和规模提供保障。

4.2　企业内部回收价值流核算及分析

4.2.1　工业废弃物内部损失成本核算

企业自行回收废弃物，需要增加专用设备投资，且受到规模经济效应的限制，对可供回收的废弃物的数量水平和经济价值的规模要求较高。传统的成本会计忽略了对负品价值的核算，也不对负制品成本进行分配，使得废弃物价值不能衡量，造成资源浪费。MFCA 引入了"负制品成本"或"内部资源损失价值"的概念，对可回收废弃物的成本进行核算。其作为 EMA 的一个基本工具，可实现废弃物价值的可视化。

1）MFCA 核算边界

以 MFCA 为基础的园区工业废弃物价值流核算，应先从空间和时间维度明确核算边界。空间维度的核算边界，以园区工业废弃物的物质流动路线为基础，着重关注园区主要污染源、污染物和改进潜力大的企业，以及企业间协同处理的关键节点，最终选取一定对象纳入核算范围。园区内企业种类纷繁复杂，不同类型的企业生产周期各异，因此时间维度的核算边界难以确定；本章以年作为时间维度，以整个园区作为研究对象，更好地规避了因节令产生的信息差异。针对园区内有代表性的企业或企业间协同处理废弃物的价值核算，从空间和时间的维度，充分考虑其生产流程和生产周期后，选取一段连续的，有足够时长的，确保数据收集有意义的时期。

在具体的 MFCA 核算过程中，一个企业的生产、回收及其他过程，能够通过一个可视化的模型，来描述复杂的物量中心中物质的储存、使用、转化及各类物质在各个物量中心间的流转。图 4-3 描绘了物质流成本会计分析的边界和框架。

图 4-3 中展示的物质流动系统概括了整个生产过程，并追踪到每个物质损失节点。系统中的产品既包括最终产成品，也包括中间产品（如输入到下一个物量中心的产品）。在物质流成本核算的边界之内，每个物量中心产生的废弃物，全部（或部分）得到直接回收利用或经处理后再回收，作为新一轮生产的输入。例如，物量中心 A 产生的废弃物在本环节直接回收利用；物量中心 B 和 C 产生的废弃物经过废弃物处理中心 E 和 F 进行处理并资源化，再次输入至物量中心 A 和 B，F 物量中心不能回收的物质 D 及物量中心产生的废弃物，构成生产性企业最终的物质损失。

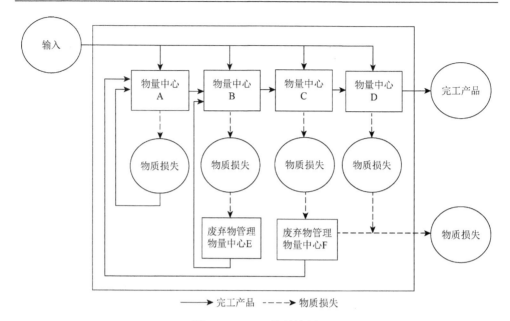

图 4-3　MFCA 核算边界

2）核算流程及模型

企业层面的内部资源价值流核算基本流程为：确定核算对象、构建资源流和价值流转模型、明确物量中心、搜集相关数据、绘制价值流程图等。可根据不同生产环节，选择单个或多个进行合并构筑。在构建模型及确定物量中心时，需综合考虑其相关的标准和方法，如设立标准、投入物料、费用分类、正负制品及污染物、生产流程、输入输出的消耗系数标准等。

企业自行回收废弃物的价值核算可分为两部分：一部分是企业各生产流程中产生的废弃物所分摊的材料、人工和其他等成本；另一部分是企业自身循环再利用废弃物发生的处理费用。分摊的成本计算以资源流转路径和成本逐步结转方法为基础，依据每一流程的资源流转量（或元素含量）进行。资源价值则按照流程环节各工序的主要资源（元素）的流量含量进行划分；同时，人工、折旧等间接费用也以此为分配标准对其进行分配，形成完工产品和未完工产品的资源有效利用及废弃物损失价值流；废弃物外部损害价值则以废弃物元素含量或资源损耗实物量及其物质特性的损害系数为依据评估计算。

以园区内单个生产性企业为例，废弃物价值核算需要对企业的生产流程有全面了解，结合企业生产过程的特点，对企业生产工艺流程进行划分，设置物量中心，以各个物量中心为节点，对每个物量（流程）中心的流量进行量化，建立物质输入输出平衡式（IFAC，2005）：期初存货＋全部输入＝期末存货＋输出正制品＋输出负制品。在投入端将各个物量中心的价值同样分为材料成本、能源成本及系统成本三部分（系统成本包括折旧费、人工费用等），在输出端，则将投入的价值在该物量中心所产生的产成品和废弃物之间，按照一定的比例进行分配，然后按照物质流标准（数量、重量或者元素含量等）分配合格品（半成品、产成品等）、废弃物的成本价值，并通过成本会计的综合逐步结转方法结转进入到下一物量中心，直到产品生产过程的结束。

通过计算能准确地反映出企业合格品及废弃物各自所包含的价值，为精确成本管理、本量利分析及产品定价等提供更精准的数据，避免传统计算中废弃物成本由产成品承担的方式。同时，合理分配费用后，通过对各个物量中心的数据进行梳理和统计，绘制企业资源价值流转图，可清楚地分析整个生产过程中，哪个物量中心废弃物损失最严重，哪个部分的生产工艺通过改进可以减少资源损失，各个物量中心排放废弃物所产生的外部环境损害等，为针对性的末端治理提供了最直观的指引。

如果只有一个生产流程和一种产品，该生产过程的所有费用必须由本产品承担。流程中产生的各种成本，包括外界输入的能源和材料成本，以及与流程或企业整体相关的劳动和资本成本（Viere et al.，2010；Schmidt，2015）。在这种情况下，整个系统的成本与产品的成本相同，可构建的计算公式为

$$P_i \times x_i = S_i + \sum_j P_j \times x_{ij} \tag{4-1}$$

其中，S_i 为流程 i 的系统成本（劳动和资本成本）；P_j 为材料（能源）产品 j 的价格（单位：元/千克）；x_{ij} 为流程 i 所需材料（能源）j 的数量（单位：千克）；P_i 为产品价格 i（单位：元/千克）；x_i 为生产的产品数量（单位：千克）。

如果为多个生产流程，且存在从外部其他工序输入的中间产品，则其成本用 C_{ik} 表示，并直接分配给流程 i，其他条件同式（4-1），则：

$$P_i \times x_i = \sum_k C_{ik} + S_i + \sum_j P_j \times x_{ij} \tag{4-2}$$

其中，C_{ik} 为外部其他工序结转至本工序的中间产品的成本。

在输出端，总成本通过物质流分配标准，在正制品和负制品（物料损失）之间分配。

$$P_i^p \times x_i^p = \alpha_i^p \left(\sum_k C_{ik} + S_i + \sum_j P_j^p \times x_{ij}^p \right) \tag{4-3}$$

$$P_i^l \times x_i^l = \alpha_i^l \left(\sum_k C_{ik} + S_i + \sum_j P_j^p \times x_{ij}^p \right) \tag{4-4}$$

其中，x_i^p 为流程 i 的正制品数量；x_i^l 为流程 i 的负制品数量；P_i^p 为流程 i 的正制品价格；P_i^l 为流程 i 的负制品价格；α_i^p，α_i^l 分别为流程 i 中正制品和负制品之间的分配因子。

式（4-3）、式（4-4）应满足：$\alpha_i^p + \alpha_i^l = 1$。

3）核算示例

假设物量中心 B 的材料、能源流动及平衡情况如图 4-4 所示。B 物量中心的物质平衡情况为输入原材料 100 千克，产生废弃物 25 千克，输出产品 75 千克。该流程产生的废弃物，通过内部回收，材料损失全部得到收回，且 1 单位回收材料能够替代 1 单位原材料。企业内部成本会计核算中，涉及材料投入成本、系统成本、能源成本及废弃物管理成本。其中，物料输入成本等于物料价格乘以流量或者库存量；系统成本涵盖折旧、劳动和维修成本等；能源成本包括电力、燃料、蒸汽、热能等；废弃物管理成本等于处理处置物量中心产生的前述三项成本总和。假设原材料的价格为 50 元/千克，电力（能源）价格为 1 元/千瓦时；生产过程的系统成本为 16 元/千克；生产过程的单位能耗为 4 千瓦时/千克；废弃物管理中心 E 的系统成本为 12 元/千克，单位处理能耗为 8 千瓦时/千克。具体的核算原理及过程可以简化如图 4-4 所示。

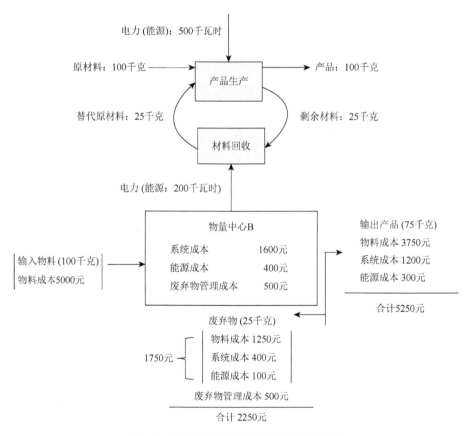

图 4-4　B 物量中心物料损失成本核算示例

通过 MFCA 的分配计算可得，B 物量中心产生的废弃物内部损失成本为 1750 元，有关的废弃物管理成本为 500 元，合计为 2250 元。进一步分析，废弃物经过内部回收再次返回到物量中心 B，参与到主产品的生产过程中。实际中，成本会计核算往往将 500 元的废弃物管理成本，以及原材料二次投入消耗的系统成本 25 千克×16 元/千克＝400 元、能源成本 25 千克×4 千瓦时/千克×1 元/千瓦时＝100 元，合计 1000 元全部计入 100 千克的产成品成本中，隐藏了物量中心 B 的废弃物产生的资源流损失成本 1750 元、废弃物资源化处理过程中的 500 元，以及回收材料再次投入生产增加的循环耗费成本 500 元，如图 4-5 所示。

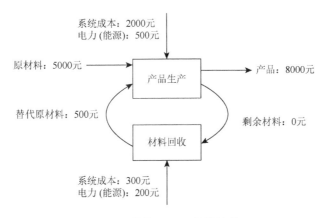

图 4-5　传统 MFCA 核算结果

为帮助企业开展更加精细化的废弃物成本管理，表 4-1 提供了单个生产性企业内部废弃物成本管理的效果对比。

表 4-1　不同废弃物管理方式下的成本核算结果

物量中心 B	物质类型	原材料成本/元	系统成本/元	能源成本/元	废弃物管理成本/元	生产成本/元	中间产品产量/千克
产生废弃物（不回收）	中间产品	3750	1200	300	—	—	75
	废弃物	1250	400	100	—	—	
产生废弃物（回收）	中间产品	3750	1200	300	—	500	100
	废弃物	1250	400	100	500	—	—
不产生废弃物	中间产品	5000	1600	400	—	—	100
	废弃物	—	—	—	—	—	

已知废弃物的材料损失成本为 1750 元，投入 500 元的资源化成本，可回收替代原材料价值 1250 元，不考虑替代材料的再次投入使用，则回收过程中产生的经济效益为 1250 元-500 元 = 750 元。若考虑替代材料的再次投入使用，由于废弃物和主产品一样分配资源流成本，且内部回收再利用需要增加资源化处理成本和再投入耗费成本，园区内企业废弃物成本管理的理想目标是不产生废弃物。由表 4-1 中数据可得，不产生废弃物相对于内部回收之间有 1000 元即 12.5%的节约潜力。

因此，园区企业应该利用 MFCA 会计核算工具，找到废弃物产生时资源流成本损失较高的环节，进行诊断分析并改进工艺流程，最大限度地减少废弃物的产生数量；在废弃物已经产生的情况下，挖掘废弃物的潜在经济价值，在技术经济合理性的前提下，寻求提高废弃物循环利用率和资源转化率的有效途径。

4.2.2　工业废弃物外部损害价值核算

园区工业废弃物产生的原因，一方面是没有形成最终的合格半成品（中间产品）或者产成品，在企业内部形成了资源损失价值；另一方面是对外排放会产生外部环境负荷物质损害量，即外部环境损害价值。对于废弃物外部环境损害成本（价值），国内尚未出台相应的计算标准和方法。本章拟借鉴主流研究所采用的日本的外部环境损害 LIME 值进行评估。

园区工业废弃物外部损害评估价值的计算程序为：计算各物量中心或者成本中心产生的负制品数量；对负制品数量单位标准化；计算每单位负制品 LIME 系数值；将标准化的废弃物数量与换算的 LIME 系数值相乘；根据负制品外部损害成本计算表，对负制品损耗成本进行计算加总。

1）计量模型

LIME 划分不同种类的环境负荷物质，统一计算共同端点的受损数量，对各个端点的重要性进行比较考量后，计算出统一化系数。由式（4-5）可求得生产过程中的产出物、废弃物（标准单位：重量为千克，体积为立方米，电力为千瓦时）环境影响的单一货币化指标，即环境影响价值：

$$EV = \sum_{i=1}^{I} S_i \times \sum_{j=1}^{J} DF_{ij} \times WTP_j \qquad (4-5)$$

其中，S_i 为物质 i 的生命周期清单；DF_{ij} 为物质 i 对保护对象 j 的损害系数；WTP_j 为保护对象 j 的 1 标准单位损害回避愿意支付额。

2）核算示例

以 SUS 304 为例，外部环境损害价值核算的具体流程及结果见表 4-2。SUS 304

标准材料包括 18% Cr 和 8% Ni 的奥氏体不锈钢。按照每一个物量中心计算的各类原材料等的投入数量、正制品的产量、负制品产量和废弃物处置数量,能够分别计算出产品生产、废弃物处置各节点的 LIME 值。为了简化计算,表 4-2 中的各投入、产出数量值均为假设值(邓明君,2009)。

表 4-2　外部环境损害 LIME 值核算示例

材料品类: SUS 304				
物质类型	物量中心 1	物量中心 2	物量中心 3	合计
新投入数量/千克	400	0	0	400
前一物量中心转入量/千克	0	380	340	720
每个物量中心投入量/千克	400	380	340	1120
正制品数量/千克	380	340	280	1000
负制品数量/千克	20	40	60	120
废弃物处置数量/千克	20	40	60	120
材料产生的 LIME 值: 150 元/千克				
物质类型	物量中心 1	物量中心 2	物量中心 3	合计
新投入 LIME 值/元	60 000	0	0	60 000
前一物量中心转入 LIME 值/元	0	57 000	51 000	108 000
每个物量中心投入 LIME 值/元	60 000	57 000	51 000	168 000
正制品 LIME 值/元	57 000	51 000	42 000	150 000
负制品 LIME 值/元	3 000	6 000	9 000	18 000
废弃物处置 LIME 值: 0.639 元/千克				
废弃物处置成本/元	12.78	25.56	38.34	76.68

如表 4-2 所示,假设园区企业生产过程的工业废弃物,可全部被内部回收系统循环利用,由此可减少废弃物排放和对环境的损害,即产生两个方面的环境价值:①减少废弃物的直接排放(或处理后排放)带来的环境效益,即废弃物排放 LIME 值;②减少原生材料(或能源)投入带来的环境效益,即新投入 LIME 值。环境效益的最小值可以用排放废弃物的企业受到的行政处罚罚款,或者支付的排污费作为基本度量(李广明和黄有光,2010)。

4.2.3　工业废弃物内部回收效益及影响因素分析

生产型企业对工业废弃物的内部处理方式主要有两种:内部回收和处理排放。

根据经济人理性行为假设，在技术可行的情况下，生产型企业对工业废弃物的处理决策主要考虑经济利益。这一过程中涉及多种影响因素：可供回收废弃物的成本（价值）和数量、回收系统的成本、再生资源（能源）的市场价格、回收的环境效益（指因废弃物回收而减少的单位环境损害）等。

以 C 物量中心为例，假设该物量中心工业废弃物产生总量为 w，全部进入废弃物管理中心进行资源化处理。若内部回收利用率为 $\lambda(0<\lambda<1)$，则再生资源（能源）数量为 λw，市场价格为 $P^{\lambda w}$；不可回收的废弃物数量为 $(1-\lambda)w$；回收产生的环境效益为 $E(w)$。为简化计算及分析，假设回收过程的成本函数为 $\mathrm{RC}(w)$，处置过程的成本函数为 $\mathrm{DC}(w)$，从长期来看，均为废弃物投入量 w 的函数；政府补贴的价值函数为 $S(w)$。则企业内部回收方式下，资源化系统的经济效益 π 为

$$\pi = \lambda w P^{\lambda w} - \mathrm{RC}(w) - \mathrm{DC}(w) + S(w) \tag{4-6}$$

废弃物的回收利用率 λ 受企业自身技术水平限制，再生资源（能源）理论上可以替代原生材料（能源），其内部价格 $P^{\lambda w}$ 一般按照 MFCA 分配的物料成本或者能源成本为基础确定。由该经济效益公式分析可得，资源化系统的成本 $\mathrm{RC}(w)$ 越高，企业内部回收的动力就越弱；废弃物的单位环境损害越大，内部回收带来的环境效益 $E(w)$ 越高，政府给予补贴 $S(w)$ 的金额越高，企业开展资源化的动力就越强。如果企业对产生的工业废弃物不进行回收，做简单的无害化处理后排放至外部环境，通常不产生经济收益，且需要支付一定的处置费用，此种方式可以看作企业内部回收方式的一个特例，此时经济效益为 $-\mathrm{DC}(w)$。并且，内部回收效益大于环境处置成本，是企业内部回收的经济约束条件。

4.3　企业间协同处理废弃物价值流核算及分析

废弃物资源化是指运用经济、技术手段及管理措施，对从生产环节退出的物质，实现无污化处置和减少污染物排放的同时，回收大量有价物质，提高废弃物综合利用率。园区企业间废弃物的资源化，可促使园区各企业之间形成以副产品、资本、信息和人才的相互关系为桥梁的闭环系统，其中一个企业的废弃物成为另一个企业的原材料，实现材料、水和能源的循环流动，促进生态产业共生网络的形成和完善。园区还为生态产业共生关系的良性运作提供支持服务体系和基础设施，以增强企业间的信息交流和相互信任，节约物流成本，如图 4-6 所示。

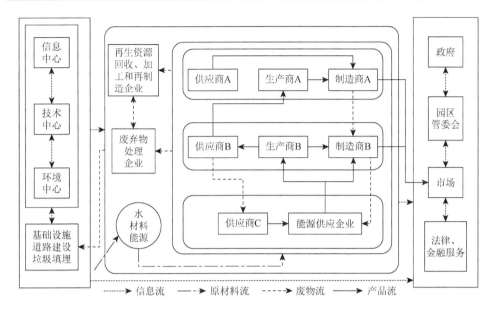

图 4-6　园区生态产业共生网络图

园区产业链之间的两个企业,通过废弃物资源化可以形成生态产业共生关系。废物流来源方为上游企业,废物流接收方为下游企业。由于废弃物本身所承载的经济和环境价值,以及无污化或再利用过程中需投入的成本,这一物质流动的动态过程还伴随着价值流转。物质流是价值流的载体,价值流是物质流的货币体现,两者相辅相成。废弃物价格作为共生关系建立的驱动性因素,在价值流转过程中有着举足轻重的作用。

由于企业间协同处理的废弃物多种多样,企业间的组织形式也各有差异,因此衍生出多种核算模式。本章从企业层面"内部资源价值—外部环境损害"二元核算框架的基础上进一步拓展,从演化博弈视角下废弃物的价值流核算,生态产业共生视角下基于 Stackelberg 博弈模型的废弃物价格机制角度,研究企业间协同处理的废弃物资源化价值流转、核算及分析。

4.3.1　生态产业链内部的价值流核算

1)生态产业链的废弃物内部资源价值核算

企业间协同处理的内部价值流核算的设计,是将产业链看作一个独立运行的企业,将废弃物交换看作"工序"之间物质流动,相对于产业链整体的价值流分析而言,不是将产业链看作一个黑箱,而是看作多个黑箱的连接。该层次的核算以上下游企业为基本单位，如果产业链的构成复杂，应先将上下游企业中各生产流程或生产线、分厂或辅助厂逐级向上汇总为一个大物量中心，核算其主要资源的合格品价值、用于交换的废弃物价值和最终废弃物价值，反映产业链的内部因废弃物交换产生的资源流转价值。

产业链的内部价值流核算，将用于交换的废弃物识别为正制品，通过核算使产业链中废弃物交换数量及成本透明化。需要注意的是，虽然企业之间的废弃物是有偿交换，但将产业链看作一个有机整体时，企业间废弃物的有偿交换可以类似地被看作企业关联方的内部交易，所以，在产业链的内部价值流核算时，并不考虑废弃物的交换价格，废弃物交换成本按该废弃物换出时作为合格品所分配的成本计算。产业链内部各企业的物量中心，其资源价值的合格品、废弃物成本分配可表示为

$$\text{RUV}_i = \frac{F_i + P_i}{R_i + P_{i-1}} \times (C_i + \text{RUV}_{i-1}) \tag{4-7}$$

$$\text{WLV}_i = \frac{Q_i}{R_i + P_{i-1}} \times (C_i + \text{RUV}_{i-1}) \tag{4-8}$$

其中，RUV_i 为各企业合格品的资源利用价值；WLV_i 为各企业物量中心废弃物资源损害价值。其中，RUV_i 可以分解成合格品和用于交换的废弃物成本：

$$\text{RUV}_{iF} = \sum_{i=1}^{n} \frac{F_i}{R_i + P_{i-1}} \times (C_i + \text{RUV}_{i-1}) \tag{4-9}$$

$$\text{RUV}_{iP} = \sum_{i=1}^{n} \frac{P_i}{R_i + P_{i-1}} \times (C_i + \text{RUV}_{i-1}) \tag{4-10}$$

2）生态产业链的外部损害成本计算

工业废弃物的产生不但浪费资源，而且污染环境。尤其在废弃物直接对外排放时，会造成外部环境损害，产生外部环境损害价值。目前，全球变暖、大气污染等环境问题日益严重，引起了国际社会的重视，LIME 法对近千种会造成环境负荷的物质进行估价，利用单一污染物货币化指标公式来核算污染物的环境损害价值，具体公式如下：

$$\sum_{k=1}^{J} \sum_{j=1}^{I} S_j \times \text{DF}_{jk} \times \text{WTP}_k = \sum_{j=1}^{I} S_j \times \left(\sum_{k=1}^{J} \text{DF}_{jk} \times \text{WTP}_k \right) \tag{4-11}$$

其中，S_j 为污染物 j 的生命周期清单；DF_{jk} 为污染物 j 对保护对象 k 的损害系数；WTP_k 为保护对象 k 的 1 指标单位损害回避意愿支付额。

采用 LIME 法核算时，先将废弃物数量单位标准化，然后将其与该废弃物对应的 LIME 值相乘，计算它的外部环境损害价值，最后加计汇总。

3）生态产业链共生收益核算

园区产业链的经济及环境效益，不仅体现在正、负制品价值上，更表现在通过产业链废弃物再利用所产生的共生收益上，在核算时，要考虑负制品交易价格因素。不同于企业间的要素流动，废弃物在产业链上下游间流转是一种交易行为，存在顺流、逆流及多种负制品交换的复杂情况，负制品交换数量会受交换价格等多种因素的影响。本章将考虑如下的影响因素：废弃物的产量、需求量、无害化处理成本、运输及初始处理的成本，以及被替代原材料价格、政府价值补偿等。以产业链中企业 A 和 B 交换利用负制品为例，共生收益核算方法如下。

企业 A 与 B 存在产业共生关系（图 4-7），企业 A 在生产产品的同时会产生废弃物 W，并需要对它无害化处理后外排；企业 B 利用废弃物 W 替代原材料 R 进行产品生产，但需承担负制品运输成本和初始化处理成本，通过这种方式生产出来的产品与之前的产品并没有本质区别，且通过废弃物再利用，企业 B 可获得政府补贴。

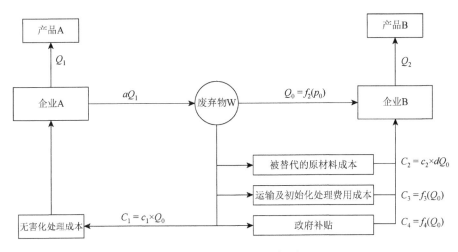

图 4-7　废弃物交换分析图

图 4-7 中，Q_1、Q_2 分别为企业 A 与企业 B 生产的主产品的产量；p_0 表示企业 B 购买废弃物 W 支付的价格；Q_0 为企业 B 利用废弃物 W 的数量，与企业 A 出售废弃物 W 的数量相等；a 为企业 A 的主产品与废弃物 W 的产量比例；b 为企业 B 的主产品所需原材料 R 的单位数量；d 为单位废弃物 W 转换成原材料 R 的数量；c_1 为企业 A 无害化处理单位废弃物 W 的成本；C_1 为节省的废弃物 W 无害化处理总成本；c_2 为单位原材料 R 的市场价格；C_2 为被替换原材料 R 的总价

格；C_3 为企业 B 对废弃物 W 的运输和初始化处理成本；C_4 为利用废弃物获得的政府补贴；根据上述关系，可建立方程式：

$$S_A = p_0 \times Q_0 + C_1 \geqslant 0 \tag{4-12}$$

$$S_B = C_2 - p_0 \times Q_0 + C_4 - C_3 \geqslant 0 \tag{4-13}$$

$$S = S_A + S_B = C_1 + C_2 + C_4 - C_3 \tag{4-14}$$

其中，S_A 为企业出售废弃物 W 获得的收益；S_B 为企业 B 将废弃物 W 资源化后获得的收益；S 表示工业共生效益，代表着企业 A 与企业 B 综合利用废弃物 W 而获得的总收益。

参考废弃物在企业之间进行交换时的共生收益核算方法，可计算出各企业负制品交换获得的共生收益，加总后可算出整条产业链的共生收益。

4.3.2　演化博弈视角下企业间协同处理废弃物的价值流核算

要实现园区工业废弃物资源化，废弃物的交换价格是价值流转的关键因素，它是价值的市场表现形式，也是联系和影响园区企业间对工业废弃物进行资源化协同处理的关键纽带，制定科学合理的废弃物交换价格，能够有效调节和缓解企业间的利益冲突。与此同时，废弃物交换也是双方博弈的过程，它受废弃物性质、运输成本、初始化处理成本、替代原材料价格及政策等因素影响（苏青福，2011）。

然而，上述企业间协同处理的废弃物资源化的价值流核算，是在资源价值流会计的基础上，对 MFCA 在中观层面的扩展。在核算过程中，并未考虑产业链中企业间进行废弃物交换的价格机制，忽略了废弃物交易过程中的价值增值信息。为进一步科学认识园区废弃物资源化的价值流转的规律，捕捉资源价值流转在企业间层面的价值增值信息，识别其流转不畅通的关键因素，需要引入演化博弈论，对产业链中企业间的废弃物交易价格进行研究。因此，本章首先对园区企业间流转的废弃物定价策略进行研究，梳理废弃物交易的价格机制。在此基础上，计算交易双方及交易过程的流转价值，以此作为价值流转评价和影响因素分析的基础。废弃物的定价策略研究，需借鉴生态工业链均衡定价决策方法，通过构建上游生产企业和下游回收企业为博弈主体的两阶段序贯博弈模型，确定交换价格的定义域，并采用逆向推断的方法，求出最优均衡解，以供实际参考。

1. 企业间协同处理废弃物的价格确定

园区产业链中存在多种能够资源化的工业废弃物，由于各种废弃物的性质、物质含量、价格等的差异性，无法进行综合核算，只能以工业废弃物种类为依据进行划分，采用逐一进行价值核算的方法，再基于此进行汇总分析，求解得到园区整体的流转价值。本章首先以企业 A 和企业 B 对工业废弃物 W 的循环再利用为基础进行分析。

1）问题描述

生产企业 A 和废弃物利用企业 B 之间形成废弃物协同处理共生交易价值链（图 4-8），企业 A 在生产的过程中会产生某类工业废弃物 W，单位产品废弃物的产出率为 $m(0 < m < 1)$，在生产者责任延伸制度下，企业 A 需要对工业废弃物 W 进行处理处置或者资源化。假设经过技术处理后，工业废弃物 W 可以替代企业 B 的某种原材料，企业 A 便可以通过市场交换的方式以价格 P 将其出售给企业 B，单位产品废弃物的需求率为 $n(0 < n < 1)$。

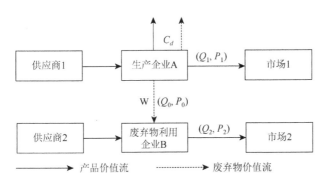

图 4-8　废弃物协同处理价值流转结构模型

为实现企业间废弃物的协同处理，废弃物的交换价格 P 是关键（可正可负），潜在经济价值（资源化产品的价值/资源化成本）较高时大于零，潜在经济价值较低或者没有潜在经济价值时小于零。为促进上下游企业 A、B 的资源化协同处理，假设政府对参与废弃物资源化经营的上下游企业均提供一定的财政激励，补贴金额分比为 S_1、S_2。由于废弃物 W 的供应量受企业 A 主产品生产数量决定，需求量由企业 B 主产品生产数量决定，且废弃物协同处理会改变上下游企业主产品的成本结构，因此，废弃物 W 的定价决策问题，需要考虑上下游企业主产品供应链的市场情况。

2）相关变量

根据废弃物协同处理共生交易价值链，构建的模型中涉及的相关变量符号及释义如表 4-3 所示。

表 4-3　变量及解释

符号	释义	符号	释义
P_1	生产企业 A 在市场 1 中出售产品的单位价格，P_1 为常量	C_d	生产企业 A 对工业废弃物 W 的单位环境处理费用、排污费
Q_1	生产企业 A 在市场 1 中出售产品的数量	$f(\theta)$	工业废弃物 W 的单位预处理成本，如收集、运输等成本，生产企业 A 承担，$f(\theta)$ 是回收率 θ 的增函数
C_1	生产企业 A 生产产品的单位成本（含原材料成本）	$f(\lambda)$	工业废弃物 W 的单位资源化成本，下游废弃物利用企业 $f(\lambda)$ 是资源化率 λ 的增函数
P_0	工业废弃物 W 的交换价格，体现供需关系及废弃物价值，为决策变量	S_1、S_2	鼓励上下游企业对工业废弃物 W 进行资源化交易的单位补贴，补贴额度是预先给定的，$S = S_1 + S_2$
Q_0	工业废弃物 W 的交换数量	π_A	生产企业 A 的利润
P_2	废弃物利用企业 B 在市场 2 出售单位产品的价格，$P_2 = a - bQ_2$，a、b 为常量	π_B	生产企业 B 的利润
Q_2	生产企业 B 在市场 2 出售产品的数量，$Q_0 = mQ_1 = nQ_2$	π	废弃物协同处理系统利润，$\pi = \pi_A + \pi_B$
C_2	废弃物利用企业 B 生产产品的单位成本（不含材料成本），原生材料的价格为 p，原生材料的需求率为 k，$0 < k < 1$		

选择废弃物交换前，企业 A、企业 B 利润函数分别为

$$\max_{Q_1,P} \pi_A = Q_1(P_1 - C_1 - mC_d) \tag{4-15}$$

$$\max_{Q_2,P} \pi_B = Q_2(P_2 - C_2 - kp) \tag{4-16}$$

3）假设条件

为简化模型表达及计算，假设如下。

（1）生产性企业 A、废弃物利用企业 B 之间的信息完全对称，各个利益主体完全理性，以利润最大化为目标，且上下游企业选择合作。

（2）废弃物 W 经资源化处理后，可以完全替代废弃物利用企业 B 需要使用的原生材料，且使用再生材料和原生材料生产主产品的单位生产成本相同。

（3）生产性企业 A 产生的工业废弃物 W，能够完全满足回收企业 B 的需求，且被回收企业 B 全部购买。

4）企业间协同处理废弃物定价决策

建立一个生产性企业 A 为主导、废弃物利用企业 B 为追随者的 Stackelberg 模型，企业 A 根据市场 1 的需求决定其产量，产生相应数量的工业废弃物 W，并将其出售给企业 B，企业 B 按照废弃物的出售价格进行采购并决定自己的产量。

$$\max_{Q_1,P} \pi_A = Q_1(P_1 - C_1) + Q_0[P_0 - f(\theta) + S_1] \tag{4-17}$$

$$\max_{Q_2,P} \pi_B = Q_2(P_2 - C_2) - Q_0[P_0 + f(\lambda) - S_2] \qquad (4\text{-}18)$$

$$\text{s.t.}\quad n = \frac{mQ_1}{Q_2} = \frac{Q_0}{Q_2} = k / \theta\lambda;\quad P_0 - f(\theta) + S_1 \geqslant -C_d;\quad P_0 + f(\lambda) - S_2 < \theta\lambda p$$

通过逆向推导方法求解模型如下。

第二阶段：废弃物利用企业 B 确定最优产量和价格

式（4-18）对 Q_2 求一阶偏导数并令其等于零，能够求解出利润最大化条件下企业 B 的最优产量 Q_2^*：

$$\frac{\partial \pi_B}{\partial Q_2} = a - 2bQ_2 - C_2 - n[P_0 + f(\lambda) - S_2] = 0 \qquad (4\text{-}19)$$

$$Q_2^* = \frac{a - C_2 - n[P_0 + f(\lambda) - S_2]}{2b} \qquad (4\text{-}20)$$

式（4-20）给出了当生产性企业 A 出售废弃物 W 的价格时，废弃物利用企业 B 主产品产量的最优决策。

第一阶段：生产性企业 A 确定最优产量、价格及废弃物出售价格，把式（4-18）的结果代入式（4-17），可得

$$\pi_A = \frac{n\{a - C_2 - n[P_0 + f(\lambda) - S_2]\}(P_1 - C_1)}{2mb}$$

$$+ \frac{n\{a - C_2 - n[P_0 + f(\lambda) - S_2]\}[P - f(\theta) + S_1]}{2b} \qquad (4\text{-}21)$$

式（4-21）对 P_0 求一阶偏导数并令其等于零，得到式（4-22）中的最优解 P_0^*：

$$\frac{\partial \pi_A}{\partial P_0} = \frac{n[a - C_2 - 2nP_0 + f(\theta) - f(\lambda) + S_2 - S_1]}{2b} - \frac{n^2(P_1 - C_1)}{2mb} = 0$$

$$P_0^* = \frac{a - C_2 + f(\theta) - f(\lambda) + S_2 - S_1}{2n} - \frac{P_1 - C_1}{2m} \qquad (4\text{-}22)$$

2. 企业间工业废弃物交换共生价值核算

根据上述计算分析可得，协同处理前后共生交易价值链整体利润变化量为

$$\Delta = \pi_{AB\text{-}after} - \pi_{AB\text{-}before} = kQ_2 p + mQ_1 C_d + Q_0[S_1 + S_2 - f(\theta) - f(\lambda)] \qquad (4\text{-}23)$$

为简化分析，模型中假设废弃物供需相等。但是现实中，废弃物的供给和需求很大程度上由各自主产品市场情况决定，两个主产品市场具有很多不确定性，因此废弃物的供需难以达到平衡。当企业 A 的废弃物供给大于企业 B 生产中对废弃物的需求时，多余的废弃物需要承担环境无害化处置成本；当企业 A 的废弃物的供给小于企业 B 生产中对废弃物的需求时，企业 B 需要采购一定量原生材料加以补充。因此，共生交易价值链构建前后，系统利润的变化量可表示为

$$\Delta = \pi_{AB\text{-}after} - \pi_{AB\text{-}before} = kQ_2 p + m + Q_1 C_d$$

$$-\max(mQ_1 - nQ_2, 0)C_d - \max(nQ_2 - mQ_1, 0)p$$
$$+\min(mQ_1, nQ_2)[S_1 + S_2 - f(\theta) - f(\lambda)] \qquad (4\text{-}24)$$

废弃物的供给和需求差额为 $|mQ_1 - nQ_2|$，差额越大，构建协同处理共生交易价值链的经济效益越差；供需相当时，系统整体的经济性较好。因此，需要对工业废弃物交换的上下游企业进行协调管理，加强废弃物产生和利用信息的交流、合作，最大限度地节约废弃物的环境处置成本和原生材料的购买成本。

通过前述方式求解出废弃物交换价格的定义域及最优解，再分别求解出均衡点的利润变化量 Δ，也就是园区工业废弃物资源化协同处理中，企业间的废弃物流转的价值增值量。设两两企业间的废弃物流转价值用 V_i 表示，园区整体层面的共生价值增值，由多条工业废弃物交换价值链核算结果汇总，见式（4-25）。

$$\text{TV} = V_1 + V_2 + V_3 + \cdots + V_i = \sum_{i=1}^{n} V_i \qquad (4\text{-}25)$$

3. 影响因素分析

经济利益是企业参与工业废弃物资源化实践的最根本动力，随着园区工业废弃物处理规划建设等产业共生实践的蓬勃发展，利用市场机制在园区企业间进行废弃物资源化协同处理是较为理想的途径。本部分内容主要围绕影响工业废弃物交换的关键因素进行深入分析，揭示园区企业采用市场化手段实现废弃物资源化所遵循的基本经济规律，识别价值流转不畅及合作断裂的关键节点，并逐一分析，为政府、园区管委会制定价值补偿和政策方案提供依据和着力点。

在对价值流核算与分析的基础上，本章对影响废弃物生产企业（产废企业）和废弃物利用企业（利废企业）协同处理经济价值的变量进行了抽象地扩充。本书假设博弈双方非完全理性，但具备一定的学习、模仿和成长能力。因此利用演化博弈的方法，可更加真实地反映复杂市场经济环境下，企业由不合作到协同处理的转变，并通过价值流转情况，深入剖析工业废弃物价值流转不畅的原因。

1）演化博弈参数设定和收益矩阵

废弃物生产企业 A 参与协同处理的表现，是对工业废弃物 W 进行收集、运输等预处理，并出售给废弃物利用企业 B；不合作的表现是无害化处理并支付环境税，这里不考虑企业 A 的初级处理行为，即露天堆置、直接排放等方式。由于现有的经济环境约束和政府监管，废弃物生产企业若直接排放废弃物，将受到严厉的行政处罚，这属于企业的劣势策略。

废弃物利用企业 B 合作的表现，是购买企业 A 的废弃物，进行资源化处理后再利用；不合作的表现是直接购买原生材料投入生产。假设企业 A 选择合作（出售）的概率为 x，选择不合作（初级处理）的概率为 $1-x$；企业 B 选择合作（购买废弃物）的概率为 y，选择不合作（购买原生材料）的概率为 $1-y$。I_1、I_2 分别表示企业 A、企业 B 对废弃物进行回收处理的专用资产投资；R 表示上下游企业长期契约合作产生的溢出租金收益，R_1、R_2 分别表示企业 A、企业 B 的租金收益分配，$R=R_1+R_2$；T 表示协同处理的交易成本，体现合作过程的流畅性与风险性，且 $T=T_1+T_2$；令 $\rho=\theta\lambda p$，即单位废弃物经回收处理后的替代材料价值（价格）。结合废弃物定价策略中对有关变量的设置，可以得到企业 A、企业 B 演化合作博弈的收益矩阵如表 4-4 所示。

表 4-4   协同处理演化博弈的收益矩阵

主体及策略		废弃物利用企业 B	
		y 合作	$1-y$ 不合作
废弃物生产企业 A	x 合作	$P_0Q_0+R_1-I_1-f(\theta)Q_0-T_1+S_1Q_0$ $-P_0Q_0+R_2-I_2-f(\lambda)Q_0-T_2+S_2Q_0$	$-I_1-C_dQ_0$ $-\rho Q_0$
	$1-x$ 不合作	$-C_dQ_0$ $-I_2-\rho Q_0$	$-C_dQ_0$ $-\rho Q_0$

2）复制动态及演化稳定策略

根据表 4-4 的收益矩阵，可得出废弃物生产企业 A 采取合作行为的期望收益值为

$$U_{A1}=y[P_0Q_0+R_1-I_1-f(\theta)Q_0-T_1+S_1Q_0]+(1-y)(-I_1-C_dQ_0) \quad （4-26）$$

废弃物生产企业 A 采取不合作行为的期望收益值为

$$U_{A2}=y(-C_dQ_0)+(1-y)(-C_dQ_0) \quad （4-27）$$

废弃物生产企业 A 采取不合作行为的平均收益值为

$$\overline{U_A}=xU_{A1}+(1-x)U_{A2} \quad （4-28）$$

依据演化博弈的群体复制效应，工业废弃物资源化协同处理的交易价值链上的废弃物，生产企业参与合作的概率 x 会随着时间的变化而变化，变化的速度受到企业的技术水平、适应性及管理者综合能力等影响，据此可以构建动态复制的常微分方程如下：

$$\frac{dx}{dt}=G(x)=x(U_{A1}-\overline{U_A})$$
$$=x(1-x)\{[P_0Q_0+R_1-f(\theta)Q_0-T_1+S_1Q_0+C_dQ_0]y-I_1\} \quad （4-29）$$

同理可以得到利用企业 B 采取合作行为的期望收益值为

$$U_{B1}=x[-P_0Q_0+R_2-I_2-f(\lambda)Q_0-T_2+S_2Q_0]+(1-x)(-I_2-\rho Q_0) \quad （4-30）$$

利用企业 B 采取不合作行为的期望收益值为

$$U_{B2} = x(-\rho Q_0) + (1-x)(-\rho Q_0) \tag{4-31}$$

利用企业 B 采取不合作行为的平均收益值为

$$\overline{U_B} = yU_{B1} + (1-y)U_{B2} \tag{4-32}$$

同理据此可以构建动态复制的常微分方程如下：

$$\begin{aligned}\frac{dy}{dt} = G(y) &= y(U_{B1} - \overline{U_B}) \\ &= y(1-y)\{[-P_0Q_0 + R_2 - f(\lambda)Q_0 - T_2 + S_2Q_0 + \rho Q_0]x - I_2\} \end{aligned} \tag{4-33}$$

由式（4-29）、式（4-33）可得企业 A、B 之间废弃物流转价值收益演化博弈的 5 个局部均衡点,分别为 $(0,0)$、$(0,1)$、$(1,0)$、$(1,1)$、$\left(\dfrac{I_2}{-P_0Q_0 + R_2 - f(\lambda)Q_0 - T_2 + S_2Q_0 + \rho Q_0},\right.$

$\left.\dfrac{I_1}{P_0Q_0 + R_1 - f(\theta)Q_0 - T_1 + S_1Q_0 + C_dQ_0}\right)$。

根据 Friedman 思想,构造雅比克矩阵（Jacobi）分析检验均衡点的稳定性,如下所示。

$$J = \begin{bmatrix} \dfrac{\partial G(x)}{\partial x} & \dfrac{\partial G(x)}{\partial y} \\ \dfrac{\partial G(y)}{\partial x} & \dfrac{\partial G(y)}{\partial y} \end{bmatrix} \tag{4-34}$$

$$= \begin{bmatrix} (1-2x)\{[P_0Q_0 + R_1 - f(\theta)Q_0 - T_1 + S_1Q_0 + C_dQ_0]y - I_1\} \ x(1-x) \\ [P_0Q_0 + R_1 - f(\theta)Q_0 - T_1 + S_1Q_0 + C_dQ_0] \\ y(1-y)[-P_0Q_0 + R_2 - f(\lambda)Q_0 - T_2 + S_2Q_0 + \rho Q_0]\,(1-2y) \\ \{[-P_0Q_0 + R_2 - f(\lambda)Q_0 - T_2 + S_2Q_0 + \rho Q_0]x - I_2\} \end{bmatrix}$$

$$\mathrm{det}.\,J = \frac{\partial G(x)}{\partial x}\frac{\partial G(y)}{\partial y} - \frac{\partial G(y)}{\partial x}\frac{\partial G(x)}{\partial y} \tag{4-35}$$

$$\mathrm{tr}J = \frac{\partial G(x)}{\partial x} + \frac{\partial G(y)}{\partial y} \tag{4-36}$$

园区工业废弃物协同处理流转价值收益演化博弈模型的构建,其目的是分析上下游企业 A、B 群体博弈双方各自稳定的策略组合在一起,是否最终能够演化成为长期均衡的稳定策略组合,实现流转价值收益的最优策略为（合作,合作）组合。根据 Friedman 提出的方法,要使策略 (x, y) 为稳定均衡,需要同时满足 $\mathrm{det}.\,J > 0$, $\mathrm{tr}J < 0$。

根据有限理性假设及追求各自利益最大化为目标的原则,企业选择合作策略具有参与约束条件,即参与资源化协同处理获取的收益应大于等于不参与时的收益,对于上游废弃物生产企业 A 来说,参与合作的收益要大于等于无害化处理后排放的收益，即 $P_0Q_0 + R_1 - f(\theta)Q_0 - T_1 + S_1Q_0 + C_dQ_0 - I_1 \geqslant 0$；同理可得，下游废弃物利用企业 B 购买废弃物经资源化处理后，再利用的成本要小于等于直接购买原生材料的成本，即 $-P_0Q_0 + R_2 - f(\lambda)Q_0 - T_2 + S_2Q_0 + \rho Q_0 - I_2 \leqslant 0$。根据这个条件计算分析，可得 (0,1)、(1,0) 均为不稳定的点，而 (0,0)、(1,1) 是两个稳定点，即（不合作，不合作）、（合作，合作）属于稳定演化策略（evolutionarily stable strategy，ESS）。设 $D(x_D, y_D)$ 为无法判断符号的鞍点，根据 5 个局部均衡点，可以复制协同处理动态关系（图 4-9）。

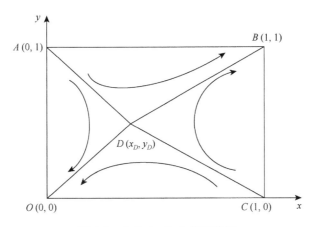

图 4-9　企业 A、B 合作演化图

图 4-9 中，折线 ADC 是不同状态收敛的临界线，折线右上方部分（ADCB）向 (1,1) 收敛，折线左下方部分（ADCO）向 (0,0) 收敛。企业 A、B 合作区域面积取决于 $D(x_D, y_D)$ 的位置，ADCB 区域面积越大，企业间收敛于（合作，合作）的概率越大。

3）演化稳定策略的价值流转收益影响因素分析

园区工业废弃物资源化协同处理，企业间演化博弈的长期均衡可能是（合作，合作），也可能是均不参与合作，最终沿着哪一条路径和状态演化取决于 ADCB 区域的面积，在此仅考虑双方选择合作行为的影响因素分析，也就是 $S_{ADCB} > S_{ADCO}$ 条件下的演化方向。（合作，合作）这一最优均衡解的实现条件，为上下游企业选择合作行为的预期收益，应大于选择不合作时的预期收益，因此可以得到参与约束条件：$U_{A1} > U_{A2}$，$U_{B1} > U_{B2}$，据此可以分别求解出各个因素的均衡条件。根据图 4-9，ADCO 区域的面积等于：

$$S_{ADCO} = \frac{1}{2}\left[\frac{I_2}{-P_0Q_0 + R_2 - f(\lambda)\,Q_0 - T_2 + S_2Q_0 + \rho Q_0}\right.$$

$$+ \frac{I_1}{P_0 Q_0 + R_1 - f(\theta) Q_0 - T_1 + S_1 Q_0 + C_d Q_0} \Bigg] \qquad (4\text{-}37)$$

假定其他因素取值固定不变,通过讨论单一因素的变化与 S_{ADCO} 区域面积大小之间的关系,进而定量分析不同因素对企业间协同处理合作行为的影响。

(1) 废弃物供应量 Q_0 分析。对于上游废弃物生产企业来说,其主产品的产量决定了工业废弃物的供应数量。假定其他因素固定不变,由于边际贡献 $\rho + S_2 - P_0 - f(\lambda) > 0$,$P_0 + C_d - f(\theta) > 0$,可得 $S'_{ADCO}(Q_0) < 0$,即废弃物供应量 Q_0 越大,$ADCO$ 区域的面积越小,企业之间协同合作的概率越大。这表明废弃物供应量 Q_0 具有一定的规模效应,参与交换的工业废弃物的供应量越大,一方面,对上游生产排放企业而言,工业废弃物的直接排放成本和环境压力则越大;另一方面,对下游废弃物利用企业来说,能够获得足够的替代材料,适合长期合作经营及战略性投资。其他因素的计算分析也是类似的过程,确定均衡条件下 S_{ADCO} 区域面积对影响因素的偏导数,暂不一一列示计算过程,仅对求解结果进行深入分析。

(2) 废弃物交换价格 P_0 分析。通过废弃物在企业间协同处理,不仅能对废弃物最大限度地利用,还能降低废弃物处理成本及因违规处理废弃物而遭受处罚的风险。但企业之间进行废弃物交换时如果价格过低,卖方企业则不会愿意贱卖废弃物;反之,交换价格过高,买方企业则迫于成本压力也会放弃使用废弃物,导致废弃物交换受阻。通过参与约束条件的计算,对上游废弃物生产企业而言,废弃物交换价格 P_0 只要大于等于单位平均经营成本 + 单位平均投资成本–单位平均排污费用–单位政府补贴即可;但是,对下游废弃物利用企业来说,负制品交换价格 P_0 需小于等于原材料替代价格 + 单位政府补贴–单位平均经营成本–单位平均投资成本,存在一个上限值。同时根据废弃物定价策略分析,存在一个最优解的 P_0^*,可得负制品交换价格 P_0 与协同处理概率呈倒 "U" 形。废弃物交换价格 P_0 反映了废弃物的市场价值和在交换市场中的供应关系,在一定范围内,废弃物交换价格 P_0 较高时,企业 A 倾向出售,企业 B 趋向于购买并资源化利用;当废弃物交换价格 P_0 超过一定的水平,企业 A 倾向内部回收,企业 B 不能承受其高额的废弃物成本,会倾向选择购买原生材料。当废弃物不存在经济价值,甚至是污染比较严重的情况下,废弃物交换价格 P_0 小于零,即企业 A 支付给企业 B 对应的资源化处理和无害化处理服务费用。

(3) 专用资产固定投资 I_1、I_2 分析。固定投资 I_1、I_2 是指协同处理双方为开展资源化合作,需要进行的前期专用资产投入,专用资产固定投资越大,S_{ADCO} 区域的面积越大,表明企业间合作的概率(可能性)越低。从事废弃物资源化处理和利用经营具有一定的门槛,需要上下游企业均投入一定的固定资产或技术研发等，投入越大，平均分摊的经营成本越高，影响了企业间合作的意向；另外，不论是"预处理资产投资"还是"资源化（商品化）资产投资"，一经投入便属于上下游企业的沉没成本，具有套牢效应，对废弃物利用的创新性和灵活性会产生阻碍作用，带来极大的机会主义风险，同样会阻碍企业间的协同处理合作。

（4）单位预处理、资源化成本分析。随着环保意识提高及环境保护法律法规的完善和执行力度的加强，企业环境违法成本越来越高，生产过程产出的废弃物违规排放将受到严厉的处罚。然而，废弃物普遍存在价值含量低、治污难度大、不易利用等特点，对废弃物回收利用需投入大量的资金进行设备升级改造、工艺技术的研发。由于企业管理经验、资金和精力有限，如果过多地参与和主营业务不相关的业务，一定程度上会影响企业经营的效率和效益。通过参与约束条件的计算，单位预处理、资源化成本 $f(\theta)$、$f(\lambda)$ 需要控制在一定的范围之内，在实际中成本的大小主要受废弃物性质和处理难度、企业先进程度和工艺稳定性，以及企业的管理水平等影响和决定。由 $S'_{ADCO}[f(\theta)] > 0$，$S'_{ADCO}[f(\lambda)] > 0$ 可得，单位预处理、资源化成本 $f(\theta)$、$f(\lambda)$ 越高，$ADCO$ 区域的面积越大，则合作区域面积越小。废弃物的回收处理成本高，说明废弃物成分或性质复杂、处理难度大，且对企业的各项工艺及管理水平要求都比较高，参与协同处理的流转价值收益空间有限，企业 A 更趋向于简易或无害化处理后排放，企业 B 更趋向于直接购买原生材料投入生产。

（5）溢出租金收益和合作交易成本分析。租金收益是指企业间协作产生的溢出收益，表现为社会形象提升、绿色环保社会效益及获得超额的利润等，企业 A 与企业 B 的溢出租金收益越高，企业间趋向于协同处理合作的概率越大。此外，通过科学、合理、共生的溢出租金收益分配，能够增强企业继续开展长期合作的信心和积极性，反之亦然。合作交易成本，一般指与交易对手企业合作过程中信息传递交流的成本，或者与市场化交易有关的谈判、协调、签约、执行、监督等活动的成本，受交易环节及沟通等因素影响，其体现了企业间合作的流畅性、稳定性，因此必须控制在一定的范围之内，企业 A 与企业 B 的协同处理交易成本越高，企业间趋向于协同处理合作的概率越低。

（6）原生材料价格分析。通过参与约束条件的计算，原生材料价格 p 有最低限值。在一定条件和程度上，原生材料和废弃物是替代品，原生材料价格 p 越高，S_{ADCO} 面积越小，企业间合作概率越大；反之，则趋向于不合作。这表明废弃物的价格 P_0 与原生材料价格 p 差异越大，即原生材料相对昂贵，则下游企业选择购买废弃物来替代原生材料使用的可能性越大，上下游企业开展废弃物资源化合作的可能性随之增加；反之，若两者价格越靠近，则上下游企业趋向于不合作，即企业 A 采用直接排放、掩埋或储存等方式来处置废弃物，企业 B 直接购买自然原生材料投入生产。

（7）环境处理费用、排污费及政府财政补贴分析。根据污染者付费原则，企业必须对其产出的废弃物进行无害化处理。企业的环境处理成本与排污标准相关，当政府制定的排污标准很低时，废弃物环境处理成本低，企业将不愿多花成本对其进行资源化；排污标准过高时，企业环境处理成本将提高，在政府严于执法情况下，企业迫于压力，必须对废弃物无害化处理或实施资源化。通过参与约束条件的计算，政府制定的环境处理费用、排污费 C_d 等标准，需要对上游废弃物生产企业有一定的成本威慑力，才能保证上游企业选择合作的收益要高于直接环境处理和排放的费用，由 $S'_{ADCO}(C_d) < 0$，可得企业 A 排污成本越高，环境压力越大，参与合作的概率越大。而企业 A 与企业 B 所获得的政府财政补贴通过调节上下游企业的收益、价格，影响其参与合作的意愿。分别求导可得，政府给予的财政奖励越高，企业 A、B 参与工业废弃物资源化协同处理的积极性越强，尤其是对于一些经济价值比较低的废弃物，对上游企业或者下游企业的激励政策将成为协同处理合作的主要影响因素。

此外，政府政策和法律法规等外部因素，也会对园区的废弃物资源化的价值流转存在影响。政府通过制定相关政策，将园区企业进行工业废弃物资源化的外部成本和收益内部化，并通过市场调节机制引导企业积极进行废弃物资源化。在工业废弃物资源化产业发展的初期，政府通过直接投资或通过制定相关有效政策等间接手段，引导社会资本对废弃物资源化产业进行投资，使得工业废弃物资源化产业在发展过程中获得相应的资金支持，从而促进产业共生的相关基础设施建设，推动企业投入更多资金进行废弃物资源化技术研发及管理改进，从而实现废弃物资源化产业稳定、健康发展。完善环境税费的制定和完善，运用法规政策手段，如对不可再生资源、对环境造成污染的材料及对环境产生污染的废弃物开征相应的税费，将外部成本内部化，促使企业节约能源和资源，减少废弃物产生和排放，自觉进行废弃物资源化，推动企业间废弃物资源化协同处理。政府有针对性地对园区工业废弃物资源化参与企业给予适当的价值补偿，制定实施废弃污染物排放惩罚制度，将提高园区工业废弃物资源化参与企业开展废弃物资源化的积极性，有利于废弃物资源化协同处理网络的健康发展。政府部门通过出台相应的环保法律法规，明确企业在生产过程中需履行相应的环保义务，对产业生态化、工业废弃物资源化发展起着重要作用。与高污染、高耗能的经济发展模式不同，废弃物资源化循环经济发展模式，属于生态环境和经济可持续的发展模式，是在经济发展中兼顾环境保护。在向资源节约型、环境友好型的循环经济发展模式转变过程中，企业自身利益与社会公众利益将会产生冲突，由于利益最大化是企业追求的本质，企业往往不能自发地通过投入研发与清洁生产技术进行废弃物资源化。因此，制定相关环境保护的法律法规，对企业生产过程中污染环境的行为进行约束和控制，可促使企业改进生产工艺、节约资源、减少废弃物排放，承担起生产过程的环境保护责任，对促进工业废弃物资源化产业的形成和发展具有重大意义。

从企业本质来看，企业实施废弃物资源化的根本动力，是对废弃物最大限度的利用，以降低企业内部管理成本及生产成本。随着科技发展及废弃物管理方法的创新，工业废弃物资源化既要提高资源的利用率和环境效益，尽可能减少废弃物资源的浪费和对环境造成的损害，还需在追求经济效益的同时实现环境效益；随着新科技的不断涌现及应用、人才集聚、互联网等信息技术的发展与支持，园区工业废弃物资源化已从副产品交换等传统简单的模式，转化为废弃物资源化产业链，对废弃物进行协同处理。在工业废弃物资源化产业链形成和发展过程中，存在多种因素的影响。通过对多种关键影响因素的识别，分析工业废弃物资源化价值流转规律，可为园区企业进行废弃物资源化提供参考，为政府制定价值补偿政策提供决策依据，从而发挥园区和政府的协调和激励作用，提高园区废弃物资源化效率。

4.3.3　生态产业共生视角下废弃物协同处理价值流核算及分析

园区企业间的废弃物资源化，通过构建生态产业共生链，实现废弃物在企业间的物质流动和价值流转。其单一生态产业共生链的形成，多在共生网络形成的初级阶段，且存在不同的共生状态。随着园区废弃物资源化的发展和更多工业企业的入驻，企业间的生态共生产业链逐步向纵向或横向拓展延伸，形成更加复杂的网络结构，废弃物资源化的共生关系趋于成熟和稳定。生态产业共生链的纵向延伸，使单一的废弃物"食物链"得到延长，横向延展则是随着更多同质化的上游或者下游企业加入，使共生链的宽度增加。由于大多数上游企业提供同质化的废弃物，更多的下游企业可利用同质化的废弃物，生产相互间具有替代性的再生产品，使废弃物和再生产品的定价存在竞争。生态产业链的横向拓展衍生出了不同的废弃物的回收模式，即集中回收和竞争回收。集中回收是企业间可以共享园区规划建立的基础设施，通过非营利性的废弃物回收交易中心、废弃物处理中心等进行废弃物集中回收后的资源处理；通过自发建立生态产业共生关系进行废弃物资源化，形成不同废弃物共生链之间的竞争，即竞争回收。园区不同生态产业共生链和回收模式的发展，使复杂共生网络逐渐形成，从而实现园区的物质循环、能量梯级利用和价值流转的畅通。

在废弃物资源化的过程中，废弃物成为一种特殊的商品被出售。废弃物价值是价格的基础，废弃物的价格是其在流动过程中的转化形式，是交换价值的货币表现，同时，具有交易实质的市场化的价格也符合会计的计量属性要求。在经济学中，价格被解释为商品、服务或资产以货币形式所表现的价值数字。价格和价

值的关系对企业经济活动的影响，表现为企业生产原材料的价格，它构成产成品
的成本价值；产成品的价值影响销售收入（即产成品的出售价格）。

不同于企业内部的价值核算以成本为基础，废弃物价格是园区企业间废弃物
资源化的纽带，是价值流转的关键，企业的价格决策有赖于价格模型的建立。企
业间的废弃物交换价格受到供需关系的影响，在价值流转过程中实现价值的创造
和增值。同时，废弃物交换也是双方博弈的过程，它受废弃物的性质、运输及无
污化成本、替代原材料价格、投资成本、政策等因素影响。科学合理的价格机制
和收益协调机制，会促进资源化共生关系的形成，缓和企业间的利益冲突，促进
废弃物价值在企业间流转畅通。据此，本章借鉴生态供应链中的定价决策方法，
以参与废弃物交易的上游和下游企业为博弈主体，根据其在供应链中的决策权力
高低，区分领导者和跟随者，求出价格模型中的最优均衡解，为企业间废弃物价
值核算提供参考，并以此为依据，分析其变动趋势及影响因素。

在现实的园区共生网络中，企业间可能存在多种工业废弃物的交换，但目前
的价值流转核算体系，很难将所有的废弃物进行综合核算，且不同种类废弃物，
具有不同的回收性质和成本属性，难以建立综合的价格模型。本章拟采取企业间
某一种废弃物进行交易来构建其价格模型，进行价值流转核算。在存在更为复杂
的废弃物资源化网络时，则可区分不同种类和属性的废弃物，在两两企业间单独
进行核算，再将其价值进行汇总，或形成单独的价值流转通道，构成园区整体的
价值流转网络。

1. 企业间废弃物资源化博弈关系分析

废弃物定价是上下游企业博弈的过程。本章基于 Stackelberg 博弈，以上游企
业（废弃物的来源企业）和下游企业（废弃物的接收企业）为博弈主体。由于
Stackelberg 博弈中存在不同博弈主体的决策权力的不对称，因此，在上下游企业
的博弈过程中，存在领导者与跟随者。

在不同共生状态下的共生关系中，上游企业出售废弃物可节约废弃物处理成
本，并获得销售收入；但对下游企业而言，这增加了废弃物的购买和回收再利用
的成本，其生产成本结构被改变，进而影响再生产品定价决策。因此，上游企业
更愿意合作形成共生关系，使下游企业在这一博弈中占据主导地位，成为领导者。
在不同回收模式下的共生关系中，企业间处于完全共生的状态。在以大型工业企
业为核心的生态产业共生链中，由于其产生大量的废弃物可供下游企业进行回收
再利用，在企业规模上，上游企业要远远大于下游企业，在生态产业共生网络的
形成过程中也多占据核心位置。此时，上游企业的废弃物成为下游企业生产原料
的主要来源，它具有依赖性；同时，为构建废弃物资源化的共生关系，下游企业
存在购置专用化的资产设备，进行再生技术的利用和改造等前期成本投入的可能

性。因此，在不同回收模式下，上游企业成为 Stackelberg 博弈的领导者，上游企业在对废弃物进行定价时，考虑下游企业对这一价格决策的反应；下游企业根据上游企业的废弃物定价来制定自身的再生产品的售价。在上述博弈关系的分析中，不同共生状态下的价格模型与不同回收模式下的价格模型并非各自独立。其联系和区别如图 4-10 所示。

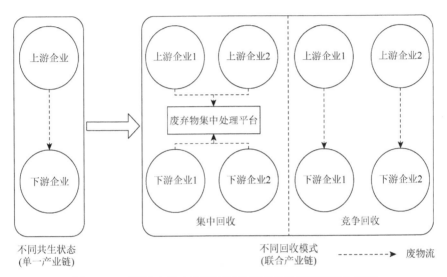

图 4-10　不同共生状态和不同回收模式共生链的联系与区别

不同共生状态下的价格模型是基于单一共生链形成的，注重探讨在企业间建立废弃物资源化关系的动态过程中，废弃物交易行为实现的市场条件、废弃物价格的变化和价值流转情况；不同共生模式下的价格模型是基于共生关系的逐渐成熟，工业企业在地理邻近区域的同质化集聚，形成包含多个上游和下游的共生链，由于废弃物性质和园区基础设施等，而逐渐分化成集中回收和竞争回收的不同共生模式，其实质是在不同共生状态下对价格模型适用边界的拓宽，对企业间价值流转模式的完善。前者是后者的基础，后者是前者的拓展。在园区实践中，存在着简单或复杂的共生链条，形成错综复杂的共生网络。企业间的价值流转规律的实现，依赖于不同类型的产业链条的价格机制的构建，其变化趋势依赖于共生关系形成和调整的动态过程。

2. 不同共生状态下废弃物资源化的价格核算

1）不同共生状态下的废弃物资源化价值流转机理

不同共生状态下的废弃物资源化价值流转是基于单一的生态产业共生链条。在这一链条中，包含单个上游企业和单个下游企业。当两者不共生时，企业间不形成废物流，废弃物被无污化处理后排放到环境中；当两者存在共生关系时，企业间的废弃物经再生处理重新流入生产领域。这一过程包括"原材料的输入—产品生产制造—废弃物回收利用—再生产品销售"，在物质形态变化流动的过程中，伴随着价值的增值或不增值。为提高资源综合利用率，减少环境污染，政府会给予下游企业一定的价格补贴 t。根据废弃物资源化的物质流和价值流一体化原理，园区企业间不共生与共生下的废弃物流转模式如图 4-11 所示。

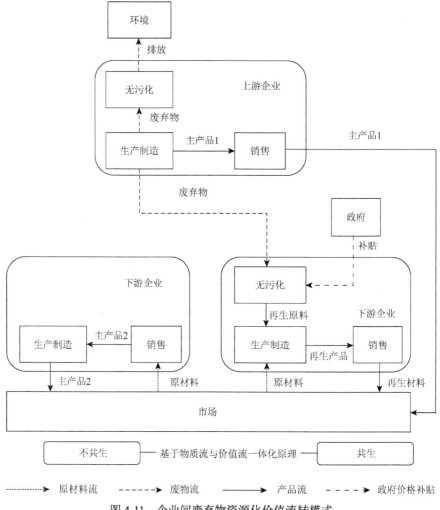

图 4-11　企业间废弃物资源化价值流转模式

图 4-11 反映了企业间废弃物资源化的价值流转过程。在上下游共生关系建立后，下游企业采用再生原料替代外购原材料进行生产。按下游企业原材料是否完全被再生原料替代，将共生关系再划分为"部分共生"（部分替代）和"完全共生"

（完全替代，此时图 4-11 中共生时，下游企业不需再从市场购买原材料）。在这一过程中，共生所带来的经济收益包括废弃物的销售收入、无污化处理成本的节约及外购原材料成本的减少等；共生所带来的环境收益，包括废弃物排放和从自然中获取的原材料的减少所带来的环境损害成本的下降。

在不同共生状态下，从下游企业角度出发，本章将"再生原料"视为废弃物加工处理后可用于生产的原料。"主产品"为企业利用原材料生产的产品；"再生产品"为企业利用再生原料生产的产品。令 n 为下游企业利用再生原料数量占全部原料的比例（不包括辅助材料等），即 n 为共生系数。

2）相关变量的符号表示

根据园区废弃物资源化的机理，价格模型中相关变量符号和释义如表 4-5 所示。

表 4-5　变量及解释

符号	释义	符号	释义
C_u	上游企业废弃物分摊的单位成本	e_1	减少单位废弃物排放降低的环境损害成本
C_0	上游企业废弃物无污化处理单位成本	e_2	减少单位原材料使用降低的环境损害成本
C_r	下游企业回收利用废弃物单位成本	a	下游企业主产品的最大市场需求量
C_d	下游企业单位产品生产成本	β	价格敏感系数
P	企业间废弃物交换价格，为决策变量	θ	废弃物可再生性程度
P_0	每单位主产品消耗原材料价格	n	共生程度系数
P_d	下游企业销售产品价格，为决策变量	t	每交换单位废弃物的政府补助
D_d	废弃物交换量	π_a	上游企业共生收益
D	下游企业主产品供应量	π_b	下游企业共生收益
D_0	上游企业废弃物总量	π	废弃物资源化整体共生收益

3）模型假设

在废弃物资源化的共生关系中，出售废弃物的上游企业可减少废弃物处理成本，并获得销售收入；但对下游企业而言，却增加了废弃物的购买和回收再利用的成本，其生产成本结构被改变，进而影响再生产品定价决策。因此，上游企业更愿意合作形成共生关系，使下游企业在这一博弈中占据主导地位，成为领导者。现实生活中，废弃物价格受到多种因素的影响，为简化模型，凸显关键因素，故对模型进行如下假设。

假设 1：假设再生产品和主产品以相同的方式进入市场，在质量和功能效用方面没有任何差别，即拥有相同的包装、价格等，且消费者对二者的青睐程度一致。

假设 2：下游企业每单位主产品都包含一单位的原材料价值，且原材料和再生原料同质。

假设 3：下游企业在其市场处于绝对优势地位，市场价格是依赖于需求的线性函数。因此，下游企业主产品的销售量为

$$D = a - \beta \times P_d \tag{4-38}$$

无论下游企业采用何种方式生产，对下游企业的主产品定价都满足销售量大于零，因此 $a / \beta > P_{d(\max)}$。

假设 4：处于园区中的企业，由于地理位置的临近性，不考虑彼此之间的运输成本；且由于基础设施和支持服务的完善，上下游企业之间相互信任，信息完全对称，彼此知晓对方的需求、成本信息。

假设 5：上下游企业均为理性和风险中性的，且均以自身共生收益最大化为原则做决策。

假设 6：根据 Jafari 等的双渠道三级供应链的博弈模型，下游企业在决策中的主导地位及决策权更高，希望获得的相对共生收益也就更高。当一方为领导者，另一方为追随者时，由于领导者对自身共生收益的预期，要求自身共生收益和追随者共生收益的比值超过某个特定值。在此，可设定下游企业的共生收益 π_b 与上游企业的共生收益 π_a 比值为 λ，即下游企业为领导者时，$\pi_b / \pi_a \geq \lambda$，并且 $\lambda > 1$。即 λ 表示废弃物资源化带来的总共生收益中，上下游企业的共生收益分配比例，本章将其定义为共生收益分配系数。

4）不共生下的废弃物价格模型

根据上述假设，结合 Stackelberg 博弈方法，在园区企业间废弃物资源化过程中，以废弃物供需关系是否均衡为依据，构建企业间共生与不共生情形下的均衡价格模型，探讨废弃物资源化动态过程中废弃物价格的变动趋势。

当企业间废弃物资源化的产业共生关系没有形成（即 $n = 0$）时，两企业均不存在环境收益。上游企业的经济效益，表现为废弃物本身的经济损失和无污化处理所支付的成本；下游企业只获得外购原材料生产并销售产品的经济效益。两者的收益函数如下：

$$\pi_a = (-C_u - C_0) \times D_0 \tag{4-39}$$

$$\pi_b = (P_d - P_0 - C_d) \times D \tag{4-40}$$

$$\pi = \pi_a + \pi_b \tag{4-41}$$

$$\text{s.t. } P_d > C_d + P_0$$

对式（4-40）求取最大值，可得下游企业主产品的最优定价为

$$P_d = \frac{a + \beta \times (P_0 + C_d)}{2\beta} \qquad (4\text{-}42)$$

得二阶导数为 $\pi''_{b(P_d)} = -2\beta < 0$。

可得下游企业主产品定价决策的最优收益为

$$\pi_b = \frac{[a - \beta \times (P_0 + C_d)]^2}{4\beta} \qquad (4\text{-}43)$$

此时上游企业不存在最优的收益，由于生产者责任制，还必须进行无污化处理，达到国家相关排放标准才能排放。其经济损失的降低有赖于生产过程的优化和绿色制造技术的提高，以降低废弃物的生产量。由于不共生状态下不存在废弃物资源化，因此企业间没有形成废弃物交易价格。对不共生情况的分析，为共生情况的比较奠定基础，以发掘废弃物价格机制的市场化条件。

5）共生下的废弃物交换价格模型

当企业间废弃物资源化关系形成时，废弃物需求关系导致下游企业采用原材料和再生原料生产的比例不同，即共生程度系数 n 不同，下游企业生产成本的结构会有所差异。二者需求函数关系如下：

$$D_d = (n/\theta) \times D \qquad (4\text{-}44)$$

此时，上游企业将废弃物的无污化或再利用处理成本转交给下游企业，并取得废弃物销售收入、无污化处理成本的节省和减少废弃物排放的环境效益。在废弃物资源化中，上游企业获得的收益越大，弥补的经济损失就越大。同时下游企业可获得再利用废弃物的政府补助收入，用廉价的废弃物替代从自然环境中获取的高价的原材料生产。二者共生收益函数如下：

$$\pi_a = (P + C_0 + e_1) \times D_d \qquad (4\text{-}45)$$

$$\pi_b = (P_d - C_d) \times D - (P + C_r) \times D_d - (1-n) \times P_0 \times D + t \times D_d + n \times e_2 \times D \qquad (4\text{-}46)$$

$$\pi = \pi_a + \pi_b \qquad (4\text{-}47)$$

$$\text{s.t. } P_d > C_d + \frac{n}{\theta} \times (P + C_r - t - \theta \times e_2) + (1-n) \times P_0; \ n \in (0,1]$$

令

$$\lambda = \frac{\pi_b}{\pi_a} = \frac{(P_d - C_d) \times \dfrac{\theta}{n} - (P + C_r) - (1-n) \times P_0 \times \dfrac{\theta}{n} + t + \theta \times e_2}{P + C_0 + e_1} \qquad (4\text{-}48)$$

运用逆推归纳法，在第一阶段，上游企业在决定废弃物的价格 P 时，已知下游企业的主产品的价格为 P_d，即由式（4-48）得

$$P'(P_d) = \frac{\theta(P_d - C_d) - n(C_r - t - \theta e_2) - n\lambda(C_0 + e_1) - \theta(1-n)P_0}{n(1+\lambda)} \quad (4\text{-}49)$$

确定废弃物价格 $P'(P_d)$ 后，将这一表达式代入下游企业的 π_b 的函数表达式中，下游企业共生收益最大化时，P_d 即为最优主产品的价格。即

$$\text{Max}[\pi_b(P_d)] = \text{Max}\left\{\left[(P_d - C_d) - \frac{P'(P_d) + C_r - t - \theta e_2}{\theta} - (1-n)P_0\right](a - \beta P_d)\right\} \quad (4\text{-}50)$$

式（4-50）对 P_d 求一阶导，并令其为零，得

$$P_d = \frac{a + \beta\left[C_d + \frac{n}{\theta}(C_r - C_0 - e_1 - t - \theta e_2) + (1-n)P_0\right]}{2\beta} \quad (4\text{-}51)$$

其二阶导满足 $\pi_b''(P_d) = -2\beta$。

将式（4-51）代入式（4-50）中，可得废弃物均衡价格 P。即上下游废弃物资源化的均衡价格模型为

$$P = \frac{a - \beta\left[C_d + \frac{n}{\theta}(C_r - C_0 - e_1 - t - \theta e_2) + (1-n)P_0\right]}{2\beta\frac{n}{\theta}(1+\lambda)} - C_0 - e_1 \quad (4\text{-}52)$$

由此，得到上下游企业废弃物资源化的均衡共生收益和整体共生收益分别为

$$\pi_a = \frac{\left\{a - \beta\left[C_d + \frac{n}{\theta}(C_r - C_0 - e_1 - t - \theta e_2) + (1-n)P_0\right]\right\}^2}{4\beta(1+\lambda)} \quad (4\text{-}53)$$

$$\pi_b = \frac{\lambda\left\{a - \beta\left[C_d + \frac{n}{\theta}(C_r - C_0 - e_1 - t - \theta e_2) + (1-n)P_0\right]\right\}^2}{4\beta(1+\lambda)} \quad (4\text{-}54)$$

$$\pi = \frac{\left\{a - \beta\left[C_d + \frac{n}{\theta}(C_r - C_0 - e_1 - t - \theta e_2) + (1-n)P_0\right]\right\}^2}{4\beta} \quad (4\text{-}55)$$

6）模型结果对比及影响因素分析

当 $n = 0$ 时，表示上下游企业不共生；当 n 介于 0 和 1 之间时，上下游企业部分共生；当 $n = 1$ 时，上下游企业完全共生。为方便模型比较，根据以上三种情况和上述模型求解过程，可得到上下游企业三种共生关系下的价格和共生收益均衡

结果比较，如表 4-6 所示。

表 4-6 不同共生关系下均衡结果比较

$n=0$（不共生）	$n\in(0,1)$（部分共生）	$n=1$（完全共生）
$P_d^1 = \dfrac{a+\beta(C_d+P_0)}{2\beta}$	$P_d^2 = \dfrac{a+\beta\left[C_d+\frac{n}{\theta}(C_r-C_0-e_1-t-\theta e_2)+(1-n)P_0\right]}{2\beta}$	$P_d^3 = \dfrac{a+\beta\left[C_d+\frac{1}{\theta}(C_r-C_0-e_1-t-\theta e_2)\right]}{2\beta}$
—	$P^2 = \dfrac{a-\beta\left[\begin{array}{l}C_d+\frac{n}{\theta}(C_r-C_0-e_1-t-\theta e_2)\\+(1-n)P_0\end{array}\right]}{2\beta\frac{n}{\theta}(1+\lambda)}-C_0-e_1$	$P^3 = \dfrac{a-\beta\left[\begin{array}{l}C_d+\frac{1}{\theta}(C_r-C_0-e_1\\-t-\theta e_2)\end{array}\right]}{2\beta\frac{1}{\theta}(1+\lambda)}-C_0-e_1$
—	$D_d^2 = \dfrac{n\left\{a-\beta\left[\begin{array}{l}C_d+\frac{n}{\theta}(C_r-C_0-e_1-t-\theta e_2)\\+(1-n)P_0\end{array}\right]\right\}}{2\theta}$	$D_d^3 = \dfrac{a-\beta\left[C_d+\frac{1}{\theta}(C_r-C_0-e_1-t-\theta e_2)\right]}{2\theta}$
$\pi_a^1 = (-C_u-C_0)D_0$	$\pi_a^2 = \dfrac{\left\{a-\beta\left[\begin{array}{l}C_d+\frac{n}{\theta}(C_r-C_0-e_1-t-\theta e_2)\\+(1-n)P_0\end{array}\right]\right\}^2}{4\beta(1+\lambda)}$	$\pi_a^3 = \dfrac{\left\{a-\beta\left[C_d+\frac{1}{\theta}(C_r-C_0-e_1-t-\theta e_2)\right]\right\}^2}{4\beta(1+\lambda)}$
$\pi_b^1 = \dfrac{[a-\beta(C_d+P_0)]^2}{4\beta}$	$\pi_b^2 = \dfrac{\lambda\left\{a-\beta\left[\begin{array}{l}C_d+\frac{n}{\theta}(C_r-C_0-e_1-t-\theta e_2)\\+(1-n)P_0\end{array}\right]\right\}^2}{4\beta(1+\lambda)}$	$\pi_b^3 = \dfrac{\lambda\left\{a-\beta\left[\begin{array}{l}C_d+\frac{1}{\theta}(C_r-C_0-e_1-t\\-\theta e_2)\end{array}\right]\right\}^2}{4\beta(1+\lambda)}$

a. 模型结果对比

通过表 4-5 中的价格、需求和共生收益的比较，可分析园区废弃物资源化上下游企业共生关系的形成条件和均衡价格决策。

结论 1：令 $X=\sqrt{\dfrac{1+\lambda}{\lambda}}$，当 $P_0>\dfrac{(X-1)\left(\dfrac{a}{\beta}-C_d\right)+\dfrac{n}{\theta}(C_r-C_0-e_1-t-\theta e_2)}{X+n-1}$ 时，下游企业会选择与上游企业建立共生关系，废弃物资源化得以实现。

证明：由表 4-6，令 $\pi_b^2-\pi_b^1>0$，可得

$$[a-\beta(C_d+P_0)]^2>\dfrac{\lambda\left\{a-\beta\left[C_d+\frac{n}{\theta}(C_r-C_0-e_1-t-\theta e_2)+(1-n)P_0\right]\right\}^2}{1+\lambda}$$

。由于

$\lambda>1$，令 $X=\sqrt{\dfrac{1+\lambda}{\lambda}}$，即有 $(X+n-1)P_0>(X-1)\left(\dfrac{a}{\beta}-C_d\right)+\dfrac{n}{\theta}(C_r-C_0-e_1-t-\theta e_2)$

时，下游企业共生收益大于不共生获得的收益，因此会选择再生原料替代外购原材料生产。

由于 $X = \sqrt{\dfrac{1+\lambda}{\lambda}} \in (1, \sqrt{2})$，因此 $X + n - 1 > 0$，即

$$P_0 > \frac{(X-1)\left(\dfrac{a}{\beta} - C_d\right) + \dfrac{n}{\theta}(C_r - C_0 - e_1 - t - \theta e_2)}{X + n - 1}$$

结论 1 表明，生态共生关系的建立需要满足一定的条件，即废弃物价格形成的市场条件。当下游企业再利用废弃物生产所消耗的边际成本，低于外购原材料成本，且共生所带来的收益符合预期时，就会趋向于和上游企业建立废弃物资源化的合作关系。

结论 2：下游企业选择建立共生关系后，即使市场原材料价格下降，只要满足 $P_0 > \dfrac{1}{\theta}(C_r - C_0 - e_1 - t - \theta e_2)$，下游企业仍会再利用废弃物，并不断提高共生程度，使之达到完全共生。当外购原材料价格升高时，下游企业完全共生的意愿会更强烈。

证明：由表 4-6，当 $\pi_b^3 - \pi_b^2 > 0$，即下游企业共生收益函数递增，此时 π_b^2 对 n 求导，结合假设 3，易知当 $P_0 > \dfrac{1}{\theta}(C_r - C_0 - e_1 - t - \theta e_2)$ 时即成立；同时，

$$\frac{(X-1)\left(\dfrac{a}{\beta} - C_d\right) + \dfrac{n}{\theta}(C_r - C_0 - e_1 - t - \theta e_2)}{X + n - 1} > \frac{1}{\theta}(C_r - C_0 - e_1 - t - \theta e_2)$$ 恒成立，即有 $\pi_b^3 > \pi_b^2 > \pi_b^1 > 0$。

结论 2 表明，随着共生程度的提高，下游企业利用废弃物的单位综合成本会降低。在共生系数一定时，即使外购原材料价格有所下降，只要该价格高于废弃物资源化的单位综合成本，下游企业都不会选择退出共生关系。

结论 3：当生态共生关系建立后，企业间共生程度越高，上游企业废弃物的交易价格越低，即 $P^3 < P^2$ 恒成立。

证明：由模型假设知 $a/\beta > P_{d(\max)}$，上下游企业不选择共生时，下游企业的主产品 2 定价满足 $P_d > C_d + P_0$，因此有 $\Delta P = P^3 - P^2 = \dfrac{-\theta(1-n)[a - \beta(C_d + P_0)]}{2\beta n(1+\lambda)} < 0$ 恒成立。

结论 3 表明，出于对环境效益和生产成本的考虑，当下游企业全部采用再生原料生产产品时，废弃物的需求量会增加。同时，上游企业会降低废弃物价格，增加废弃物交易量，下游企业再生产品的单位综合成本也得到降低，实现了废弃

物资源化的良性循环。废弃物交易量的提高会导致废弃物供需关系的变化。当上游企业废弃物不能满足下游企业完全共生时的需求时，企业间的共生程度就会停留在某一水平。此时，企业、园区或政府应采取相应的措施，通过对废弃物供需关系的调控，促进共生程度的提高，获得更大的共生收益。

结论 4：当 $P_0 > \dfrac{1}{\theta}(C_r - C_0 - e_1 - t - \theta e_2)$，下游企业利用废弃物生产再生产品更节约成本时，主产品 2 的定价也会下降，并通过增加销售量来获得更高的共生收益。

证明：由表 4-6，$P_d^3 - P_d^2 = \dfrac{1-n}{2}\left[\dfrac{1}{\theta}(C_r - C_0 - e_1 - t - \theta e_2) - P_0\right]$；$P_d^2 - P_d^1 = \dfrac{1}{2}\left[\dfrac{1}{\theta}(C_r - C_0 - e_1 - t - \theta e_2) - P_0\right]$；因此，当 $P_0 > \dfrac{1}{\theta}(C_r - C_0 - e_1 - t - \theta e_2)$ 时，存在 $P_d^1 - P_d^2 > P_d^3$。此时，$D_d^3 - D_d^2 = \dfrac{(1-n)\left\{a - \beta\left[C_d + \dfrac{n+1}{\theta}(C_r - C_0 - e_1 - t - \theta e_2) - nP_0\right]\right\}}{2\theta} > 0$

成立。

结论 4 表明，当下游企业利用废弃物比外购原材料更经济时，由于边际成本的下降，主产品 2 定价也会下降。此时，主产品 2 的市场需求量增加，下游企业会增加废弃物交易量来提高主产品 2 的产量，以期获得更大的共生收益。

以上结论表明，废弃物价格机制需要一定的市场条件。上下游企业废弃物资源化共生关系的建立，需要综合考虑各种因素。在产品成本总额中，当利用废弃物的成本低于外购原材料成本，且获得的收益符合下游企业的预期时，下游企业才会达成共生意愿。共生关系建立后，如果原材料价格在可接受范围内略微下降，下游企业会提高废弃物的交易量，以期获得更廉价的废弃物，实现更大的经济效益和环境效益。在这一动态过程中，伴随着废弃物供需关系的变化，并且这一变化会表现在共生系数的取值上。

b. 参数影响分析

废弃物资源化受到诸多因素影响，废弃物的价格也会因这些因素的变动而产生变化。因此，将价格模型中涉及的相关参数分为内部因素和外部因素，分析其变动对均衡结果的影响。

内部因素的影响分析如下。

结论 5：若下游企业的再利用成本增加，则废弃物的交换价格会降低，但是下游企业的共生收益也会减少。

证明：易知

$$\frac{\partial P}{\partial C_r} = \frac{-1}{2(1+\lambda)} < 0;$$

$$\frac{\partial \pi_b}{\partial C_r} = \frac{\lambda \left\{ a - \beta \left[C_d + \frac{n}{\theta}(C_r - C_0 - e_1 - t - \theta e_2) + (1-n)P_0 \right] \right\}}{2(1+\lambda)} \times \left(-\frac{n}{\theta} \right) < 0 \text{ 成立。}$$

结论 5 表明，当下游企业需要支付更高的再利用成本时，企业间废弃物资源化的意愿也会降低，下游企业愿意支付的废弃物价格就越低，而废弃物交易量的缩减和再利用成本的增加，会导致企业之间共生收益的减少，共生所获得的总共生收益也会相应下降。

结论 6：若上游企业废弃物的无污化处理成本越高，废弃物价格越低，各企业共生收益会增加。

证明：易知

$$\frac{\partial P}{\partial C_0} = -\frac{2\lambda + 1}{2(1+\lambda)} < 0；$$

$$\frac{\partial \pi_b}{\partial C_0} = \frac{\lambda \left\{ a - \beta \left[C_d + \frac{n}{\theta}(C_r - C_0 - e_1 - t - \theta e_2) + (1-n)P_0 \right] \right\}}{2(1+\lambda)} \times \frac{n}{\theta} > 0 \text{ 成立。}$$

结论 6 表明，当上游企业的废弃物无污化成本越高时，上游企业产业共生的动机就越强烈，相对而言，可以接受更低的废弃物出售价格来节省无污化成本，并减少外部损害。由于废弃物价格下降和交易量增加，下游企业废弃物资源化的成本降低，在生产能力范围内，可以生产更多的主产品 2 来满足市场需要以提高共生收益。说明有关部门可以通过调高废弃物的填埋、处理成本来制约企业废弃物排放，促进园区企业间废弃物资源化，减少环境损害。

结论 7：废弃物可再生程度越高，废弃物价格越高，废弃物资源化各方共生的经济收益越高。

证明：易知

$$\frac{\partial P}{\partial \theta} = \frac{a - \beta C_d}{2\beta(1+\lambda)} > 0；\quad \frac{\partial D_d}{\partial \theta} = \frac{-n\{a - \beta[C_d + (1-n)P_0]\}}{2\theta} < 0；$$

$$\frac{\partial \pi_b}{\partial C_0} = \frac{\lambda \left\{ a - \beta \left[C_d + \frac{n}{\theta}(C_r - C_0 - e_1 - t - \theta e_2) + (1-n)P_0 \right] \right\}}{2(1+\lambda)}$$

$$\times \frac{n(C_r - C_0 - e_1 - t - \theta e_2)}{\theta^2} > 0 \text{ 成立。}$$

结论 7 表明，提高废弃物的可再生程度，可提高从单位废弃物中回收的再生材料数量，使废弃物的可利用价值提高。因此，下游企业可以接受更高的废弃物价格。虽然废弃物交易量会因此缩减，但各方获得的共生收益会得到提高。废弃物性质会影响废弃物可再生程度，当废弃物种类不同时，可再生程度越高的废弃物，相对会拥有更高的废弃物价格。同时，提高废弃物回收技术，加强对废弃物回收技术研发的支持力度，都有利于改善目前废弃物回收价格低迷的现状，促进废弃物资源化发展。

结论 8：下游企业对废弃物资源化活动带来的预期共生收益越高时，废弃物的价格越低，上下游企业整体的共生收益水平不会受到影响。但下游企业会获得更高的共生收益，上游企业的共生收益空间被压缩。

证明：上下游企业共生关系建立时，废弃物价格和上游企业的共生收益分别对 λ 求取一阶导数，即可得

$$\frac{\partial P}{\partial \lambda} = \frac{-a + \beta\left[C_d + \dfrac{n}{\theta}(C_r - C_0 - e_1 - t - \theta e_2) + (1-n)P_0\right]}{2\beta\dfrac{n}{\theta}(1+\lambda)^2} < 0 ;$$

$$\frac{\partial \pi_a}{\partial \lambda} = -\frac{\left\{a - \beta\left[C_d + \dfrac{n}{\theta}(C_r - C_0 - e_1 - t - \theta e_2) + (1-n)P_0\right]\right\}^2}{4\beta(1+\lambda)^2} < 0 \text{ 成立。}$$

由于整体共生收益的变动与 λ 无关，当总共生收益一定，上游企业共生收益降低时，下游企业共生收益会提高。

结论 8 说明，作为领导者的下游企业，对废弃物资源化所获得的收益要求更高时，会利用价格更低的废弃物来降低再生原料成本，而上游企业也会适当降低废弃物价格，将一部分共生收益让与下游企业，以促成共生关系的形成和长期稳定的共生关系。

外部因素的影响分析如下。

结论 9：当共生程度不变，外购原材料价格上升时，废弃物交易价格会下降，各方共生收益也会下降。

证明：易知

$$\frac{\partial P}{\partial P_0} = \frac{-\theta(1-n)}{2n(1+\lambda)} < 0 ;$$

$$\frac{\partial \pi_b}{\partial P_0} = -\frac{\lambda\left\{a - \beta\left[C_d + \dfrac{n}{\theta}(C_r - C_0 - e_1 - t - \theta e_2) + (1-n)P_0\right]\right\}}{2(1+\lambda)}(1-n) < 0 。$$

结论 9 表明，当上下游企业部分共生且共生程度系数不变时，外购原材料价格越高，下游企业对于废弃物价格的要求比预期越低，并希望通过压缩废弃物的价格成本来减缓外购原材料成本上升的压力。随着废弃物价格和外购原材料

价格差的拉大，下游企业提高共生程度的意愿会更加强烈。废弃物价格的下降、废弃物交易量的增加和废弃物资源化协同程度的加深，会给各方带来更多的共生收益。

结论 10：政府给予下游企业的废弃物资源化补贴金额越高时，废弃物价格越高，各方共生收益越高；同时，政府补贴与再利用成本对废弃物价格的影响程度一致，方向相反。

证明：易知

$$\frac{\partial P}{\partial t} = \frac{1}{2(1+\lambda)} > 0 ;$$

$$\frac{\lambda \left\{ a - \beta \left[C_d + \frac{n}{\theta}(C_r - C_0 - e_1 - t - \theta e_2) + (1-n)P_0 \right] \right\}}{2(1+\lambda)} \times \frac{n}{\theta} > 0 ;$$

$$\left| \frac{\partial P}{\partial C_r} \right| = \frac{\partial P}{\partial t} = \frac{1}{2(1+\lambda)} 。$$

结论 10 表明，政府对企业废弃物资源化的补偿越多，会促进共生关系的建立。合理的政府补贴，可促进废弃物价格合理化，提高废弃物交易量，增加各方共生收益。同时，在利益分配机制下，各方达到均衡状态，通过调整政府补贴，可弥补再利用成本的增加给废弃物资源化产生的影响。

3. 不同回收模式下的废弃物资源化价格核算

1）不同回收模式下的废弃物资源化价值流转机理

目前，关于园区企业间废弃物回收模式的研究多集中于企业的自行回收、企业间回收和第三方的集中回收，探讨的是包含单一的上游企业、下游企业和第三方的废弃物回收系统的物质流动，缺乏对包含两个上游和两个下游企业及以上的回收模式的研究。随着园区工业企业的增多和产业共生网络的发展，只含有单一的上下游企业的废弃物资源化模式，已不能满足市场的发展。不同回收模式下的废弃物资源化价值流转，建立在上下游企业已形成生态产业共生链的基础上，上游企业有足够的废弃物出售给下游企业，即生态产业链中的企业已达到完全共生的状态。

通过对不同共生状态下企业间废弃物资源化定价模型的求解，上文分析了企业间共生的市场条件、共生趋势和内外部影响因素的影响程度。但这一模型只建立在存在单个上游和下游企业的单一生态产业共生链的基础上。因此，在不同共生状态下的废弃物定价机制，适用于生态产业共生关系建立的初级阶段。随着企

业间物质交换和能量利用变得更加频繁，园区中越来越多同质的工业企业的入驻，
生态产业共生链将不可避免地向多个上游和下游企业延伸拓展。其拓展方式分为
纵向拓展和横向拓展。纵向拓展会延伸共生链的长度，类似于生物界的"食物链"。
横向拓展会使得同质化的上游企业或下游企业增多，从而使废弃物的交易价格和
再生产品的价格之间存在竞争。因此，园区的生态产业共生网络更加复杂，但稳
定性更强。纵向拓展的废弃物交易价格机制，可以看作多条单一共生链的延长，
每一个废弃物的交易环节所涉及的价值流转过程，便是单一上游和下游企业间
的废弃物资源化，因此本章不再详述。但在横向拓展中，显然由于彼此间的价
格竞争关系，废弃物的定价机制会发生变化，在上下游企业建立完全共生的关系
后，上下游企业间存在竞争时，如何制定合理的废弃物价格机制依旧是未来的研
究重点。

　　由于同质化的上游企业或下游企业增多，园区内企业间的废弃物资源化可以
选择集中回收和竞争回收两种模式。集中回收模式即在上游与下游企业之间引入
非营利性的废弃物回收交易中心。这一中心在废弃物资源化过程中起到中介作用，
通常是由园区管委会或者相关的公益性机构基金支持，以维持平台对废弃物的储
藏、分类等运营工作；同时为上下游企业的交易提供平台支持，不赚取上下游企
业间废弃物交易的差价。竞争回收模型即一个上游企业对应一个下游企业进行废
弃物资源化，彼此间形成单一的废弃物共生链，但由于两条或两条以上相同的废
弃物共生链的存在，下游企业生产的再生产品在市场上出现竞争，使得生产废弃
物的上游企业间存在间接竞争。而在集中回收和竞争回收的两种模式中同样存在
对比，企业、园区甚至政府可以选择废弃物资源化效率最高，同时使经济、环境
和社会效益最大的回收模式。

　　a. 集中回收模式

　　集中回收模式是在涉及两个上游企业和两个下游企业的生态产业共生链中，
两个上游企业将废弃物交由园区非营利性的废弃物回收交易中心收集处理，再出
售给两个下游企业。两个上游企业利用从环境中获得的原材料进行生产制造，并
销售主产品，生产过程中产生的副产品，直接运往园区的废弃物回收交易中心。
同时，下游企业从废弃物回收交易中心购买废弃物，由废弃物回收交易中心代为
收取支付的费用，并返还给上游企业。下游企业通过对废弃物的再利用处理，利
用再生原料生产再生产品并销售。集中回收模式下，两个上游和两个下游企业的
废弃物资源化价值流转如图 4-12 所示。

　　在此价值流转过程中，废弃物回收交易中心为交易中介，对企业间的废弃物
资源化定价机制不产生影响。对无法进行资源化再利用的废弃物，回收交易中心
将其运往园区的废弃物处理中心，由废弃物处理中心无污化处理后排放。由于生
产者责任制，上游企业有责任和义务支付其生产的废弃物无污化成本。这部分废

弃物由于没有流入下游企业，不包含在废弃物资源化的物质流转中，因此，在回收模式中不加考虑。由于下游企业采用再生技术，进行废弃物资源化，每消化单位废弃物便可以从政府处获得 t 的政府补贴。

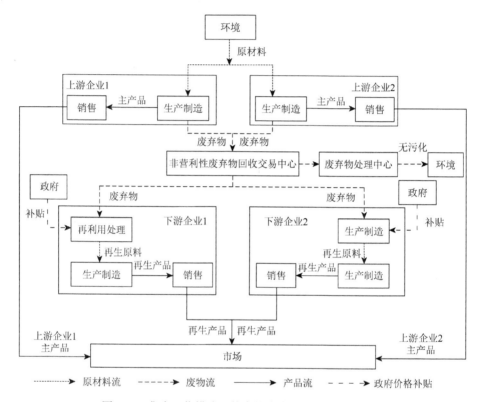

图 4-12 集中回收模式下的废物流资源化价值流转模式

b. 竞争回收模式

竞争回收模式是在涉及两个上游企业和两个下游企业的生态产业共生链中，单个上游企业将废弃物直接销售给与其签订废弃物资源化协议且唯一的下游企业。在这一过程中，上游企业从环境中获取原材料进行主产品生产和销售，生产过程中产生的副产品交由唯一的下游企业进行再利用，并生产和销售再生产品。同样，对于不能进行资源化的废弃物，上游企业将其交给园区的废弃物处理中心，将其无污化处理后排放到环境中，承担其无污化的成本。这部分废弃物由于没有流入下游企业，不包含在废弃物资源化的物质流转中，因此，在回收模式中不加考虑。竞争回收模式下，两个上游和两个下游企业的废弃物资源化价值流转如图 4-13 所示。

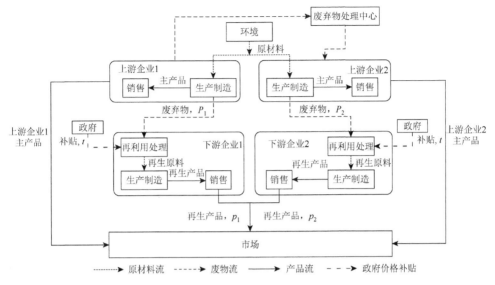

图 4-13　竞争回收模式下的废物流资源化价值流转模式

竞争回收模式与集中回收模式不同的是：①企业间的废弃物资源化不依靠园区的非营利性的废弃物回收交易中心，对园区的基础设施的依赖较弱；②单个上游企业与单个下游企业签订废弃物资源化协议，且这一关系具有唯一性。彼此间基于信任和契约，建立生态产业共生关系。

在园区系统内，存在两个上游企业和两个下游企业进行同种废弃物资源化时，就形成了相互竞争的局面，废弃物价格和再生产品价格会因此受到影响，从而影响企业间的物质流动和价值流转。园区企业间废弃物的回收模式多种多样，企业间可以共享园区规划建立的基础设施，通过非营利性的废弃物回收交易中心、废弃物处理中心等进行废弃物集中回收后的资源化，也可以自发建立生态产业共生关系进行废弃物资源化。在考虑两个上游和两个下游企业的生态产业共生链中，本章将前一回收模式定义为集中回收，将后一回收模式定义为竞争回收。在经济和环境效益的双重驱动下，企业会选择最适合自身的回收模式进行废弃物资源化，促进生态产业共生链的形成，实现园区整体层面的价值流转。

2）相关变量的符号表示

结合不同回收模式下废弃物资源化的价值流转过程，对模型所涉及的其他参数定义如表 4-7 所示。

对下述模型中涉及的、与不同共生状态下定价模型相同的符号，其含义相同，故在表 4-7 中不再列出。

表 4-7　变量及解释

符号	释义	符号	释义
α_j	下游企业 j 主产品的最大市场需求量	b	市场需求弹性系数，即下游企业再生产品可替代程度
P_i^k	上游企业 i 的废弃物价格，为决策变量	p_j^k	下游企业 j 销售主产品价格，为决策变量
D_i^k	上游企业 i 的废弃物交易量	d_j^k	下游企业 j 的主产品供应量
D	非营利中心收集的废弃物总量	Π	废弃物资源化共生链总共生收益
Π_i^m	上游企业 i 的共生收益函数	π_j^m	下游企业 j 的共生收益函数

3）模型假设

本章仅考虑包含两个上游企业和两个下游企业的生态产业共生链在不同回收模式下的定价机制。对于两个以上的上游或下游企业，可以将多个企业看作一个联盟体。在集中回收模式下，上游企业将废弃物交给非营利性的废弃物回收交易中心集中处理，下游企业向回收交易中心购买废弃物，由交易中心代上游企业收取出售废弃物获得的销售收入。在竞争回收模式下，单个上游企业可以自主选择下游企业，但只能与一个下游企业签订废弃物资源化的协议，在协议约束下，单一下游企业专门对单一上游企业的废弃物进行资源化，生产再生产品，彼此间存在一一对应关系。因此，上游企业间的废弃物价格的竞争，是通过与自己签订协议的下游企业的再生产品进行间接竞争，属于不同废弃物共生链间的竞争。对于无法进行资源化的有害废弃物，由于生产者责任制，上游企业应支付一定的无污化费用，进行无污化处理后排放，这部分废弃物不在本章的研究范畴。现实生活中，废弃物价格受到多种因素的影响，为简化模型，凸显关键因素，故对模型进行如下假设。

假设 1：上游企业作为 Stackelberg 博弈的领导者，一方面符合现实情况，另一方面也可简化模型。在现实中，由于上游企业能产生大量废弃物供下游企业进行回收再利用，在企业规模上，要远远大于下游企业，在生态产业共生网络的形成过程中也多占据核心位置。

假设 2：废弃物集中交易平台具有公益性质，其成本消耗对上下游企业的价格决策不会产生影响。

假设 3：下游企业再生产品的市场需求函数呈线性，即

$$d_j^k = \alpha_j - p_j^k + b \times p_{3-j}^k, \quad j = 1,2; k = m,c \quad (4\text{-}56)$$

无论下游企业采用何种方式生产，对下游企业的再生产品定价都满足销售量大于零，即

$$\alpha_j + b \times p_{3-j}^k > p_{j(\max)}^k \quad (4\text{-}57)$$

其中，k 为回收模式的类型，$k=m$ 为集中回收模式，$k=c$ 为竞争回收模式；j 为下游企业 1 或下游企业 2；$\alpha_j(\alpha_j>0)$ 表示下游企业 j 生产的再生产品的最大市场需求量；$b(0<b<1)$ 为价格弹性系数。

假设 4：处于园区中的企业，由于地理位置的临近性，不考虑彼此之间的运输成本；且由于基础设施和支持服务的完善，上下游企业之间相互信任，信息完全对称，彼此知晓对方的需求、成本信息。

假设 5：上下游企业均为理性和风险中性的，且均以自身共生收益最大化为原则做决策。

假设 6：为了将集中回收和竞争回收进行比较分析，同时简化模型求解，需重点考虑两个制造商和两个回收商组成的对称情形，即两个制造商有相同的产品市场 $\alpha_1=\alpha_2=\alpha$。同时，废弃物的可再生程度受废弃物本身性质和市场的可再生技术水平等因素决定，为简化模型，在此两个下游企业的再利用废弃物的可再生程度相同。

本章借鉴逆向物流供应链系统的定价模型（丁杨科等，2018），以两个上游企业与两个下游企业组成的生态产业共生链为研究对象，运用 Stackelberg 博弈，对企业间废弃物资源化在不同回收模式下的最优定价决策进行分析。该博弈为两阶段主从动态博弈。

阶段 1：每个上游企业制定自身的废弃物交易价格，但存在竞争机制，因此要根据两个下游企业对废弃物价格反馈信息来决策。

阶段 2：每个下游企业制定自身再生产品的售价，但两个下游企业之间存在竞争关系。

本章采用逆向归纳法对上游企业 i 和下游企业 j 的共生收益函数进行求解，先确定各参与者的反应函数，通过两阶段博弈，得到最终均衡状态。

4）集中回收模式下废弃物价格模型

在集中回收模式中，非营利中心从上游企业收集的废弃物总量为 D。其中上游企业 1 占据的比例为 $\gamma(0\leqslant\gamma\leqslant1)$，则上游企业 2 占据的比例为 $(1-\gamma)$，即上游企业的废弃物需求量和下游企业的再生产品需求量之间的关系为

$$D=D_1^m+D_2^m=\frac{d_1^m+d_2^m}{\theta} \tag{4-58}$$

$$D_1^m=\gamma\frac{d_1^m+d_2^m}{\theta} \tag{4-59}$$

$$D_2^m=(1-\gamma)\frac{d_1^m+d_2^m}{\theta} \tag{4-60}$$

下游企业向非营利中心支付废弃物售价，因此每单位废弃物售价可表示为 $P^m=\gamma P_1+(1-\gamma)P_2$。此时，上游企业减少外部环境损害（环境效益）并获得销售

废弃物的销售收入，同时废弃物由于包含一定的有用物质，在生产过程中分摊一部分生产成本；下游企业通过再利用上游企业的可回收废弃物进行再生产品的生产，可以减少外部环境损害（环境效益）并获得再生产品的销售收入。因此，两者的共生收益函数为

$$\max \Pi_i^m = (P_i^m - C_u + e_1)D_i^m \tag{4-61}$$

$$\max \pi_j^m = (p_j^m - C_d)d_j^m - (P^m + C_r)\frac{d_j^m}{\theta} + (e_2 + t)\frac{d_j^m}{\theta} \tag{4-62}$$

$$\text{s.t.} p_j^m > \frac{1}{\theta}P^m + \frac{1}{\theta}(C_d\theta + C_r - e_2 - t)$$

运用逆推归纳法，在阶段 2 的博弈中，每个下游企业为再生产品设定售价，在市场上存在相互间的竞争。如果给定两个上游企业的废弃物价格 (P_1^m, P_2^m)，通过对两个下游企业的共生收益函数求取最大值，得到其最优价格决策，即其反应函数为

$$p_j^m(p_{3-j}^m) = \frac{b\theta p_{3-j}^m + (C_d\theta + C_r - e_2 - t) + \gamma P_1^m + (1-\gamma)P_2^m + \alpha\theta}{2\theta}, \quad j = 1,2 \tag{4-63}$$

于是可以求出其 Nash 均衡解为

$$p_1^m(P_1^m, P_2^m) = p_2^m(P_1^m, P_2^m) = \frac{(C_d\theta + C_r - e_2 - t) + \gamma P_1^m + (1-\gamma)P_2^m + \alpha\theta}{(2-b)\theta}, \quad j = 1,2 \tag{4-64}$$

由式（4-63）、式（4-64）可知，在集中回收模式下，两个下游企业为获得共生收益最大化，根据其相互间的竞争和上游企业废弃物的售价（非营利中心代为收取）制定再生产品的均衡售价。

在阶段 1 的博弈中，对于给定的上游企业 2 的废弃物价格 P_2^m，上游企业 1 能找到自身共生收益最大化时的最优价格决策 P_1^m，即上游企业 1 的反应函数为

$$P_1^m(P_2^m) = \frac{(b-1)(\gamma-1)P_2^m + \gamma(b-1)(C_u - e_1) - (b-1)(C_d\theta + C_r - e_2 - t) - \alpha\theta}{2\gamma(b-1)} \tag{4-65}$$

同理，可得到上游企业 2 在给定上游企业 1 的废弃物价格 P_1^m 时的反应函数：

$$P_2^m(P_1^m) = \frac{\gamma(b-1)(-1)P_1^m + (b-1)(\gamma-1)(C_u - e_1) + (b-1)(C_d\theta + C_r - e_2 - t) + \alpha\theta}{2} \tag{4-66}$$

根据式（4-65）、式（4-66），可以求得两个上游企业的废弃物价格的 Nash 均衡解为

$$P_1^{*m} = \frac{(3\gamma-1)(b-1)(C_u-e_1)-(b-1)(C_d\theta+C_r-e_2-t)-\alpha\theta}{3\gamma(b-1)} \quad (4\text{-}67)$$

$$P_2^{*m} = \frac{(3\gamma-1)(b-1)(C_u-e_1)+(b-1)(C_d\theta+C_r-e_2-t)+\alpha\theta}{3(\gamma-1)(b-1)} \quad (4\text{-}68)$$

将式（4-67）、式（4-68）代入，即可得到下游企业在集中回收模式下再生产品的均衡定价决策：

$$p_1^{*m} = p_2^{*m} = \frac{(b-1)(C_d\theta+C_r-e_2-t)+(3b-5)\alpha\theta}{3\theta(b-1)(2-b)} \quad (4\text{-}69)$$

此时，上游企业的共生收益分别为

$$\Pi_1^{*m} = \frac{2[(b-1)(C_d\theta+C_r-e_2-t)+\alpha\theta][(b-1)(C_d\theta+C_r-e_2-t+C_u-e_1)+\alpha\theta]}{9\theta^2(b-1)(b-2)}$$

$$(4\text{-}70)$$

$$\Pi_2^{*m} = \frac{2[(b-1)(C_d\theta+C_r-e_2-t)+\alpha\theta][(b-1)(C_d\theta+C_r-e_2-t+2C_u-2e_1)+\alpha\theta]}{9\theta^2(b-1)(b-2)}$$

$$(4\text{-}71)$$

同理，得到下游企业的共生收益为

$$\pi_1^{*m} = \pi_2^{*m} = \frac{[(b-1)(C_d\theta+C_r-e_2-t)+\alpha\theta]^2}{9\theta^2(b-2)^2} \quad (4\text{-}72)$$

5）竞争回收模式下废弃物价格模型

在竞争回收模式下，下游企业和唯一的上游企业签订协议购买废弃物，因此，上游企业废弃物需求量和下游企业再生产品需求量之间的关系为

$$D_1^c = \frac{d_1^c}{\theta}, \quad D_2^c = \frac{d_2^c}{\theta} \quad (4\text{-}73)$$

在这一过程中，上游企业减少外部环境损害（环境效益）并获得销售废弃物的销售收入，同时废弃物由于包含一定的有用物质，在生产过程中分摊一部分生产成本；下游企业购买与其签订协议的唯一上游企业的可回收废弃物，进行再生产品的生产，可以减少外部环境损害（环境效益）并获得再生产品的销售收入。因此，两者的共生收益函数为

$$\max\Pi_i^c = (P_i^c - C_u + e_1)D_i^c \quad (4\text{-}74)$$

$$\max \pi_j^c = (p_j^c - C_d)d_j^c - (P_i^c + C_r)\frac{d_j^c}{\theta} + (e_2+t)\frac{d_j^c}{\theta}, \quad i=j=1,2 \quad (4\text{-}75)$$

$$\text{s.t.} p_j^c > \frac{1}{\theta}P_i^c + \frac{1}{\theta}(C_d\theta+C_r-e_2-t)$$

模型求解的过程同集中回收模式，不再重复推导，只给出重要的推导结果。两个下游企业的反应函数分别为

$$p_j^c(p_{3-j}^c) = \frac{b\theta p_{3-j}^c + (C_d\theta + C_r - e_2 - t) + \alpha\theta + P_i^c}{2\theta}, \quad i = j = 1,2 \quad （4\text{-}76）$$

其定价的 Nash 均衡解分别为

$$p_j^c(P_1^c, P_2^c) = \frac{(2+b)(\alpha\theta + C_d\theta + C_r - e_2 - t) + 2P_i^c + bP_{3-i}^c}{\theta(4-b^2)}, \quad i = j = 1,2 \quad （4\text{-}77）$$

式（4-76）和式（4-77）表示在竞争回收模式下，两家下游企业为获得最优的共生收益，会根据其相互间的竞争和给定的上游企业负制品价格制定再生产品的均衡售价。

两个上游企业的均衡解为

$$P_1^{*c} = P_2^{*c} = \frac{(b^2-2)B - (b^2+b-2)(C_d\theta + C_r - e_2 - t) - (b+2)\alpha\theta}{2b^2 + b - 4} \quad （4\text{-}78）$$

两个下游企业的均衡解为

$$p_1^{*c} = p_2^{*c} = \frac{(b^2-2)(C_d\theta + C_r - e_2 - t + C_u - e_1) + (2b^2-6)\alpha\theta}{(2-b)(2b^2+b-4)\theta} \quad （4\text{-}79）$$

因此，上游企业和下游企业的最优共生收益为

$$\Pi_1^{*c} = \Pi_2^{*c} = \frac{(b^2-2)^2[(b-1)(C_d\theta + C_r - e_2 - t + C_u - e_1) + \alpha\theta]^2}{[\theta(2b^2+b-4)(2-b)]^2} \quad （4\text{-}80）$$

$$\pi_1^{*c} = \pi_2^{*c} = \frac{(b^2-2)(b+2)[(b-1)(C_d\theta + C_r - e_2 - t + C_u - e_1) + \alpha\theta]^2}{[\theta(2b^2+b-4)]^2(b-2)} \quad （4\text{-}81）$$

6）模型结果对比及影响因素分析

为方便模型比较，根据以上两种回收模式的模型求解过程，令 $A = C_d\theta + C_r - e_2 - t$，$B = C_u - e_1$，可得到包含两个上游和两个下游企业的共生链在两种回收模式喜爱的价格和共生收益的均衡结果比较，如表 4-8 所示。

表 4-8　集中回收模式和竞争回收模式下均衡结果比较

参数	集中回收	竞争回收
上游企业 1 废弃物价格	$P_1^m = \dfrac{(3\gamma-1)(b-1)B - (b-1)A - \alpha\theta}{3\gamma(b-1)}$	$P_1^c = \dfrac{(b^2-2)B - (b^2+b-2)A - (b+2)\alpha\theta}{2b^2+b-4}$
上游企业 2 废弃物价格	$P_2^m = \dfrac{(3\gamma-1)(b-1)B + (b-1)A + \alpha\theta}{3(\gamma-1)(b-1)}$	$P_2^c = \dfrac{(b^2-2)B - (b^2+b-2)A - (b+2)\alpha\theta}{2b^2+b-4}$
下游企业再生产品价格	$p_1^m = p_2^m = \dfrac{(b-1)A + (3b-5)\alpha\theta}{3\theta(b-1)(2-b)}$	$p_1^c = p_2^c = \dfrac{(b^2-2)(A+B) + (2b^2-6)\alpha\theta}{(2-b)(2b^2+b-4)\theta}$
上游企业 1 最优共生收益	$\Pi_1^m = \dfrac{2[(b-1)A + \alpha\theta][(b-1)(A+B) + \alpha\theta]}{9\theta^2(b-1)(b-2)}$	$\Pi_1^c = \dfrac{(b^2-2)^2[(b-1)(A+B) + \alpha\theta]^2}{[\theta(2b^2+b-4)(2-b)]^2}$

参数	集中回收	竞争回收
上游企业 2 最优共生收益	$\Pi_2^m = \dfrac{2[(b-1)A+\alpha\theta][(b-1)(A+2B)+\alpha\theta]}{9\theta^2(b-1)(b-2)}$	$\Pi_2^c = \dfrac{(b^2-2)^2[(b-1)(A+B)+\alpha\theta]^2}{[\theta(2b^2+b-4)(b-2)]^2}$
下游企业最优共生收益	$\pi_j^m = \dfrac{[(b-1)A+\alpha\theta]^2}{9\theta^2(b-2)^2}$	$\pi_j^c = \dfrac{(b^2-2)(b+2)[(b-1)(A+B)+\alpha\theta]^2}{[\theta(2b^2+b-4)]^2(b-2)}$

a. 模型结果对比

结论 11：在集中回收模式下，两个上游企业和两个下游企业要达到均衡状态，废弃物的可再生程度满足 $\theta > \dfrac{2(3\gamma-1)(1-b)B+(1-b)A}{3\alpha}, \gamma > \dfrac{1}{3} - \dfrac{A}{6B}$ 的约束条件。

结论 11 表明，根据集中回收模式下的参数约束分析，当上下游企业之间的博弈达到均衡时，存在 $p_1^m = p_2^m$，即此时 $d_1^m = d_2^m > 0$ 成立，可得 $\alpha + \dfrac{b-1}{\theta}(P^m + A) > 0$，将表中均衡价格代入不等式，即可得到 $\theta > \dfrac{2(3\gamma-1)(1-b)B+(1-b)A}{3\alpha}$，令不等式右边非负，则存在 $\dfrac{1}{3} - \dfrac{A}{6B} \leqslant \gamma < 1$。均衡状态受到 θ 和 γ 的约束；当废弃物的可再生程度及其中一个上游企业的废弃物供应比例大于一定值时，才能形成集中回收模式下的均衡状态。这说明当两个上游企业间的废弃物供给局面满足一定条件，通过优化上游企业生产过程和下游企业的再生利用技术，提高废弃物的再生利用程度，可促进均衡状态的达成，使共生链中的企业能获得最优的共生收益。

结论 12：在竞争回收模式下，两个上游企业和两个下游企业要达到均衡状态，废弃物可再生程度满足 $\theta > \dfrac{2(1-b)(A+B)}{\alpha}$。

证明：根据竞争回收模式下的参数约束分析，当上下游企业之间的博弈达到均衡时，存在 $p_1^c = p_2^c$，即此时 $d_1^c = d_2^c > 0$ 成立，可得 $\alpha + \dfrac{(b-1)(P_1^c + A)}{\theta} > 0$，将表中均衡价格代入不等式，即可得到 $\theta > 2(b-1)\dfrac{(2-b^2)B+(6-2b-3b^2)A}{\alpha(4b^2+3b-8)}$

$> \dfrac{2(1-b)(A+B)}{\alpha(8-4b^2-3b)} > \dfrac{2(1-b)(A+B)}{\alpha}$ 成立。

结论 12 表明，竞争回收模式的均衡状态同样受到 θ 的约束。结合结论 11，若两个上游企业的废弃物市场对称，即 $\gamma = \dfrac{1}{2}$，即存在 $\theta > \dfrac{(1-b)(B+A)}{3\alpha}$；因此，在两个上游企业废弃物供应相等时，当 $\theta > \max\left\{\dfrac{2(1-b)(A+B)}{\alpha}, \dfrac{(1-b)(B+A)}{3\alpha}\right\}$，都能达到集中回收和竞争回收模式的均衡状态，各个企业获得最优的共生收益。且当 $(1-b)(A+B)>0$ 时，满足 $\alpha\theta+(b-1)(A+B)>0$。

结论 13：与竞争回收模式相比，在集中回收模式下，下游企业再生产品的定价及所获得的共生收益与上游企业废弃物本身价值和减少的外部环境损害无关。

证明：由表 4-8 下游企业均衡状态下的价格和共生收益的对比易得，$p_1^m = p_2^m$ 及 $\pi_1^m = \pi_2^m$ 均不包含 B，而竞争回收模式下却包含。

结论 13 表明，在集中回收模式下，两个下游企业间的竞争来源于再生产品所面临的市场及废弃物的可再生程度，两个上游企业间的竞争则是通过两个下游企业进行间接竞争；而在竞争回收模式下，两个下游企业的竞争还受到两个上游企业废弃物本身价值及能减少的外部环境损害的影响。在竞争回收模式下，当上游企业废弃物分摊成本更低，但每回收一单位所减少的外部环境损害更高时，两个下游企业能获得更高的共生收益。但集中回收模式下，不存在这一规律。

结论 14：若下游企业在集中回收的模式下获得的最优共生收益高于竞争模式，则存在 $A > \left[-\dfrac{3(2-b^2)(1-b)}{2-b^2+b}-2\right]B$。

证明：令竞争回收模式下两个下游企业能获得更高的最优收益，即 $\pi_j^c - \pi_j^m > 0$，结合结论 13 $\begin{cases} \alpha\theta+(b-1)(A+B)>0 \\ \alpha\theta+(b-1)A>0 \end{cases}$；易得

$$\theta > \frac{1}{\alpha}\left[\frac{3(2-b^2)(b-1)^2}{b^2-b-2}B-(b-1)A\right]，即$$

$$\theta > \max\left\{\frac{2(1-b)(A+B)}{\alpha}, \frac{(1-b)(A+B)}{3\alpha}, \frac{1}{\alpha}\left[\frac{3(2-b^2)(b-1)^2}{b^2-b-2}B-(b-1)A\right]\right\}，易得当$$

$$\begin{cases} \theta > \dfrac{2(1-b)(A+B)}{\alpha} \\ A > \left[-\dfrac{3(2-b^2)(1-b)}{2-b^2+b}-2\right]B \end{cases}$$ 时，两个下游企业选择竞争回收模式能获得更高的

最优收益；而当 $-\alpha\theta < (1-b)(A+B) < 0$ 时，同理可得满足

$$A < \min\left\{-B, \left[\frac{9(2-b^2)(1-b)}{2(2-b^2+b)}+\frac{1}{2}\right]B\right\}$$ 的条件下，在竞争回收模式下，两个上游企业能获得更高的最优收益。

结论 14 表明，当两个下游企业进行废弃物资源化的边际成本与两个上游企业

所付出的废弃物分摊成本，和所减少的外部环境损害的差的比值大于某一特定值时，竞争回收模式比集中回收模式能给下游企业带来更大的共生收益。

b. 参数影响分析

废弃物资源化回收模式的选择受诸多因素影响，废弃物的交易价格也会因这些因素的变动而产生变化。对这些关键影响因素及其影响程度的洞悉及识别，可以帮助企业决策者、园区及政府进行决策，通过对各方因素的调节达到废弃物资源化的"最优"状态，实现各经济利益和环境效益的最大化。因此，将价格模型中涉及的相关参数分为内部影响因素及外部影响因素进行分析，可观察其变动对均衡结果的影响。

内部影响因素分析如下。

结论 15：不同模式下，再生产品的加工制造成本的增加，都会使上游企业的废弃物价格下降，使下游企业的再生产品的售价上升，但无论上游企业还是下游企业，所获得的共生收益都会减少，即共生链整体的共生收益会减少。

证明：易得 $\dfrac{\partial P_1^m}{\partial A} = -\dfrac{1}{3\gamma} < 0$ ； $\dfrac{\partial P_2^m}{\partial A} = \dfrac{1}{3(\gamma-1)} < 0$ ； $\dfrac{\partial p_j^m}{\partial A} = \dfrac{1}{3\theta(2-b)} > 0$ ；

$$\frac{\partial \Pi_1^m}{\partial A} = \frac{2(b-1)[(b-1)(2A+B)+2\alpha\theta]}{9\theta^2(b-1)(b-2)} < 0 ;$$

$$\frac{\partial \pi_j^m}{\partial A} = \frac{2(b-1)[(b-1)A+\alpha\theta]}{9\theta(b-2)^2} < 0 ; \quad \frac{\partial P_i^c}{\partial A} = \frac{-b^2-b+2}{2b^2+b-4} < 0 ;$$

$$\frac{\partial p_j^c}{\partial A} = \frac{b^2-2}{(2-b)(2b^2+b-4)\theta} > 0 ;$$

$$\frac{\partial \Pi_i^c}{\partial A} = \frac{2(b-1)(b^2-2)^2[(b-1)(A+B)+\alpha\theta]}{[\theta(2b^2+b-4)(2-b)]^2} < 0 ;$$

$$\frac{\partial \pi_j^c}{\partial A} = \frac{2(b-1)(b+2)(b^2-2)[(b-1)(A+B)+\alpha\theta]}{[\theta(2b^2+b-4)]^2(b-2)} < 0; \frac{\partial A}{\partial C_d} = \theta > 0 。$$

结论 15 表明，不同模式下再生产品的加工制造和定价都符合一般规律。当企业利用再生材料进行生产需要更高的成本时，会希望能够获得更廉价的再生原料，因此，为压低废弃物的市场价格，下游企业会通过提高再生产品的售价来保证自身的利润空间。但是这会形成对上游企业共生收益的挤压，使得共生链整体的收益减少。因此，要达到最终的均衡状态，需要下游企业将再生产品的加工制造成本控制在合理的范围之内，以达到共生收益的最大化。

结论 16：不同模式下，下游企业的再利用成本的增加都会使上游企业的废弃物价格下降，但下游企业的再生产品的售价会上升，但无论上游企业还是下游企业所获得的共生收益都会减少，即共生链整体的共生收益会减少。

证明：易得 $\dfrac{\partial P_1^m}{\partial A} = -\dfrac{1}{3\gamma} < 0$ ；$\dfrac{\partial P_2^m}{\partial A} = \dfrac{1}{3(\gamma-1)} < 0$ ；$\dfrac{\partial p_j^m}{\partial A} = \dfrac{1}{3\theta(2-b)} > 0$ ；

$$\dfrac{\partial \Pi_1^m}{\partial A} = \dfrac{2(b-1)[(b-1)(2A+B)+2\alpha\theta]}{9\theta^2(b-1)(b-2)} < 0 ; \quad \dfrac{\partial \pi_j^m}{\partial A} = \dfrac{2(b-1)[(b-1)A+\alpha\theta]}{9\theta(b-2)^2} < 0 ;$$

$$\dfrac{\partial P_i^c}{\partial A} = \dfrac{-b^2-b+2}{2b^2+b-4} < 0 ; \quad \dfrac{\partial p_j^c}{\partial A} = \dfrac{b^2-2}{(2-b)(2b^2+b-4)\theta} > 0 ;$$

$$\dfrac{\partial \Pi_i^c}{\partial A} = \dfrac{2(b-1)(b^2-2)^2[(b-1)(A+B)+\alpha\theta]}{[\theta(2b^2+b-4)(2-b)]^2} < 0 ;$$

$$\dfrac{\partial \pi_j^c}{\partial A} = \dfrac{2(b-1)(b+2)(b^2-2)[(b-1)(A+B)+\alpha\theta]}{[\theta(2b^2+b-4)]^2(b-2)} < 0 ; \dfrac{\partial A}{\partial C_r} = 1 > 0 。$$

同理，结论16表明，不同模式下，下游企业的再利用成本的增加，都会导致更低的废弃物市场价格。由于废弃物性质等，需要企业更高的投资成本引入更先进或清洁的再利用技术，对废弃物进行再生处理，此时下游企业会希望能够获得更廉价的废弃物，从而提高自己在这一博弈过程中的议价能力。同理，利用废弃物进行生产的企业会压低废弃物的市场价格，同时提高对再生产品的售价，来保证自身的利润空间。其产生的效应同再生产品的再制造成本，但其影响程度是再生产品的再制造成本的 $\theta(0 < \theta < 1)$ 倍，可见其影响程度要更小。故要达到最终的均衡状态，需要下游企业根据废弃物的性质等现实情况，选择兼顾经济和环境的最优投资方案，将单位再利用成本控制在使共生收益达到最大化的合理范围之内。

结论17：在集中回收模式中，上游企业废弃物分摊的成本对上游企业均衡状态的影响取决于 γ 的取值范围，对下游企业的均衡状态不存在影响。

证明：

$$\dfrac{\partial P_1^m}{\partial B} = \dfrac{3\gamma-1}{3\gamma} = \begin{cases} > 0, \dfrac{1}{3} < \gamma < 1 \\ \leqslant 0, 0 < \gamma \leqslant \dfrac{1}{3} \end{cases}$$

$$\dfrac{\partial P_2^m}{\partial B} = \dfrac{3\gamma-1}{3(\gamma-1)} = \begin{cases} \geqslant 0, 0 < \gamma \leqslant \dfrac{1}{3} \\ < 0, \dfrac{1}{3} < \gamma < 1 \end{cases}$$

$$\frac{\partial \varPi_1^m}{\partial B} = \frac{2(b-1)[(b-1)A+\alpha\theta]}{9\theta^2(b-1)(b-2)} < 0 \text{ 且 } \frac{\partial B}{\partial C_u} = 1 > 0 。$$

结论 17 表明，集中回收模式下，对于废弃物本身所包含的成本，对废弃物价格产生的正向或负向的影响，取决于各个上游企业的废弃物占用比例。具体来说，当上游企业 1 的废弃物占用比例 $\gamma \in \left(1, \frac{1}{3}\right)$ 时，废弃物本身成本与集中回收模式下的废弃物价格成反向变动关系，而对下游企业的再生产品的定价不存在影响。

因此，在集中回收模式下，企业用于资源化的废弃物在市场上拥有更高的相对占有比例，就会拥有更高的定价权力，使得废弃物价格能最大限度地弥补本身所含的成本。上游企业的共生收益与废弃物本身成本呈反向变动关系，废弃物价格一定时，当废弃物包含的成本越高，意味着上游企业不能被弥补的经济损失越高，降低企业的共生收益，且废弃物成本对上游企业 2 的共生收益的影响程度，是对上游企业 1 的 2 倍。现实生活中，由于技术或管理限制等，企业所产生的废弃物并不都能进行废弃物资源化。这说明上游企业可以通过对生产工序的改进和清洁生产技术的创新，降低废弃物中不可被利用的部分成本（如能源成本、人工成本等），提高可再生的废弃物的相对产量。

结论 18：在竞争回收模式下，上游企业废弃物分摊的成本的增加会使废弃物价格和再生产品售价都下降，但无论上游企业还是下游企业所获得的共生收益都会增加，即共生链整体的共生收益会增加。

证明：易得 $\dfrac{\partial P_i^c}{\partial B} = \dfrac{b^2-2}{2b^2+b-4} > 0$；$\dfrac{\partial p_j^c}{\partial B} = \dfrac{b^2-2}{(2-b)(2b^2+b-4)\theta} > 0$；

$$\frac{\partial \varPi_i^c}{\partial B} = \frac{2(b-1)(b^2-2)^2[(b-1)(A+B)+\alpha\theta]}{[\theta(2b^2+b-4)(2-b)]^2} < 0 ；$$

$$\frac{\partial \pi_j^c}{\partial B} = \frac{2(b-1)(b+2)(b^2-2)[(b-1)(A+B)+\alpha\theta]}{[\theta(2b^2+b-4)]^2(b-2)} < 0 ；\frac{\partial B}{\partial C_u} = 1 。$$

结论 18 表明，竞争模式下，企业间的定价机制更趋于市场化。废弃物所包含的成本越高，会促进其交易量的上升。上游企业为保持在市场竞争中的优势，保证产生的废弃物能更多地被下游企业消化，会适当降低废弃物的价格。废弃物价格降低，使下游企业生产单位再生产品的成本得到更好的控制，因此下游企业会愿意降低再生产品的价格来提高其销售量，从而达到均衡状态时拥有最优的共生收益。企业及产业共生链整体都能获得经济和环境效益的"双赢"。这说明，相对于集中模式，废弃物所包含成本更高时更适合采用竞争模式进行回收。

外部影响因素分析如下。

结论 19：政府给予下游企业的补贴，与下游企业再利用单位废弃物减少的环境损害成本，对均衡状态的影响与结论16中再利用成本相反。

证明：易得 $\dfrac{\partial A}{\partial t} = \dfrac{\partial A}{\partial e_2} = -\dfrac{\partial A}{\partial C_r} = -1 < 0$，并结合对内部因素分析时证明部分的相关求导公式即得。

结论19表明，政府的价值补偿（补贴）对废弃物价格和共生收益的影响与内部因素中再利用成本因素的影响效应正好相反。这恰恰表明，政府可以通过调节价值补偿，减弱再利用成本对企业间废弃物资源化的影响。例如，当企业需要购买更贵的设备，或更新再利用技术花费更高的成本时，政府可以相应增加政府补贴，通过政策干预来保证生态产业共生链的稳定性，使各企业达到博弈的均衡状态，获得最优共生收益。同时，通过对废弃物的再利用，能够更多地减少被替代的原材料在自然环境中因开采而造成的环境损害时，也能调节再利用成本，减少对企业间废弃物资源化产生的不良影响。这进一步增加了政府进行价值补偿、提倡企业进行清洁生产的动力。

结论20：在集中回收模式下，上游企业出售单位废弃物减少的环境损害成本，对均衡状态的影响同结论17中的上游企业废弃物分摊的成本相反。在竞争回收模式下，上游企业出售单位废弃物的环境损害成本，对均衡状态的影响同结论18中的上游企业废弃物分摊的成本相反。

证明：易得 $\dfrac{\partial B}{\partial e_1} = -\dfrac{\partial B}{\partial C_u} = -1$，并结合对内部因素分析时证明部分的相关求导公式即得。

结论20表明，上游企业出售单位废弃物减少的环境损害成本对废弃物资源化的影响，与废弃物本身所包含的成本呈反向效应。提高出售单位废弃物减少的环境损害成本，能弥补废弃物包含的成本较高而损失的部分。同时，本章的共生收益中包含经济收益与环境收益。这说明以共生收益作为企业废弃物资源化绩效的衡量标准，共生收益一定时，拥有较高的环境收益会弥补经济收益上的损失，因此，花费在清洁生产或是绿色产品设计等方面的投资成本，会以另一种形式得到补偿，而不再是传统成本会计中被定义的成本及费用。

以上结论表明，企业间废弃物资源化会受到诸多因素的影响。在不同的回收模式下，同一种因素的影响效应和程度也会存在差异，且影响因素之间并非独立，不同的影响因素之间也存在不同的关系。因此，掌握各因素对企业间废弃物资源化过程的影响，企业决策者、园区和政府都能通过不同的手段，对生态产业共生关系进行调节，以保证生态产业共生链的稳定性，使废弃物资源化协同处理各方达到共生收益的最大化，园区实现生态化改造，政府通过对生态园区共生网络的建设，实现区域循环经济的发展和社会效益的提高。

4.4　园区集中处理废弃物的价值流核算及分析

4.4.1　园区集中处理的物质集成价值流核算模型

对于单个企业来说，难以做到所有投入的材料全部转化成产成品而不产生废弃物。对于园区内生产性企业产生的废弃物，有较高利用价值的一般通过企业间的协同处理，获得比较良好的资源综合利用效率和环境效果，是实现废弃物资源化的主要及有效途径。而对于一些经济价值极低、经济可循环性比较差的废弃物（如工业污泥、有毒废液等），则需通过园区的集中处理类基础设施（如工业污水处理厂、工业固废焚烧炉、危废处理中心等），实现资源化或无害化处理。

在第三方集中处理模式下，产废企业的议价能力相对被动，由于集中处理处置主体数量少、专业性强，基本上处于买方垄断的地位，需要向废弃物生产企业收取一定处理费用（郭庆方，2015）。另外，废弃物集中回收处理企业主要包括综合利用企业、再生资源企业等，这些企业往往存在废弃物处理经济效益不足，而环境效益显著等问题。园区可借助国家税收、信贷优惠、补贴、专项资金等政策，给予这类企业一定的价值补偿政策倾斜，以保障集中处理的顺利开展，提高资源利用率，从而实现园区经济、环境和社会效益。

现假设收取的处理费用为 p，集中处理量为 w，集中处理的资源化率为 $\lambda(0 < \lambda < 1)$，再生资源（能源）数量为 λw，市场价格为 $P^{\lambda w}$；不可资源化的废弃物数量为 $(1-\lambda)w$；资源化过程的成本函数为 $\mathrm{RC}(w)$，处置过程的成本函数为 $\mathrm{DC}(w)$，政府补贴的价值函数为 $S(w)$。同时，在企业内部回收效益分析有关参数设置的基础上，增加第三方集中处理的运输成本函数 $\mathrm{TC}(w)$。则第三方集中处理的利润函数 π 为

$$\pi = \lambda w P^{\lambda w} + pw - \mathrm{TC}(w) - \mathrm{RC}(w) - \mathrm{DC}(w) + S(w) \tag{4-82}$$

对利润函数 π，集中处理量为 w 作为变量的利润最大化条件为

$$\frac{\mathrm{d}\pi}{\mathrm{d}w} = \lambda P^{\lambda w} + p - \frac{\mathrm{d}c}{\mathrm{d}w} + \frac{\mathrm{d}s}{\mathrm{d}w} = 0 \tag{4-83}$$

可以得到：

$$p = \frac{\mathrm{d}c}{\mathrm{d}w} - \frac{\mathrm{d}s}{\mathrm{d}w} - \lambda \times P^{\lambda w} \tag{4-84}$$

因此，只要估计出集中处理企业的生产函数、成本函数及政府补贴函数，就能求解出企业利润最大化的最优处理价格 p。

根据第三方集中处理的利润函数可以看出，正向的价值流入包括可再生资源（能源）的价格及产出量、集中处理收费金额、额外的政府价值补贴收入。

负向的价值流出包括运输成本、资源化和治污过程的成本。影响集中处理企业效益的因素主要包括再生资源（能源）的市场价格、废弃物处理技术水平、废弃物单位处理价格、废弃物处理运营成本，以及政府管控（王淑萍等，2010；冯伟等，2011）。

4.4.2　园区废弃物资源化的能源集成价值流核算流程

园区能源集成价值流核算，主要为量化各项能源输入、输出和循环价值的过程，由成本核算和环境损害成本核算组成。先依据各能源集成网络概况设置物量中心，然后依据能源输入输出状况，剖析价值来源和流向，其核算结果为优化、控制和评价园区现状提供信息，促使企业实现节能减排目标。

1）能源集成内部成本核算流程

能源内部成本核算分为事前准备、数据收集及整理、内部能源流成本计算和分析三个步骤。具体过程如表 4-9 所示。

表 4-9　内部能源流成本核算流程表

基本步骤	具体要求	注意事项
事前准备	确定研究对象	选择园区耗能较多的产业链作为研究对象
	确定调研企业及调研大纲	分析园区能源集成涉及的企业
	根据能源集成流转图设定物量中心	依据园区能源集成网络概况选定物量中心
	确定数据收集方法及时间段	以月度为单位采用现场调研的方式收集企业典型月份财务报表、生产数据、环境评估报告等资料，然后估算年度数据
数据收集及整理	按产业链及能源种类整理能源数据	根据调研的财务报表和生产数据
	确定各企业产成品和废弃物数量	根据调研的财务报表和生产数据
	确定成本分配方法	根据调研的财务报表和生产数据
内部能源流成本计算和分析	依据分配方法计算各物量中心利用及废弃能源成本	依据园区产业链的特征，以数量、体积、能源效率、交换协议等来分配各类能源的利用成本和废弃能源的成本
	绘制园区能源集成价值流转图	依据内部价值成本的计算结果和园区能源流转情况，将物质流转化为价值流

（1）事前准备。首先确定研究对象，可以选择那些耗能大的产业链、典型的生产环节或产品作为能源流的计算对象。通过物量中心的划分，构建价值流转模型。以某工业园区为例，通过对产业链进行分析，发现热电厂属于核心企业，企业生产电、蒸汽供给园区其他企业，并向食品循环产业链中的啤酒厂和酱油厂提

供蒸汽和电，保证其正常生产运作；而啤酒厂和酱油厂产生的酒渣和酱渣废液运往园区饲料厂进行加工再制造；热电厂产生的粉煤灰，由建材厂生产混凝土砌块，部分废水则在该企业内部得到循环利用；整个园区外排的废水经过污水处理厂集中处理，净化达标后回用或排放。因此，以园区的"热电—建材—食品循环产业链"为研究对象，进行能源集成价值流分析时，需以煤、电、蒸汽和水四种能源为基础进行价值核算。

能源集成价值流分析是在物量中心的基础上进行的。物量中心的串联可以将资源实物流及与其相匹配的价值流联系起来。但是物量中心的设定并不是随意的，要遵循适度性及充分性，即为了减少成本，设定的物量中心数量不能过多，但为了保证其效果及精度，也不能设置过少。因此，在物量中心的确定过程中，需要充分考虑能源集成产业链的各个企业，既可以将一个企业设置成单独的物量中心，也可以将几个企业合并设定为一个物量中心，也可根据能源的投入种类按企业来划分物量中心。

数据期间的确定也要根据产品的特点来决定，一般具有周期性特征的产品，要根据具体情况来确定期间，其他一般设定为一个月。另外，数据收集期间的选择还应考虑数据的可获得性，综合所有情况，本章所有的数据都以年为单位进行计算和分析。

（2）数据的收集及整理。能源价值流分析需要的数据主要为能源的数量及成本，另外也需要材料数量及相应的成本数据，以便计算合格品及废弃物的比例，以及能源的有效利用成本及损失成本。其中能源成本包括水、电、蒸汽及煤炭等。

（3）内部能源流成本计算和分析。能源成本按合格品和废弃物，将其划分为有效利用成本和损失成本，如某一物量中心的计算公式为

能源总成本 = 前一物量中心输入的成本 + 本物量中心新投入的能源成本

　　　　　 = 合格品应负担的能源成本 + 废弃物需负担的能源成本

某能源的有效利用成本 = 合格品率×某能源总成本

某能源的损失成本 =（1−合格品率）×某能源总成本

2）能源集成外部环境损害成本核算流程

工业企业的能源主要有煤、电、蒸汽及水。企业的生产活动产生废弃物，导致能源的流失；此外，生产过程中产生的废水包含氨氮、化学需氧量（chemical oxygen demand，COD）和大量的铁元素等有害物质，会产生外部环境损害成本。因此，工业园区的能源集成价值流核算，主要核算企业因废水导致的外部环境损害成本。因计算公式多样，目前暂无一个具体的核算标准，本章按照我国 2018 年 1 月 1 日实施的环境税（《中华人民共和国环境保护税法》）来核算园区的外部环境损害成本，把每种能源废弃物所征收的环境税予以加总，来反映园区各企业的能源消耗产生的外部损害成本。

4.4.3 能源价值流折算成碳物质流方法

能源的消耗会产生二氧化碳的排放，因此将能源与二氧化碳的排放联系起来，可在进行能源价值流分析的同时，了解二氧化碳的流转情况。由于能源的种类繁多，不便计算总的消耗量和碳排放量，而能源与碳排放直接挂钩，因此本章采用换算的方式，将能源消耗折算成二氧化碳的排放量。将碳排放分为生产合格品的碳排放和产生废弃物的碳排放，以便计算和评价企业的能源效益。

依据温室气体清单指南（联合国政府间气候变化专门委员会，Intergovernmental Panel on Climate Change，IPCC），各类能源消耗排放的二氧化碳的计算公式如下：

$$CO_2 = \sum_{i=1}^{n} CO_{2,i} = \sum_{i=1}^{n} E_i \times NCV \times CEF \times COF$$

其中，CO_2 为二氧化碳排放量（吨）；i 为第 i 种能源；E_i 为第 i 种能源的消耗量；NCV 为能源的平均低位发热值[①]；CEF 为碳排放系数；COF 为碳氧化因子。

查阅资料得到 CO_2 具体计算公式。

煤：$CO_2 = E_i \times 2620$ （单位：千克/吨）

水：$CO_2 = E_i \times 0.21$ （单位：千克/吨）

电：$CO_2 = E_i \times 0.996$ （单位：千克/吨）

蒸汽：$CO_2 = E_i \times 315.35$ （单位：千克/吨）

通过上述公式可将煤、电、蒸汽、水的能源消耗折算成二氧化碳的排放量，量化分析园区能源消耗及二氧化碳的排放量，为园区各企业实现节能减排提供数据支撑。

4.5 园区工业废弃物资源化价值流评价及优化

4.5.1 园区工业废弃物资源化价值流转不畅原因剖析

从我国园区工业废弃物流转的现状来看，园区废弃物的自由流转率并不高，企业工业废弃物交换市场尚未成熟，交换行为受诸多因素影响，导致买卖双方遭受经济损失，阻碍工业废弃物流转。其原因可归纳为以下三个方面。

（1）工业废弃物交换价格不合理。在买卖双方的交换市场中，卖方的定价较高，希望通过出售价格来弥补废弃物损失，而买方往往定价较低，希望获得更高的材料价值，由此导致双方产生价格差异，阻碍了废弃物交换。

（2）专有设备投资成本高。工业废弃物虽然含有有用元素，但与购入新材料

---

① 资料来源：《中国能源统计年鉴》附录4。

相比，存在一定差异，买方如果利用工业废弃物，一般需要对废弃物进行专业化
处理（如有用物质提取、废弃物净化等），当此类处理设备成本高时，买方可能会
放弃废弃物的利用，从而对工业废弃物的价值流转产生不利影响。

（3）第三方价值补偿不合理。价值补偿作为买方的收益之一，与工业废弃物
的交易数量呈线性关系，补偿的目标是使废弃物交换价格合理化，买方经济价值
正数化。如果不能实现上述目标，则价值补偿不能发挥工业废弃物流转的促进作
用。而当前的生态工业园中，价值补偿基本未能形成合理的标准与体系。

4.5.2　资源化价值流评价

根据园区工业废弃物资源化的物质流量分析指标，并在计算园区废弃物流转
经济增值的基础上，考虑废弃物协同处理的环境增值，从"物质-价值""经济-
环境"构建多层次评价体系，可从园区层面评估废弃物资源化的效率和效益。同
时，废弃物资源化价值流评价结果，可作为政府价值补偿的依据，通过比较工业
废弃物资源化运营主体的经济效益、环境效益，政府确定固定补贴额度及弹性补
贴系数，增加参与主体的经济收益，激励其不断提高废弃物资源化效率。

1. 园区工业废弃物资源化效率

园区工业废弃物资源化效率计算公式如下：

$$废弃物资源化率（WRR）=\frac{废弃物循环利用量（WR）}{废弃物产生量（WG）}\times100\% \qquad (4\text{-}85)$$

$$废弃物资源转化率（WER）=\frac{再生产品输出量（RO）}{废弃物投入量（WI）}\times100\% \qquad (4\text{-}86)$$

通过式（4-85）、式（4-86），可直观地反映特定时期内园区对工业废弃物的
资源化利用量和效率，园区工业废弃物资源化率及资源转化率值越高，说明该园
区的工业废弃物循环利用量越大或产生量越小，园区资源化管理规范意识强，废
弃物资源化有关的技术水平较高。

2. 园区工业废弃物资源化经济效率

园区工业废弃物资源化经济效率计算公式如下：

$$经济增值（EI）=废弃物投入量（WI）\times\frac{产值（OV）}{废弃物投入量（WI）}\times\frac{经济增值（EI）}{产值（OV）}$$

$$(4\text{-}87)$$

其中，产值为再生资源（能源）的价值量；经济增值在协同处理模式下为共生价
值，在集中处理模式下为第三方处理处置企业的经营利润。通过式（4-87），可评

价资源化过程中，经营主体是否"经济"、创造的经济价值增量等。

　　3. 园区工业废弃物资源化环境效率

园区工业废弃物资源化环境效率计算公式如下：

$$环境增值（EV）= \sum_{i=1}^{I} S_i \times \sum_{j=1}^{J} DF_{ij} \tag{4-88}$$

收集园区层面废弃物资源化投入的种类和数量，以及替代原生材料投入的种类和数量，对照 LIME 值系数表，利用式（4-88）进行汇总计算，能够反映园区层面的环境价值增值效益。

根据园区工业废弃物资源化的物质流、价值流规律，在价值流转计量评价及影响因素分析的基础上，以废弃物的流动过程及价值流转为起点，从物质流路径优化、价值流转补偿政策等方面提出建议，园区工业废弃物可实现经济、可持续的资源化流转。

4.5.3　物质流路径优化措施

改进措施及建议应从工业废弃物流转过程、买卖双方价值流转出发，促进工业废弃物的自由流通。从企业和园区两个层面提出的优化措施中，价值补偿是园区层面的重要组成部分。

　　1. 企业层面应明确工业废弃物内部回收路径

园区废弃物的源头在工业生产，源头削减是控制的关键。对于生产性企业来说，应从两个方面进行。

（1）推进清洁生产，实现工业废弃物减量化。在生产活动中，强化原材料管控，及时升级生产设备，提高工业生产率，减少工业废弃物的产生。尽管园区可将上游企业的废弃物作为下游企业的原材料，但是并不意味着上游企业产生的废弃物，都能找到可以回收利用的环节和外部企业。因此，必须在生产的全过程进行源头削减，实施清洁生产，其措施有生态设计、全生命周期评价、EMA、清洁生产审计、绿色标志等（段宁，2001；韩玉堂和李凤岐，2009）。

（2）优化企业内部生产工艺流程和资源流动路径，对现有物质流动路径进行诊断、分析和改进，增加废弃物在企业内部循环利用的新路线，实现工业废弃物的再循环。具体可以通过设置新的废弃物回收物量中心，增加新的价值链节点流程，让废弃物在企业组织内部得到全部回收利用。例如，从造纸废水中回收纸浆返回到原工序中；对电解精炼中的废液，经处理后回收金属元素再返回到原电解流程中；将有色金属冶炼中的生成的二氧化硫尾气用作硫酸车间的原料；对生产过程中的余热进行次级利用等。

2. 推动企业之间废弃物资源化协同处理，加强废弃物信息交流

企业内部实施清洁生产和内部回收是单个生产者的行为，这种资源化模式的横向关联程度一般较低，微观层次的资源化行为，如果发展成为共生交易价值链，则能够在产业甚至区域层面实现废弃物的处理和资源的再利用。加强产业内企业间废弃物的相互利用和废弃物管理，推动不同产业之间的耦合和共生，实现工业废弃物物质集成。企业间通过加强废弃物信息交流，寻求生产过程的关联性、契合度，发挥彼此的生产特点和优势，提高工业废弃物在不同企业间的经营流转，推动资源化协同处理和资源化再利用（颜建军和谭伊舒，2016）。例如，广西贵港国家生态工业（制糖）园区工业废弃物制糖产业链中的废弃物资源化，上游蔗田厂的废蔗渣出售给下游制糖厂再利用，制糖厂产生的废糖渣、废蔗渣可以送往养鱼厂再次资源化；长沙黄兴国家生态工业示范园区工业废弃物实践中，柑橘厂产生的柑橘渣和橘皮渣，通过构建企业之间的物质联系，作为原材料送往饮料厂，生产柑橘口味饮料。

3. 园区层面加强物质集成和基础设施建设

园区管委会作为集中管理机构，在园区循环经济建设和废弃物资源化实践中，需要发挥统筹规划的协调作用。具体措施如下。

（1）完善工业废弃物资源化循环利用网络设计。园区由众多企业组成，产生的废弃物数量较多，种类繁杂，因此，园区有必要加快搭建工业废弃物信息平台，及时披露园区废弃物数量等信息，厘清园区现有产业分布特点及各类废弃物的性质和流动规律，通过物质流集成优化和信息流平台建设，实现废弃物生产企业和利废企业在类别、规模、方位等方面的匹配，促进废弃物的流转和集成，并适时引进"补链企业"，增强园区企业间废弃物资源化协同处理的稳定性。

（2）加强基础设施建设和废弃物集中处理。对于经济价值极低、污染比较严重的工业废弃物，建设废弃物综合利用中心、危废处理中心，完善污水管网并建设园区污水处理、中水回用设施等，发挥规模效应的同时减少外部环境损害。

（3）完善企业业绩评价体系。在现有产值为主要评价标准的基础上，加入废弃物资源化率、废弃物资源转化率、废弃物资源化经济增值及外部环境损害价值等新的指标，在此基础上给予补偿，激励园区企业积极开展废弃物资源化实践。

4.6　本章小结

本章基于园区废弃物资源化价值流的核算及分析框架和目标，主要从园区废

弃物资源化由微观向中观层次划分的三种废弃物资源化模式，即企业内部回收、企业间协同处理和园区集中处理，探讨了废弃物价值流核算及分析方法。本章主要内容包括以下六方面。

（1）园区废弃物资源化价值核算及分析的框架和目标，即从企业层面、企业间层面和园区层面，根据废弃物流转规律，在产业共生背景下，研究废弃物价值流核算的基本框架，以便确立废弃物交换价格区间、可视化经济和环境价值、价值补偿机制和分析评价体系。

（2）在企业内部回收的废弃物资源化模式中，基于 MFCA 的核算边界，利用"内部资源损失–外部环境损害"的二维核算体系，分别核算企业内部回收成本和外部环境损害成本，通过实例对核算模型进行应用，识别废弃物资源流成本损失较高的环节，改进工艺流程，挖掘废弃物的潜在经济价值，为寻求提高废弃物循环利用率和资源转化率的有效途径提供数据支撑。

（3）在企业间协同处理的废弃物资源化模式中，企业间废弃物交易价格是价值流核算的关键。针对不同的视角，本章分别介绍了不同的价值流核算方法：①基于生态产业链内部的价值流核算，可以看成是企业内部回收层面向中观层次的拓展，即将产业链视作单个企业，将单个企业视为工序流程来确定物量中心，进行价值流"内部资源价值—外部环境损害—产业链共生收益"的核算；②基于演化博弈视角的价值流核算，利用博弈论的方法，得出企业间协同处理的废弃物交易价格模型，对企业间废弃物交换价值及共生收益价值进行核算；通过设定企业间废弃物资源化演化博弈的参数和收益矩阵，对影响企业间协同处理废弃物价值流转的关键影响因素进行分析，如废弃物供应量、专用资产固定投资、单位预处理和资源化成本、溢出租金收益和合作交易成本、原生材料价格、环境处理费用及政府补贴等；③基于生态产业共生视角的价值流核算，立足于园区生态产业共生网络的建设，利用 Stackelberg 博弈方法，构建了不同共生状态（不共生、部分共生、完全共生）及不同回收模式（集中回收和竞争回收）下的废弃物交易价格模型，对应单一产业共生链的形成过程和废弃物交易竞争机制下，含有两条废弃物供应链的共生链的价值流核算方法，并通过不同模型间均衡状态的对比分析，对废弃物无污化成本、废弃物再利用成本、废弃物可再生程度和共生收益协调系数等内部因素，以及外购原材料价格和政府补贴等外部因素，对企业间废弃物价值流转的影响因素进行了分析。

（4）生态产业共生是实现园区企业间废弃物资源化的创新性途径。企业间废弃物资源化共生关系的建立和共生程度的提高，会降低废弃物的单位交换价值，但废弃物交易规模的增加，一方面提高了参与企业的共生收益，使废弃物价值流转的规模更大，损失价值更小，带来了可观的绿色经济效益；另一方面减少了自然界原生资源的购买和投入，以及废弃物的排放，降低了园区环境污染，为园区可持续发展提供绿色动力。园区企业间科学合理的废弃物价格机制和良性竞争机制，会促进生态产业共生，实现废弃物价值流转畅通和价值增值。在资源日益紧张和环境污染日趋严重的背景下，拥有更高的资源利用效率和效益，对园区企业来说刻不容缓，而废弃物资源化过程中废弃物价格机制的缺乏，使企业的管理决策在这一环境行为中受阻。以共生系数为桥梁，考虑供需关系的废弃物市场化的价格机制，在包含两个及以上的上游和下游企业的共生链中，竞争回收更有利于共生链整体价值的提高，企业间良性的市场化竞争不仅能节约园区基础设施资源，还能促进企业间积极自发构建生态产业共生链，实现其更高的共生收益和更大规模的废弃物价值流转和价值增值。通过园区企业间废弃物资源化价值流转的核算和分析，发掘废弃物价值利用空间，识别影响园区共生网络废弃物价值流转的关键节点和关键因素。企业间废弃物交换价格模型，可对园区共生网络中的共生链条，进行不同共生程度或不同回收模式下的价值流转的动态模拟，识别共生网络中共生程度较低，回收模式不合理，价值流转和价值增值不充分的关键节点，通过影响因素的分析与调整，优化其共生状态或共生模式，最大化价值流转规模，提高资源利用效率。

（5）在园区集中处理的废弃物资源化模式中，引入了第三方的集中处理企业。针对园区层面的废弃物物质集成和循环利用的能源集成，分别构建了园区物质集成和能源集成的价值流核算模型及流程。为了统一的核算标准，本章研究了能源集成下的价值流折算成碳物质流进行核算的方法。

（6）基于上述园区废弃物资源化价值流的核算及分析方法，对价值流转不畅的原因进行了剖析，提出了废弃物资源化效率、经济效率和环境效率的计算方法，对废弃物资源化价值流进行了评价，从企业层面、企业间层面和园区层面提出了物质流路径的优化措施。本章基于不同废弃物资源化模式的价值流核算及分析，为第 5 章的价值补偿政策提供了基础，为第 6 章的案例应用提供了核算、分析及评价方法。

第5章 园区工业废弃物资源化价值补偿政策

5.1 园区工业废弃物资源化价值补偿政策问题剖析

5.1.1 工业废弃物资源化现状

1. 工业废弃物产生情况

2013～2017 年，我国工业"三废"排放情况如表 5-1 所示。从表 5-1 可以看出，随着我国环境污染事故和雾霾天气频发，尽管人们的环保意识得到了提高，政府也加大了对环境的监管和治理，工业"三废"排放量增长幅度有所控制，但排放量依旧庞大。其中，二氧化硫和氮氧化物排放量得到了比较好的控制，排放量逐年呈下降趋势，但工业废弃物排放总量仍在逐年增加；"十二五"期间，工业废弃物年产生量超过 30 亿吨。到 2017 年，我国工业固体废物产生量约为 33.8 亿吨（其中，一般工业固体废物产生量约为 33.16 亿吨，比 2016 年增加 7.2%；工业危险废物产生量 6936.9 万吨，比 2016 年增加 29.7%）。

表 5-1 2013～2017 年全国工业"三废"排放情况

指标	单位	2013 年	2014 年	2015 年	2016 年	2017 年
废水排放总量	亿吨	695.4	716.2	735.3	711.1	699.7
工业废水排放总量	亿吨	209.8	205.3	199.5	192.4	182.8
工业废气排放总量	亿标准立方米	669 361	694 190	685 190	698 527	679 445
二氧化硫排放量	万吨	1 835.2	1 740.4	1 556.7	1 102.9	875.4
氮氧化物排放量	万吨	1 545.6	1 404.8	1 180.9	1 394.3	1 258.8
烟（粉）尘排放量	万吨	1 278.1	1 740.8	1 538	1 010.7	796.3
工业固体废物产生量	万吨	330 859	329 254	331 055.1	314 557.3	338 228.9
一般工业固体废物产生量	万吨	327 702	325 620	327 079	309 210	331 592
工业危险废物产生量	万吨	3 156.9	3 633.5	3 976.1	5 347.3	6 936.9

资料来源：《中国统计年鉴（2014～2018 年）》

2. 工业废弃物资源化情况

根据《中国统计年鉴》提供的资料，2017 年，我国资源循环利用产业产值超过 2.6 万亿元，比 2015 年的 1.8 万亿元提高了 44%。一般工业固体废物综合利用量达到 18.11 亿吨，与 2015 年的 19.88 亿吨相比有所下降。大宗工业固废综合利用率达到 65%，主要再生资源回收利用率达到 70%，成为节能环保产业的重要支撑。环境污染治理投资规模达到 9539 亿元，其中，在工业污染治理上的投资总额达到 681.5 亿元。从历史数据来看，2015 年，我国环境污染治理投资总额 9575.5 亿元，其中工业污染治理上投资为 997.7 亿元，达到历史高点。"十三五"期间，我国工业领域资源综合利用表现出良好的发展趋势。在 2017 年国家发改委联合有关部门发布的《循环发展引领行动》中，废物综合利用主要指标如表 5-2 所示。

表 5-2　　"十三五"时期废弃物综合利用主要指标

指标名称	2015 年	2020 年	2020 年比 2015 年提高
资源循环利用产业总产值/万亿元	1.8	3	67%
主要废弃物循环利用率	47.6%	54.6%	7%
一般工业固体废物综合利用率	65%	73%	8%
农作物秸秆综合利用率	80.1%	85%	4.9%
主要再生资源回收率	78%	82%	4%
城市餐厨废弃物资源化处理率	10%	20%	10%
城镇污水处理设施再生水利用率	>15%	20%	—

资料来源：国家发改委环资司〔2017〕751 号《循环发展引领行动》

表 5-2 中，预计到 2020 年，我国资源循环利用产业产值可突破 3 万亿元，比 2015 年的 1.8 万亿元提高 67 个百分点；主要废弃物循环利用率达到 54.6%左右，比 2015 年提高 7 个百分点；一般工业固体废物综合利用率可以提高至 73%，比 2015 年提高 8 个百分点；农作物秸秆综合利用率达到 85%，与 2015 年的 80.1%相比，提高 4.9 个百分点；主要再生资源回收率为 82%；城市餐厨废弃物资源化处理率和城镇污水处理设施再生水利用率预计将达到 20%。

3. 工业废弃物资源化存在的问题

废弃物是人类生产活动不可避免的副产品，是放错地方的资源，其资源化已成为全球废弃物管理的趋势（刘光富等，2014）。工业废弃物资源具有以下特征：

它是廉价的原材料，它与生产过程并存；工业废弃物具有无限开发的可能性，是连接不同生产过程的纽带，其关键是废弃物转化为资源的技术和工艺。因此，工业废弃物是一种具有开发利用潜力的资源，它也是一种相对的概念，相对于其他企业来说，某一企业产出的废弃物可以是再利用的资源。

对废弃物进行资源化处理，既可节约资源，提高资源利用效率，还可以减少废弃物资源浪费，提高废弃物无害化处理水平。在获得经济效益的同时，解决了废弃物处理问题。尽管我国工业废弃物资源化已经取得了很大的成就，但仍然存在以下不足。

第一，我国废弃物产量及存量大且处理不及时。2017年，我国工业固体废物年产生量约33.8亿吨，虽然近几年工业废弃物产生量有所下降，但工业废物产量和堆积量仍较大。若不能对废弃物进行及时有效处理，处理难度会不断增加，处理能力也有待提升。虽然近年来国家不断加强对环境的保护力度，但更多的企业只注重经济的发展，导致环境问题未得到根本的遏制。

第二，我国废弃物环境污染治理成本高，废弃物利用率较低。"十三五"期间，随着经济的快速发展，各种环境问题层出不穷，环境污染治理的成本逐年增加，2017年环境污染治理投资总额达9539亿元。与发达国家相比，我国废弃物利用率还处于较低水平，预计到2020年，我国大陆的一般工业固体废物综合利用率为73%，台湾地区达80%；我国有色金属回收率为50%，而世界先进水平为70%至80%；我国尾矿综合利用率为20%，而发达国家平均水平为60%。

第三，我国工业废弃物资源化产业起步晚，处理工艺水平和资源化关键技术不成熟，相关的工艺设备落后。企业废弃物处理处置与资源化经营管理经验不足，废弃物综合利用率不高，且废弃物处理处置方法还较简单，容易造成二次污染。

第四，我国虽然制定了相关的环境保护法律法规，但在废弃物处理处置和资源化方面，缺乏具体实施细则、有效的激励机制和约束措施。政府的价值（或成本）补偿政策在实际运用中存在许多问题，如何合理确定价值补偿对象、补偿依据及补偿标准等，仍是目前面临的主要难题。

4. 政府价值补偿的必要性

由于废弃物资源化具有外部性，企业为此所付出的成本与收益不匹配，从而导致企业废弃物资源化动力不足（董锁成等，2016），因此需要政府制定相关激励措施，弥补外部环境效益（高青松和胡佳慧，2015）。但由于工业园区废弃物交易需要建立生态协作激励机制，在废弃物再利用成本越高的情况下，越需要对园区进行政策干预（黄训江，2015）。

通过对园区工业废弃物交换网络分析发现，废弃物的流转仍处于较低的水平。如果工业废弃物以焚烧、填埋等方式进行处理，不仅损失了其可利用价值，还会造成外部环境损害，因此实现工业废弃物的循环利用至关重要，通过市场经济中的商品流通，交易双方等价交换以实现价值增值。在此，本章将可循环利用的工业废弃物作为一种流通商品。然而，目前各类园区仍无法通过调节市场供求关系，实现废弃物的自由流通，其原因主要包括：①工业废弃物交易机制不完善导致定价不合理。价值决定价格，目前的会计核算体系并未反映工业废弃物的价值，同时，企业与园区生产流程、核算方式也存在差异，工业生产过程中产生的工业废弃物成千上万。到目前为止，废弃物交易机制还不完善，交易价格不稳定且不合理，影响工业废弃物的市场流转。②第三方价值补偿缺失。园区管委会或者相关政府部门的价值补偿的缺失有：第一，补偿对象不明确。企业间工业废弃物的交换包括供求两个方面，价值补偿基于哪方面的补偿还存在分歧。第二，补偿标准未确立。实现工业废弃物的自由流通是价值补偿的终极目标，但目前的价值补偿缺乏具体标准，补偿若过高，易引起企业价值投机行为，反之，则会影响企业积极性，不利于工业废弃物的流通。

5.1.2 废弃物资源化价值补偿政策现状

目前对废弃物资源化价值补偿政策的研究，主要包括两方面内容，即价值补偿机制和价值补偿政策工具。

1）价值补偿机制

政府是废弃物资源化的重要参与者，政府作为决策主体，对企业废弃物资源化的补偿激励问题是关键。由于价值规律、市场机制等经济影响因素，利用废弃物的附加投资和环境效益，难以通过成本或价格的形式全部收回，而政府的价值补偿可以有效缓解此类利益冲突。关于政府对企业的补偿（激励）机制，学术界基于供应链管理的背景进行了广泛研究。相关研究主要采用博弈论、契约理论（如委托代理理论、不完全契约理论等）的方法，从政府补偿的对象、依据及类型三方面建立政府价值补偿（激励）机制，具体内容见表 5-3。

表 5-3　政府价值补偿（激励）机制

依据	分类	描述
补偿对象	单个上游排放企业	生产过程中产生某种废弃物，在生产者责任延伸制度下，需要对废弃物进行处理或资源化
	单个下游利用企业	利用上游企业的废弃物，替代原生材料；回收废旧物品，进行再资源化或再制造后出售
	废弃物物流联盟	又称废弃物处理处置企业，是多个企业的联营。包括综合利用企业、废弃物处置企业、危险废弃物处理许可企业、再生资源企业等

依据	分类	描述
补偿依据	基于结果（激励补贴）	依据企业的产出（用货币表示的经济效益或环境效益）确定补贴系数，具有弹性
	基于过程（固定补贴）	依据企业的资源化经营行为给予补贴，只要企业具备处理资格和一定产出能力，运行情况正常，政府就支付其固定补贴
补偿类型	价值类补贴（直接补贴）	通过土地使用费减免、减息、税收减免、价格补贴、财政补贴及公共设施建设等提高废弃物再利用的经济价值，增强企业的参与动力
	投资类补贴（间接补贴）	通过对专用性资产（预处理资产、商品化资产）进行投资补贴的方式，间接刺激企业的积极性

　　针对政府补偿激励，朱庆华和窦一杰（2011）考虑了边际生产成本、消费者环境偏好等因素，分析了绿色供应链管理中，政府如何对生产商制定财政补贴政策。何杨平（2014）构建了政府为主导者，上游生产企业为追随者的激励模型，引导上游生产企业改造副产品，提高发展生态产业链的动力，并提出政府应根据企业副产品改造的难易程度，实施不同的激励方案。陈军和杨影（2014）认为政府采取对工业生态链上的核心企业进行补贴的策略更优。其中，上游核心企业对废弃物的环境处理成本越高，政府给予的补贴额度越低；下游核心企业对废弃物的再利用处理成本越高，政府给予的补贴额度应越高。亦有学者认为，政府部门为园区内固废物流企业提供单独的激励契约不太现实，因此，提倡政府建立工业固废物流联盟，强化企业间合作机制，对该系统产生的环境效益给予财政补贴。完全信息条件下，政府仅支付给园区废弃物物流系统固定补贴，当处理处置企业的经济能力足够强，处理处置废弃物活动的经济性足够好，政府可不对其进行补贴；不完全信息条件下，政府需设定科学的激励强度系数，基于废弃物系统不同努力程度给予对应补贴（何开伦等，2016）。黄训江（2015）基于不完全契约理论的视角，从政策干预和产权安排两个方面，分析了刺激园区生态链网建设的激励机制。胡强等（2017）针对制造企业再制造生产战略实施动力不足的情形，设计政府不同的激励契约，研究表明，政府两种不同的补贴激励机制，可增加再制造产品市场占有率，提高制造企业收益。此外，任鸣鸣等（2016）还通过运用委托代理理论，研究了政府对电子产品生产商的激励与监督问题。与此同时，随着废旧电器电子产品的大量涌现和社会环保意识的增强，废旧电器电子产品的回收处理引起社会广泛关注，在政府鼓励和引导下，企业回收再制造行为的优化决策，也成为管理科学应用研究的一个热点（王文宾等，2015）。张汉江等（2016）建立了以政府为领导者，制造商、再制造商和回收商为跟随者的三级非线性闭环供应链上的 Stackelberg 主从博弈模型，嵌套了基于委托代理关系分析的再制造商对回收商回收努力的最优激励契约。王喜刚（2016）通过建立社会福利模型和资金平衡模型，研究了在逆向供应链分散管理中，如何确定废弃产品的回收价格［环保

局对管理信息系统（management information system，MIS）的收费]和社会最优补贴费，以更好地激励 MIS（制造商、进口商和销售商）和回收（处理）商，从而有效降低事前污染成本、事后修复的污染成本。

2）价值补偿政策工具

通过政府的价值补偿，废弃物从理论上实现了既循环，又经济。由于推进工业企业开展废弃物资源化实践，是一项复杂的社会性系统工程，离不开相关政策工具的配套支持。目前在废弃物资源化方面，日本、美国、欧洲等经济发达国家或地区起步较早，相应的政策体系比较规范健全，为我国提供了很多可借鉴的经验。

已有研究集中介绍了各国的政策实践历程及废弃物管理的方法体系，对于废弃物资源化的管理原则，主要有最大限度循环利用的顺序原则、废弃物循环利用中各行为主体的责任原则、"排放者责任（polluter pays principle，PPP）"原则、"扩大生产者责任（extended producer responsibility，EPR）"原则（杭正芳和周民良，2010；王文英和刘丛丛，2012）。杭正芳和周民良（2010）研究了日本城市废弃物（一般废弃物、产业废弃物）的处理机制，强调了税费政策（产业废弃物税、垃圾收费制、押金制）、规制措施、焚烧处理技术的重要性。崔爱红（2011）通过分析环境经济政策的内涵、分类、优缺点、实施现状，研究了美国、OECD（2012）成员方实行的排污收费制度、环境税、排污权交易等市场化工具对我国的启示。早期各国制定的废弃物资源化政策主要以高成本的"行政干预型"为主，随着新的经济发展模式的不断应用和消费者生态意识的日益增强（孔鹏志和杨忠直，2011），废弃物资源化的政策开始转向"市场推进型"。

在已有政策工具分析的基础上，对相关政策应用效果的比较分析也逐步开展。许士春等（2012）采用企业最优规划模型，比较了污染排放标准、污染税、可交易污染许可和减排补贴的政策效果；Lehtoranta 等（2011）的案例分析表明，政策工具对企业间互利共生行为的促进作用有限。理论和实践证明，政策工具能够引导和激励废弃物的资源化处理，同时促进企业技术更新（余伟等，2016）；但是，废弃物资源化处理进程不仅要靠政府推动，更依赖科技进步的深度融合，形成市场为主导的发展机制（陆学和陈兴鹏，2014；王国印，2012；董锁成等，2016）。

废弃物资源化经过多年的研究，在理论和实践领域已取得长足的进展。研究从物质流分析转向价值流分析，价值流核算从单个企业或项目拓展至产业共生和协同处理，在废弃物资源化过程中的影响因素分析和补偿机制、政策工具等研究上也逐渐细化。但是仍有很多问题有待进一步研究：①物质流分析虽然比较成熟，但其价值流分析的范围大多局限在单个企业层面，园区层面的分析比较少见；废旧物品回收及再制造领域研究成果颇丰，但是对生产性的工业废弃物探索较少。②单个企业内部的价值流核算已成体系，但共生视角下仅关注了废弃物交易价格，对价值流转的影响因素分析不够细致、深入，价值流转信息未得到真实的反映，无法计算协同处理中的经济和环境效益，致使废弃物在协同处理中的价值流转出现"瓶颈"。③废弃物尽管从理论上可实现"物质循环、价值增值"，但在实际应用中，由于缺乏相关激励措施及政策法规的支持和管理，致使废弃物综合利用率仍偏低，环境质量未能得到根本改善。

3）政府价值补偿对废弃物资源化的影响

国内外已有学者研究了政府补偿激励政策对企业废弃品回收再利用的影响。基于盈亏平衡图分析方法，对废旧机电回收再制造企业盈利状况进行评判，发现政府合理的财政补贴可以提高企业的盈利能力（刘渤海，2012）。夏西强等建立了原始制造企业、再制造企业与零售商两阶段博弈模型，分析研究表明政府的补贴激励机制会增加再制造产品市场占有率，提高制造企业收益。尤其在环境质量治理市场失灵情况下，政府适度干预更有利于节能减排目标的实现（师博和沈坤荣，2013）。以废旧汽车零部件回收再利用为例，政府的碳税和补贴政策对企业回收再制造存在影响，碳税约束和补贴激励的政策，更能提高再制造企业的碳减排效益和经济效益（常香云等，2013）。与此同时，政府奖惩机制的设计，还会对废旧产品回收再利用产生影响（王文宾和达庆利，2010；王文宾等，2015；王文宾等，2016）。而且可以通过构建政府与企业间的博弈模型，分析政府的价值补偿对废旧品回收再制造的影响程度（Mitra and Webster，2008）。

5.2 废弃物资源化价值补偿机理及模式

5.2.1 政府对废弃物资源化价值补偿的机理分析

政府以增加环境破坏成本为目的，对损害环境者征收费用，以减少环境损害行为的发生；此外，对环境保护行为进行价值补偿，以鼓励市场主体爱护环境，减少对环境的损害。通过行政手段和市场经济的共同作用，来推进环境保护协调机制的建立。维护环境保护者的利益，激励环境保护者增加其行为，促使环境损害者减少其行为，从而达到保护环境的目的。

外部性是造成生态环境损害的根本原因。一方面，企业进行废弃物资源化产生外部环境效益。如果企业投入了成本，但经济效益得不到相应的补偿，则无法达到环境资源优化配置的目的；另一方面，废弃物资源化、低碳技术等具有公共物品属性，企业自行研发投入大、风险高。由于废弃物资源化与高效清洁生产技术研发投入远大于环境污染的成本，环境污染的速度远快于技术研发速度。园区工业废弃物资源化产业的发展，离不开政府的干预。政府价值补偿是对环境产生正外部效益行为的一种补偿。因此，政府为引导和激励园区企业积极实施工业废弃物资源化，对资源化节约的新资源和减少废弃物排放而带来的外部环境效益进行价值补偿，可弥补企业进行废弃物资源化的部分相关成本。

政府对园区企业废弃物进行价值补偿可理解为：价值补偿目的是防止环境污染、节约能源，增强和促进园区生态环境与经济良性发展；价值补偿的依据是在园区废弃物资源的循环利用程度和产生的环境效益基础上，对废弃物资源化产生的环境效益等外部效益进行相应的价值补偿；补偿对象为进行资源化的园区企业，补偿内容为园区工业废弃物资源化，补偿手段主要是价值补偿，并以法律制度为保障，鼓励园区各企业积极进行废弃物资源化，实现环境效益与经济效益的双赢。

对污染者征收一定的环境防治费用和对废弃物资源化企业进行价值补偿，是政府对废弃物产出企业和资源化利用企业的奖惩措施，引导园区工业企业自发进行废弃物资源化和无害化处理。目前政府引导和干预园区工业企业进行废弃物资源化的激励手段主要有两种形式。

（1）对污染者征收费用，属于负向激励措施。政府对污染者征收环境税，是企业承担生产过程中造成的污染排放治理的责任。当企业生产过程中产生的废弃物排放造成环境损害时，政府对污染者实施一定的惩罚措施，包括运用行政和经济手段进行惩罚，使环境损害成本内部化，以此促使企业主动通过清洁生产等技术手段，提高资源的利用效率，减少生产过程中的污染排放，或将污染物通过技术处理后才排放到环境中，以降低对生态环境的影响。

（2）政府给予价值补偿，属于正向的激励方式。由于工业活动排放废弃物污染环境，除了直接排放污染物危害生态外，大多都是缓慢并渐进发生的，因此先污染，后治理的发展方式已不适用。事后环境污染损害造成的损失，导致事后救济和治理花费巨大，经济上不合算，也使得治理难度大大增加。因此，污染治理应以预防为主，从根源上减少废弃物，降低废弃物排放对环境的影响。政府对园区企业工业废弃物资源化进行价值补偿，就是一种环境污染预防的有效途径。通常政府要结合园区废弃物资源的循环利用程度、环境效益等，通过对废弃物资源化产生的环境效益等外部效益进行相应的价值补偿，使企业产生的外部环境效益可以变为内部经济效益，以弥补企业废弃物资源化的相关成本。运用市场经济手段让企业产生内在驱动力，积极投入资金进行废弃物资源化与环境治理，在追求经济效益的同时实现环境效益。

综上所述，政府对污染者征收费用和对废弃物资源化企业进行价值补偿，是引导企业积极进行废弃物资源化的重要因素，政府通过对污染者进行惩罚收费提高污染成本，同时对废弃物资源化企业进行价值补偿提高其收益，不仅促使园区企业积极实施废弃物资源化，还有利于降低政府的激励成本，促进经济、环境的协调可持续发展。

5.2.2　政府对园区废弃物资源化价值补偿模式

在产品制造过程中，一部分投入物质被转化为产品，另一部分则成为"废物"。实际上大多"废物"仍具有一定的使用价值。废弃物资源化是循环经济核心理念之一，其回收利用延长了经济产业链，通过资源化创造新的经济增长点；随着废弃物回收利用，其价值链得到细化和延长。

价值流是在物质流分析基础上，用货币价值来反映废弃物资源的价值投入、转移、增值和补偿等过程。废弃物资源化不仅是物质的流动过程，也是价值转移与价值创造的过程。从我国工业园区废弃物资源化的实践来看，发生在生产领域的废弃物资源化流程为"资源→生产→废弃物→废弃物资源化"，其价值流转模式主要有三种（图5-1）：①园区内各企业自行回收。②园区企业之间形成产业共生组合，即园区内企业、产业或生产区域之间的废弃物交换利用，买卖双方通过合理的价格机制实现废弃物循环利用。③根据园区基础设施规划，建设工业污水处理厂、工业固体废弃物处理设施等基础设施项目，促进园区内物质循环、能量有效利用，减少能源和资源的消耗，实现园区整体层面的价值流转。

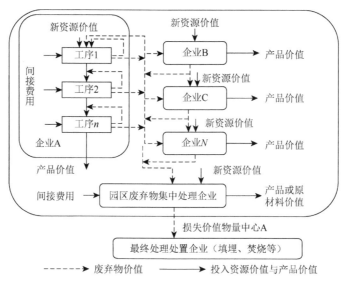

图 5-1　园区工业废弃物资源化价值流转模式

在废弃物资源化产业链中，假设存在政府和上游企业、下游企业及处理企业三类核心企业。上游企业为产出某种废弃物的企业，经过技术处理后该种废弃物可以替代某种原材料生产产品。处理企业为专业的废弃物回收处理公司，下游企业是利用回收的废物进行产品生产的企业。对于上游企业而言，对其产出的废弃物进行无害化或资源化处理是必须承担的责任和义务，同时通过对废弃物进行最大限度的开发和利用可节约新材料的使用和保护环境。现将废弃物再利用活动分为两阶段：第一阶段，从回收的废弃物中提取有用部分的物质，其有用物质含量为 σ；第二阶段，在第一阶段基础上通过技术处理将其转化为资源，其资源化率为 ρ。因此，在废弃物资源化过程中，废弃物再利用率 $\eta = \sigma\rho$，即回收物质含量和资源化比率越高，废弃物的再利用率就越高。政府鼓励园区制造企业进行废弃物资源化，以废弃物资源化产出的环境效益最大化为目标，对废弃物资源化参与企业给予价值补偿，总的价值补偿额度为 s。

　　根据园区废弃物资源化的三种不同模式，本章构建以下价值补偿模型：①政府对上游企业自行回收利用废弃物的价值补偿模型（简称模型 N）；②政府对园区废弃物集中资源化处理的价值补偿模型（简称模型 M）；③政府对园区企业间废弃物交换利用的价值补偿模型（简称模型 R）。模型的参数说明如表 5-4 所示。

表 5-4　模型参数说明

符号	释义	符号	释义
C_r	利用废弃物生产的产品制造成本	S_i	政府在模型 i 下对企业废弃物资源化活动的单位价值补偿
C_u	废弃物再利用成本	p_0^i	企业在模型 i 下的废弃物交换价格
C_0	废弃物回收处理成本	p_i	企业在模型 i 下的产品价格
C_z	废弃物资源化成本	σ^i	企业在模型 i 下从废弃物中提取的有用物质含量
C	废弃物资源化成本，即对回收的废弃物进行处理达到和新材料相同用途的成本；则废弃物再利用成本 $c_u = c_0 + c_z$（c_u 不包含废弃物资源化需投资的固定投资成本）	w	上游企业给予处理企业的废弃物处理费用
C_m	制造企业使用新材料生产产品的单位生产成本	k	处理企业每单位废弃物处理收益
C_d	单位废弃物的环境处理成本	ρ^i	企业在模型 i 下的废弃物资源化比率
h	为废弃物资源化而节约原材料和保护环境的单位环境效益	η^i	企业在模型 i 下的废弃物再利用率
N	政府对上游企业自行回收利用废弃物的价值补偿模型	π_{ij}	在模型 i 中成员 j 的利润函数
R	政府对园区企业间废弃物交换利用的价值补偿模型	Π_i	在模型 i 中政府的效益函数
M	政府对园区废弃物集中资源化处理的价值补偿模型	*	表示最优决策结果

考虑到模型构建的现实性和易处理性，基本假设如下。

假设 1：政府、上游企业、下游企业和处理企业均是风险中立的，且信息完全对称，决策原则均为以自身利润最大化为目标。

假设 2：回收品需求函数 $D(p_0)$ 为 $D(p_0) = a - bp_0$，p_0 为回收品的交换价格，a 为回收品价格为 0 时的需求量，b 为需求的价格弹性系数，$a > 0, b > 0$，$D(p_0) > 0$。

假设 3：利用回收品生产的产品需求函数为 $D(p) = \alpha - \beta p$，$\alpha > 0, \beta > 0$，$D(p) > 0$。其中，p 为产品价格，α 为产品的潜在市场需求，β 为产品的需求价格弹性系数。

假设 4：在废弃物交换利用过程中，上游企业或处理企业对废弃物回收处理达到的回收物质含量水平为 σ，且 $0 < \sigma < 1$；下游企业对物质含量水平为 σ 的回收品进行资源化，其资源化比率为 ρ，且 $0 < \rho < 1$；则整个废弃物资源化活动中，废弃物再利用率 $\eta = \rho\sigma$，且 $0 < \eta < 1$。假设 $\sigma = \sqrt{I_1 / f_1}$，$I_1$ 为制造企业对废弃物回收处理活动的投资，f_1 为成本参数，因此有 $I_1 = \sigma^2 f_1$。假设 $\rho = \sqrt{I_2 / f_2}$，I_2 为制造企业对回收的废弃物进行资源化活动的投资，f_2 为成本参数，因此有 $I_1 = \rho^2 f_2$。在上游企业自行对废弃物资源化情形中，其承担废弃物循环利用的全部投资成本 I，假设 $\eta = \sqrt{I / f}$，则 $I = \eta^2 f$，f 为成本参数。显然，$I'(\eta) \geqslant 0$，且 $I''(\eta) \geqslant 0$，即对废弃物循环利用的投资随再利用率的增加而增加。

假设 5：制造企业可以使用新材料生产，也可利用废弃物资源化进行生产，两者生产的产品对消费者而言是同质的。假设单位产品原材料需求率为 1，上游企业产出的废弃物能够满足制造企业的再利用需求。因此，在需求函数中，一部分需求是使用回收品进行生产产品为 $\sigma\rho(a - bp_0)$，另一部分是使用新材料生产产品为 $\alpha - \beta p - \sigma\rho(a - bp_0)$。

假设 6：下游企业属于利用废弃物生产的企业，该企业既可利用废弃物又可以使用新材料，因此，在企业间博弈过程中，下游企业为博弈的主导者，上游企业和处理企业为追随者。

通过对园区工业废弃物资源化的价值补偿机理分析，设定价值补偿模型的基本参数和假设，为废弃物资源化三种模式下的政府价值补偿政策奠定基础。

5.3　不同模式下废弃物资源化的价值补偿政策

5.3.1　企业自行回收废弃物的价值补偿政策

本章利用 Stackelberg 博弈方法构建园区企业自行回收工业废弃物的价值补偿模型，通过均衡结果分析，得出此模式下政府价值补偿政策的实施策略。

1. 企业自行回收废弃物的价值补偿模型构建

政府对企业自行回收利用废弃物的价值补偿模型（即模型 N）如图 5-2 所示。在模型 N 中，上游企业利用其产出的废弃物生产产品并以价格 p^N 进行销售，政府对上游企业给予价值补偿 s^N。在此模型中，政府给予上游企业价值补偿 s^N 后，上游企业的废弃物再利用率为 η^N，产品价格为 p^N，政府与上游企业之间的博弈可描述为 Stackelberg 博弈模型，政府为 Stackelberg 领导者，上游企业为追随者。

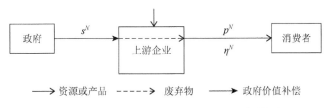

图 5-2　企业自行回收废弃物的价值补偿模型

由于制造企业自行回收利用废弃物，废弃物需求函数中交换价格 p_0，即政府与上游企业的博弈中，博弈顺序为：①政府确定单位产品价值补偿系数。②上游企业决定产品价格 p^N 和废弃物再利用率 η^N。

政府以废弃物资源化带来的环境效益最大化为目标，其决策函数可写成：

$$\max_s \Pi^N = (h-s)\eta D(p_0) \tag{5-1}$$

上游企业废弃物资源化产生的收益来源于三方面：①利用废弃物生产产品并销售获得的收益；②节省的环境处理成本；③政府对企业废弃物资源化活动的价值补偿。上游企业的决策函数可写成：

$$\max_\eta \pi_1^N = \eta D(p_0)(p-c_r-c_u+c_d+s)+[\alpha-\beta p-\eta D(p_0)](p-c_m)-f\eta^2 \tag{5-2}$$

根据逆向归纳法，第二阶段求上游企业的反应函数，即上游企业 π_1^N 最大化式（5-2），分别对 π^N, π_1^N 求导并联立一阶条件可得

$$p^N = \frac{\alpha+\beta c_m}{2\beta}, \eta^N = \frac{a(c_m-c_r-c_u+c_d+s)}{2f} \tag{5-3}$$

第一阶段：政府以环境效益最大化为决策目标，代入目标函数式（5-1），对式（5-1）求导可得政府的最优价值补偿系数为

$$s^{*N} = \frac{h+c_r+c_u-c_m-c_d}{2} \tag{5-4}$$

进一步得到上游企业的最优产品定价和废弃物再利用率为

$$p^{*N} = \frac{\alpha + \beta c_m}{2\beta} \tag{5-5}$$

$$\eta^{*N} = \frac{a(h - c_r - c_u + c_m + c_d)}{4f} \tag{5-6}$$

再将结果代入式（5-1）和式（5-2）中，进而可得政府、上游企业的最优利润。

$$\Pi^{*N}(s^{*N}) = \frac{a^2(h - c_r - c_u + c_m + c_d)^2}{8f} \tag{5-7}$$

$$\pi_1^{*N}(\eta^{*N}) = \frac{a^2(h - c_r - c_u + c_m + c_d)^2}{16f} + \frac{(\alpha - \beta c_m)^2}{2\beta} \tag{5-8}$$

2. 政府价值补偿政策的策略分析

通过对模型 N 求解结果的分析，得到政府对园区价值补偿政策的策略如下。

（1）政府利用式（5-4）确定 s^{*N}，制定上游企业废弃物资源化的最优价值补偿系数。最优价值补偿系数 s^* 取决于模型参数 s 和参数 h、c_r、c_u、c_m、c_d。由

$$\frac{\partial s^{*N}}{\partial h} = \frac{1}{2} > 0, \frac{\partial s^{*N}}{\partial c_r} = \frac{1}{2} > 0, \frac{\partial s^{*N}}{\partial c_u} = \frac{1}{2} > 0, \frac{\partial s^{*N}}{\partial c_d} = -\frac{1}{2} < 0, \frac{\partial s^{*N}}{\partial c_m} = -\frac{1}{2} < 0$$

可得最优价值补偿系数 s^{*N} 与环境效益 h、产品制造成本 c_r、废弃物再利用成本 c_u 正相关，且与使用新材料生产成本 c_m、环境处理成本 c_d 负相关。

（2）政府最优价值补偿系数，随着废弃物资源化产生的环境效益 h 的增加而增加。园区工业废弃物外排对环境污染越大，造成的环境损害越大，废弃物资源化产生的环境效益越大。政府鼓励园区工业废弃物资源化，追求的环境效益大于其带来的经济效益。因此资源化产出的环境效益越大，政府应给予越高的价值补偿。

（3）废弃物回收成本及再制造成本越高（即 c_u、c_r 越大），则政府的价值补偿系数越大。政府价值补偿的目的是促进园区工业废弃物资源化，减少废弃物丢弃，实现环境效益最大化。工业废弃物普遍存在治污困难、回收利用难度大等特点。追求经济效益是企业经营的最终目标，当废弃物回收再利用的成本低时，企业参与废弃物资源化的积极性较高，此时可适当降低价值补偿额度。反之，当废弃物回收再利用的成本过高时，企业参与废弃物资源化的主动性较弱，对此，政府必须给予较高的价值补偿，以补偿企业废弃物资源化的成本，从而激励企业的废弃物资源化。

（4）上游企业对废弃物的环境处理成本越高，且回收再利用废弃物所节省的购买新材料成本越高，则政府的价值补偿越低（即 c_d、c_m 越高，s 越低）。对产出的废弃物进行无害化处理是上游企业应承担的义务。废弃物资源化不但可节省

废弃物排放的环境处理成本，利用废弃物作为原材料投入产品生产，还可节省购买新材料的成本。当废弃物环境处理成本越高，且新原材料的购买成本越高，上游企业将积极通过自行回收再利用，或与下游企业协作等各种途径，对废弃物进行资源化，此时政府可给予较低的价值补偿。

（5）政府可利用价值补偿来促进园区企业废弃物资源化水平。由式（5-3）可知，废弃物资源化水平与政府价值补偿系数 s^{*N} 正相关，即政府的价值补偿可提高园区企业废弃物资源化的积极性，从而提高废弃物资源化水平。

5.3.2　企业间废弃物交换利用的价值补偿政策

在园区企业间废弃物交换利用模式下，政府的价值补偿对象有以下四个：补偿上下游企业均进行；仅补偿上游企业；仅补偿下游企业；都不进行补偿。不同补偿对象，补偿模型结构不同，补偿政策的实施策略存在差异。

1. 政府对上下游企业进行价值补偿

政府对园区企业间废弃物交换利用的价值补偿模型，即模型 M。在该模型中（图 5-3），上游企业对其产出的废弃物经过一定处理后以交换价格 p_0^M 将有用物质含量为 σ^M 的回收品出售给下游企业，下游企业利用该回收品生产产品并以价格 p^M 进行销售，资源化比率为 σ^M。由于上游企业与下游企业在废弃物资源化活动中都承担相应的成本，政府给予上游企业价值补偿 s_1^M 和下游企业价值补偿 s_2^M，总价值补偿为 $s^M = s_1^M + s_2^M$。因此，以下将构建政府与两个制造企业之间的博弈模型。政府以废弃物资源化产生的环境效益最大化为目标，同时要考虑到价值补偿的支出与价值补偿的效果。政府同时对上下游企业进行价值补偿不会影响产品的价格，但对企业间废弃物交换价格会有不同的影响。

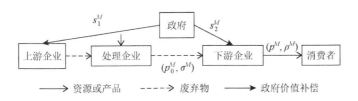

图 5-3　企业间废弃物交换利用的价值补偿模型

在政府同时对园区上下游企业废弃物资源化进行价值补偿时，即 $s_1 \neq 0, s_2 \neq 0$ 时，上游企业与下游企业协作进行废弃物资源化，实质共同分担相应的废弃物循环利用成本，政府根据废弃物资源化带来的环境效益确定给予上游企业和下游企业的价值补偿。政府作为废弃物资源化活动中的主导者，在博弈第一阶段确定对上游企业的价值补偿系数 s_1 和对下游企业的价值补偿系数 s_2。第二阶段，下游企业决定产品的价格 p 和废弃物资源化比率 ρ。第三阶段，上游企业选择废弃物回收物质含量水平 σ 和交换价格 p_0。此时，政府、上游企业和下游企业的决策函数分别为

$$\max_{s_1,s_2} \varPi^M = (h - s_1 - s_2)\rho\sigma(a - bp_0) \tag{5-9}$$

$$\max_{p,\rho} \pi_2^M = \rho\sigma(a - bp_0)(p - c_r - c_z + s_2) \\ + [\alpha - \beta p - \rho\sigma(a - bp_0)](p - c_m) - f_2\rho^2 - p_0\sigma(a - bp_0) \tag{5-10}$$

$$\max_{\sigma,p_0} \pi_1^M = \sigma(a - bp_0)(p_0 + c_d - c_0 + s_1) - f_1\sigma^2 \tag{5-11}$$

（1）同样采用逆向归纳法进行求解，上游企业最大化式（5-11），分别对 p_0、σ 求导并联立一阶条件可得到上游企业对政府价值补偿的决策反应式：

$$p_0^M = \frac{a - b(c_d - c_0 + s_1)}{2b}, \sigma^M = \frac{[a + b(c_d - c_0 + s_1)]^2}{8bf_1} \tag{5-12}$$

（2）将 p_0^M，σ^M 列入下游企业的利润函数，最大化式（5-10），对 p、ρ 求导并令导数为 0，可得出下游企业决策的反应式：

$$\rho^M = \frac{[a + b(c_d - c_0 + s_1)]^3(c_m - c_r - c_z + s_2)}{32bf_1f_2}, p^M = \frac{\alpha + \beta c_m}{2\beta} \tag{5-13}$$

将 p_0^M，σ^M，ρ^M 代入政府利润函数，最大化式（5-9），求 s_1，s_2 的导数并令其为 0，可求得政府对上游企业和下游企业的最优价值补偿系数分别为

$$s_1^{*M} = \frac{3b(h + c_m - c_r - c_z) - b(c_d - c_0) - a}{4b} \tag{5-14}$$

$$s_2^{*M} = \frac{7b(-c_m + c_r + c_z) + b(h + c_d - c_0) + a}{8b} \tag{5-15}$$

总价值补偿为

$$s^{*M} = s_1^{*M} + s_2^{*M} = \frac{7bh - b(c_m - c_r - c_z + c_d - c_0) - a}{8b} \tag{5-16}$$

进一步可得出：

$$p_0^{*M} = \frac{5a - 3b(h + c_m - c_r - c_z + c_d - c_0)}{8b} \tag{5-17}$$

$$\sigma^{*M} = \frac{9[b(h + c_m - c_r - c_z + c_d - c_0) + a]^2}{8 \times 16bf_1} \tag{5-18}$$

$$\rho^{*M} = \frac{27[b(c_m - c_r - c_z + h + c_d - c_0) + a]^4}{4 \times 16^3 b^2 f_1 f_2} \tag{5-19}$$

$$p^{*M} = \frac{\alpha + \beta c_m}{2\beta} \tag{5-20}$$

$$\eta^{*M} = \rho^{*M}\sigma^{*M} = \frac{[b(c_d-c_0+s_1^{*M})+a]^5(c_m-c_r-c_z+s_2^{*M})}{16^2 b^2 f_1^2 f_2}$$ (5-21)

$$= \frac{243[b(h-c_r+c_m-c_z+c_d-c_0)+a]^6}{2\times16^5 b^3 f_1^2 f_2}$$

此时，政府、上游企业、下游企业的最优利润分别为

$$\Pi^{*M}(s_1^{*M},s_2^{*M}) = \frac{27^2[b(c_m-c_r-c_z+h+c_d-c_0)+a]^8}{8\times16^6 b^4 f_1^2 f_2}$$ (5-22)

$$\pi_2^{*M}(p^{*M},\rho^{*M}) = \frac{27^2[b(c_m-c_r-c_z+h+c_d-c_0)+a]^8}{16^7 b^4 f_1^2 f_2} + \frac{(\alpha-\beta c_m)^2}{4\beta}$$

$$- \frac{27[5a-3b(h+c_m-c_r-c_z+c_d-c_0)][b(h+c_m-c_r-c_z+c_d-c_0)+a]^3}{2\times16^3 bf_1}$$

(5-23)

$$\pi_1^{*M}(\sigma^{*M},p_0^{*M}) = \frac{81[b(h+c_m-c_r-c_z+c_d-c_0)+a]^4}{4\times16^3 b^2 f_1}$$ (5-24)

2. 政府只对上游企业进行价值补偿

政府只对废弃物资源化参与企业的上游企业进行价值补偿，即 $s_1\neq0,s_2=0$，此时，废弃物资源化中，政府与上游企业和下游企业的利润函数分别为

$$\max_{s_1}\Pi^M = (h-s_1)\rho\sigma(a-bp_0)$$ (5-25)

$$\max_{p,\rho}\pi_2^M = \rho\sigma(a-bp_0)(p-c_r-c_z)$$
$$+[\alpha-\beta p-\rho\sigma(a-bp_0)](p-c_m)-f_2\rho^2-p_0\sigma(a-bp_0)$$ (5-26)

$$\max_{\sigma,p_0}\pi_1^M = \sigma(a-bp_0)(p_0+c_d-c_0+s_1)-f_1\sigma^2$$ (5-27)

（1）采用逆向归纳法求解，上游企业目标函数最大化，分别对 p_0，σ 求导并联立一阶条件，可得上游企业对政府价值补偿的决策反应式：

$$p_0^M = \frac{a-b(c_d-c_0+s_1)}{2b}, \sigma^M = \frac{[a+b(c_d-c_0+s_1)]^2}{8bf_1}$$ (5-28)

（2）将 p_0^M，σ^M 代入下游企业的利润函数，对 p、ρ 求导并令导数为 0，可得到下游企业决策的反应式：

$$\rho^M = \frac{[a+b(c_d-c_0+s_1)]^3(c_m-c_r-c_z)}{32bf_1f_2}, p^M = \frac{\alpha+\beta c_m}{2\beta}$$ (5-29)

（3）将 p_0^M，σ^M，p^M 代入政府利润函数，求 s_1 的导数并令其为 0，可求得政府对上游企业的最优价值补偿系数为

$$s_1^{*M} = \frac{b(6h - c_d + c_0) - a}{7b} \tag{5-30}$$

进一步可得到：

$$p_0^{*M} = \frac{4a - 3b(h + c_d - c_0)}{7b} \tag{5-31}$$

$$\sigma^{*M} = \frac{9[a + b(h + c_d - c_0)]^2}{49 \times 2bf_1} \tag{5-32}$$

$$\rho^{*M} = \frac{27[b(h + c_d - c_0) + a]^3 (c_m - c_r - c_z)}{4 \times 7^3 bf_1 f_2} \tag{5-33}$$

$$\Pi^{*M} = \frac{27^2[b(h + c_d - c_0) + a]^7 (c_m - c_r - c_z)}{56 \times 49^3 b^3 f_1^2 f_2} \tag{5-34}$$

$$\pi_2^{*M} = \frac{27^2[b(h + c_d - c_0) + a]^6 (c_m - c_r - c_z)^2}{16 \times 49^3 b^2 f_1^2 f_2}$$
$$+ \frac{[\alpha - \beta c_m]^2}{2\beta} - \frac{27[a + b(h + c_d - c_0)]^3 [4a - 3b(h + c_d - c_0)]}{2 \times 49^2 b^2 f_1} \tag{5-35}$$

$$\pi_1^{*M} = \frac{81[a + b(h + c_d - c_0)]^4}{4 \times 49^2 bf_1} \tag{5-36}$$

3. 政府只对下游企业进行价值补偿

政府只对下游企业进行价值补偿，即 $s_1 \neq 0, s_2 = 0$，则废弃物资源化中，政府、上下游企业的利润函数分别为

$$\max_{s_2} \Pi^M = (h - s_2)\rho\sigma(a - bp_0) \tag{5-37}$$

$$\max_{p,\rho} \pi_2^M = \rho\sigma(a - bp_0)(p - c_r - c_z + s_2)$$
$$+ [\alpha - \beta p - \rho\sigma(a - bp_0)](p - c_m) - f_2\rho^2 - p_0\sigma(a - bp_0) \tag{5-38}$$

$$\max_{\sigma, p_0} \pi_1^M = \sigma(a - bp_0)(p_0 + c_d - c_0) - f_1\sigma^2 \tag{5-39}$$

（1）采用逆向归纳法求解，最大化上游企业目标函数，分别对 p_0，σ 求导并联立一阶条件，可得到上游企业对政府价值补偿的决策反应式：

$$p_0^M = \frac{a - b(c_d - c_0)}{2b}, \sigma^M = \frac{[a + b(c_d - c_0)]^2}{8bf_1} \tag{5-40}$$

（2）将 p_0^M，σ^M 列入下游企业的利润函数，对 p、ρ 求导并令导数为 0，可得下游企业决策的反应式：

$$\rho^M = \frac{[a + b(c_d - c_0)]^3 (c_m - c_r - c_z + s_2)}{32bf_1 f_2}, p^M = \frac{\alpha + \beta c_m}{2\beta} \tag{5-41}$$

（3）将 p_0^M，σ^M，ρ^M 代入政府利润函数，求 s_1，s_2 的导数并令其为 0，可求得政府对上游企业和下游企业的最优价值补偿系数分别为

$$s_2^{*M} = \frac{h - (c_m - c_r - c_z)}{2} \tag{5-42}$$

$$\rho^{*M} = \frac{[a + b(c_d - c_0)]^3 (h + c_m - c_r - c_z)}{64 b f_1 f_2} \tag{5-43}$$

$$\Pi^{*M}(s_2^{*M}) = \frac{[a + b(c_d - c_0)]^6 (h + c_m - c_r - c_z)^2}{8 \times 16^2 b^2 f_1^2 f_2} \tag{5-44}$$

$$\pi_2^{*M} = \frac{[a + b(c_d - c_0)]^6 (h + c_m - c_r - c_z)^2}{16^3 b^2 f_1^2 f_2}$$
$$+ \frac{(\alpha - \beta c_m)^2}{4\beta} - \frac{[a + b(c_d - c_0)]^3 [a - b(c_d - c_0)]}{32 b^2 f_1} \tag{5-45}$$

$$\pi_1^{*M} = \frac{[a + b(c_d - c_0)]^4}{64 b^2 f_1} \tag{5-46}$$

4. 政府不进行价值补偿

在分析政府是否应进行价值补偿时，先假设政府不对园区工业废弃物资源化进行价值补偿，则上下游企业废弃物资源化的决策函数分别为

$$\max_{p,\rho} \pi_2^M = \rho\sigma(a - bp_0)(p - c_r - c_z) + [\alpha - \beta p - \rho\sigma(a - bp_0)]$$
$$\times (p - c_m) - f_2\rho^2 - p_0\sigma(a - bp_0) \tag{5-47}$$

$$\max_{\sigma,p_0} \pi_1^M = \sigma(a - bp_0)(p_0 + c_d - c_0) - f_1\sigma^2 \tag{5-48}$$

同样采用逆向归纳法进行求解，可得

$$p_0^{*M} = \frac{a - b(c_d - c_0)}{2b}, \sigma^{*M} = \frac{[a + b(c_d - c_0)]^2}{8 b f_1} \tag{5-49}$$

$$\rho^{*M} = \frac{[a + b(c_d - c_0)]^3 (c_m - c_r - c_z)}{32 b f_1 f_2}, p^{*M} = \frac{\alpha + \beta c_m}{2\beta} \tag{5-50}$$

政府与上游企业、下游企业的利润分别为

$$\pi_2^{*M} = \frac{[a + b(c_d - c_0)]^6 (c_m - c_r - c_z)^2}{4 \times 16^2 b^2 f_1^2 f_2}$$
$$+ \frac{(\alpha - \beta c_m)^2}{4\beta} - \frac{[a + b(c_d - c_0)]^3 [a - b(c_d - c_0)]}{32 b^2 f_1} \tag{5-51}$$

$$\pi_1^{*M} = \frac{[a + b(c_d - c_0)]^4}{64 b^2 f_1} \tag{5-52}$$

$$\Pi^{*M} = \frac{h[a+b(c_d-c_0)]^6(c_m-c_r-c_z)}{2\times16^2b^2f_1^2f_2} \qquad (5-53)$$

根据求解结果，园区企业间废弃物资源化模式下，政府价值补偿策略均衡解可如表5-5所示。

表 5-5　园区企业间废弃物资源化模式下的政府价值补偿策略均衡结果

参数	模型 M			
	$s_1 = s_2 \neq 0$	$s_1 \neq 0, s_2 = 0$	$s_1 = 0, s_2 \neq 0$	$s_1 = s_2 = 0$
s^*, s_1^*, s_2^*	$s_1 = \dfrac{A-a}{4b}$ $s_2 = \dfrac{B+a}{8b}$	$s_1^* = \dfrac{b(6h-c_d+c_0)-a}{7b}$	$s_2^{*M} = \dfrac{h-(c_m-c_r-c_z)}{2}$	$s_1 = s_2 = 0$
p^*	$\dfrac{\alpha+\beta c_m}{2\beta}$	$\dfrac{\alpha+\beta c_m}{2\beta}$	$\dfrac{\alpha+\beta c_m}{2\beta}$	$\dfrac{\alpha+\beta c_m}{2\beta}$
σ^*	$\dfrac{9C^2}{128bf_1}$	$\dfrac{9E^2}{49\times2bf_1}$	$\dfrac{F^2}{8bf_1}$	$\dfrac{F^2}{8bf_1}$
ρ^*	$\dfrac{27C^4}{4\times16^3b^2f_1f_2}$	$\dfrac{27E^3(c_m-c_r-c_z)}{4\times7^3bf_1f_2}$	$\dfrac{F^3(h+c_m-c_r-c_z)}{64bf_1f_2}$	$\dfrac{F^3(c_m-c_r-c_z)}{32bf_1f_2}$
p_0^*	$\dfrac{5a-3bD}{8b}$	$\dfrac{4a-3b(h+c_d-c_0)}{7b}$	$\dfrac{a-b(c_d-c_0)}{2b}$	$\dfrac{a-b(c_d-c_0)}{2b}$

注：$A=3b(h+c_m-c_r-c_z)-b(c_d-c_0)$；$B=7b(-c_m+c_r+c_z)+b(h+c_d-c_0)$；$C=b(h+c_m-c_r-c_z+c_d-c_0)+a$；$D=h+c_m-c_r-c_z+c_d-c_0$；$E=a+b(h+c_d-c_0)$；$F=a+b(c_d-c_0)$

5. 政府对企业间废弃物资源化价值补偿政策的策略分析

在模型 M 中，三种不同的补偿对象，得出的价值补偿系数不同，虽然不会影响最终产品价格，但影响园区上下游企业间废弃物的交换价格，不同的价值补偿策略，对废弃物交换价格的影响也不同。

（1）政府对上游企业与下游企业的价值补偿系数 s_1、s_2 取决于模型参数 a、b、h、c_m、c_r、c_z、c_d、c_0。政府给予上游企业的价值补偿系数 s_1 与 h、c_m、c_0 正相关，与 c_r、c_z、c_d 负相关。政府给予下游企业的价值补偿系数 s_2 与 h、c_d、c_r、c_z 正相关，且与 c_m、c_0 负相关。

（2）政府给予上游企业的价值补偿系数 s_1 取决于模型参数 a、b、h、c_d、c_0，且与 h、c_0 成正相关，与 c_d 负相关。即废弃物资源化产出的环境效益越大，回收处理的成本越高，政府的价值补偿越大；废弃物环境处理成本越大，政府的价值补偿越小。

（3）政府给予下游企业的价值补偿系数取决于模型产生 h、c_m、c_r、c_z，且与

h、c_r、c_z 正相关，与 c_m 负相关。即政府只对下游企业进行价值补偿，废弃物资源化产出的环境效益越大，废弃物资源化成本与制造成本越大，政府的价值补偿系数越大；利用新材料生产的成本越高，政府的价值补偿越少。

（4）废弃物交换价格和资源化水平受政府价值补偿的影响。政府对上游企业的价值补偿越多，废弃物交换价格越低；对下游企业的价值补偿越高，废弃物交换价格越高。由公式：

$$p_0^{*M} = \frac{a - b(c_d - c_0 + s_1^{*M})}{2b}, \sigma^{*M} = \frac{[a + b(c_d - c_0 + s_1^{*M})]^2}{8bf_1},$$

$$\rho^{*M} = \frac{[a + b(c_d - c_0 + s_1^{*M})]^3 (c_m - c_r - c_z + s_2^{*M})}{32bf_1 f_2}, p^{*M} = \frac{\alpha + \beta c_m}{2\beta},$$

$$\eta^{*M} = \rho^{*M} \sigma^{*M} = \frac{[b(c_d - c_0 + s_1^{*M}) + a]^5 (c_m - c_r - c_z + s_2^{*M})}{16^2 b^2 f_1^2 f_2},$$

$$\frac{\partial p_0^{*M}}{\partial s_1^{*M}} < 0, \frac{\partial \sigma^{*M}}{\partial s_1^{*M}} > 0, \frac{\partial \rho^{*M}}{\partial s_1^{*M}} > 0, \frac{\partial \rho^{*M}}{\partial s_2^{*M}} > 0$$

可知，政府是否对园区企业废弃物资源化进行价值补偿，都不会影响产品的市场价格，但影响废弃物交换价格和废弃物再利用水平。政府对上游企业的价值补偿 s_1^{*M} 越多，废弃物交换价格 p_0^{*M} 越低；价值补偿越高，上游企业废弃物回收质量水平越高；政府对上游企业和下游企业的价值补偿越高，废弃物再利用水平越高。

（5）政府对上游企业的价值补偿越多，交换价格越低。即 $p_0^{*M}(s_1 = 0) > p_0^{*M}(s_1 \neq 0)$。

（6）政府对上游企业和下游企业的价值补偿越高，上游企业废弃物回收质量水平越高，废弃物再利用水平也越高。即 $\sigma^{*M}(s_1 = 0) < \sigma^{*M}(s_1 \neq 0), \rho^{*M}(s_1 = 0, s_2 = 0) < \rho^{*M}(s_1 \neq 0, s_2 \neq 0), \eta^{*M}(s_1 \neq 0, s_2 \neq 0) > \eta^{*M}(s_1 \neq 0, s_2 = 0) > \eta^{*M}(s_1 = 0, s_2 \neq 0) > \eta^{*M}(s_1 = 0, s_2 = 0)$。

（7）在模型 M 中，价值补偿的三种方式中，政府同时补偿上、下游企业时，废弃物再利用率最高，其次是只补偿上游企业，最后是只对下游企业进行价值补偿模式。

6. 企业间废弃物交换利用的价值补偿政策建议

通过园区企业间废弃物交换利用的价值补偿模型分析，表明园区工业废弃物资源化协同处理共生交易价值链的构建，受废弃物供应数量及稳定性、废弃物交换价格、原生材料价格、专用资产投资规模、回收处理成本、企业间信任程度、排污成本（环境压力）和财政补贴等因素的综合影响，每一个因素都有其约束条件，即废弃物供应数量有一定的下限值且需要保持稳定性、连续性。废弃物交换价格需要保证在一定的合理区间内,原生材料价格有一定的下限值,专用资产投资规模有一定的上限值,回收处理成本也有上限,排污成本(环境压力)及政府财政补贴需要超过一定的标准,才能保证企业间废弃物价值流转收益关系的协调,维持企业间协同处理合作。针对以上影响因素,提出价值流转补偿政策建议如下。

1)提高排污成本,合理进行财政补贴

在园区工业废弃物资源化过程中,主要涉及产废企业和利废企业两个主体的关系,如果采用废弃物价格手段来调节上下游的利益关系,则需要从以下两个方面入手:第一,进一步完善污染物分类,提高排污标准限值,加大直接排放的经济处罚。间接增加产废企业的环境成本,调节上下游企业参与合作的经济价值增量。第二,采用财政、税收等手段,对上下游企业的资源化协同处理合作行为提供激励。当园区企业参与废弃物资源化实践,所获取的经济报酬不足以支付成本时,尤其是针对再利用价值比较低,污染较为严重的废弃物,通过各类税收费用减免、价格补贴、财政专项基金等补贴方式,增加废弃物的流转价值,提升上下游企业的经济效益,进而提高其参与废弃物资源化的积极性。同时,对企业投资的预处理设备、资源化利用设备给予投资补贴,能够刺激排放企业和利用企业增加其在废弃物资源化建设上的投资,从而发挥上述企业的参与和投资激励作用。此外,对企业参与废弃物资源化产生的环境效果进行评估,当其达到或超过一定的规模水平,设计弹性补贴系数,对环境价值进行补偿。

2)综合考虑回收处理成本,推进专用资产投资一体化

废弃物的回收处理成本包括预处理成本和资源化成本。具体包括收集分拣成本、运输成本、场地堆放成本、资源化加工成本及二次污染成本等。只有回收处理成本下降,经营废弃物资源化的企业利润空间才会上升。因此,需要综合考虑园区内多种生产要素的成本(包括劳动力、土地、资本、技术、信息等),统筹规划相关产业、企业的布局和选址,通过各类厂房、管道及交通线路分布进行周密规划,缩短运输时间、降低运输成本和运输风险;通过产学研结合、企业间协作研发、引进国外先进的废弃物资源化核心技术等多种途径,不断提升园区企业废弃物资源化的技术、管理水平,提高回收处理效率,降低回收处理成本。同时,推进上下游企业开展经营废弃物资源化的纵向一体化投资活动,降低资产专用性水平带来的风险损失。当下游资源化资产对上游预处理资产有较高的依赖性时,应鼓励上游产废企业开展纵向一体化;反之,应鼓励下游利废企业开展纵向一体化。

3)发挥再生材料的成本优势

长期起来,我国原生资源市场定价较低,未将生态环境资源列入生产要素来确定产权及价值,其外部性、公共性明显。因此,如果按照现行的市场交易机制建立原生资源价格标准,会导致原生资源被过度开发,造成大量的环境污染。由于废弃物的交换价格需在一定的区间范围内,资源化经营活动才有利可图,需要

对原生资源（材料）价格进行合理规制，推进资源环境税费改革，增加原生材料价格与废弃物价格之间的差异度，从而体现再生材料与原生材料竞争的成本优势。

4）搭建废弃物信息交换平台，降低废弃物资源化成本

园区企业参与工业废弃物资源化协同处理，需要彼此间的信任、开放，降低信息不对称性，加强合作、交流。因此，通过搭建工业废弃物信息交流平台，及时披露园区内产生废弃物的种类、物质构成、数量等，可使上下游企业了解和掌握废弃物的供需及质量信息，寻求与自身价值链契合的交易对象。同时，通过加强生态环境理念宣传引导，营造园区企业间学习、交流的良好氛围，培育合作文化，改善企业间横向、纵向竞争关系，可促进经营管理人员之间的协同决策，降低参与废弃物资源化经营企业间的交易成本。

5.3.3 园区废弃物集中资源化的价值补偿政策

1. 园区废弃物集中资源化的价值补偿模型构建

政府对园区企业废弃物集中资源化处理的价值补偿模型（即模型 R）如图 5-4 所示，在该模型中，上游企业不进行废弃物资源化活动，而是支付一定费用（w），将产出的废弃物交给处理企业进行处理。处理企业经过处理后，将有用物质含量为 σ^R 的回收品，以 p_0^R 价格出售给下游企业进行产品生产，下游企业将生产的产品以 p^R 的价格对外销售。在此情形中，政府只需对处理企业和下游企业的废弃物资源化活动给予价值补偿，价值补偿总额为 $s^R = s_1^R + s_2^R$，其中，处理企业的价值补偿为 s_1^R，下游企业的价值补偿为 s_2^R。据此可构建政府与处理企业、下游企业之间的决策博弈模型。

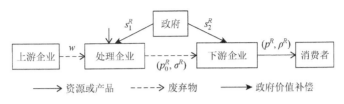

图 5-4 园区废弃物集中资源化的价值补偿模型

在图 5-4 模型中，政府与下游企业、处理企业之间的博弈关系，可描述为三阶段博弈模型，决策变量有 s_1、s_2、ρ、p、σ、p_0，其博弈顺序如下。

政府以环境效益最大化为目标，确定对下游企业和处理企业的单位价值补偿 s_1、s_2。

在政府给予下游企业和处理企业价值补偿的情况下，下游企业确定废弃物资源化比率 ρ 和产品价格 p。

处理企业确定的废弃物回收质量水平为 σ，交换价格为 p_0，此时，处理企业的收益包括出售回收品的收入、政府的价值补偿和从上游企业中收取的处理费用。政府、下游企业和处理企业分别以各自的利润最大化为目标进行决策，其决策函数分别为

$$\max_{s_1,s_2} \Pi^R = (h - s_1 - s_2)\rho\sigma(a - bp_0) \tag{5-54}$$

$$\max_{p,\rho} \pi_2^R = \rho\sigma(a - bp_0)(p - c_r - c_z + s_2)$$
$$+ [\alpha - \beta p - \rho\sigma(a - bp_0)](p - c_m) - f_2\rho^2 - p_0\sigma(a - bp_0) \tag{5-55}$$

$$\max_{p_0,\sigma} \pi_3^R(p_0, \sigma) = \sigma(a - bp_0)(p_0 + k - c_0 + s_1) - f_1\sigma^2 \tag{5-56}$$

$$\text{s.t. } k = \frac{K}{\sigma} \leqslant c_d$$

与模型 M 的求解过程类似，可求得决策变量的均衡结果分别为

$$s_1^{*R} = \frac{3b(h + c_m - c_r - c_z) - b(k - c_0) - a}{4b} \tag{5-57}$$

$$s_2^{*R} = \frac{7b(-c_m + c_r + c_z) + b(h + k - c_0) + a}{8b} \tag{5-58}$$

总价值补偿为

$$s^{*R} = s_1^{*R} + s_2^{*R} = \frac{7bh - b(c_m - c_r - c_z + k - c_0) - a}{8b} \tag{5-59}$$

进一步可得到：

$$p_0^{*R} = \frac{5a - 3b(h + c_m - c_r - c_z + k - c_0)}{32b} \tag{5-60}$$

$$\sigma^{*R} = \frac{9[b(h + c_m - c_r - c_z + k - c_0) + a]^2}{8 \times 16bf_1} \tag{5-61}$$

$$\rho^{*R} = \frac{27[a + b(h + c_m - c_r - c_z + c_d - c_0)]^4}{4 \times 16^3 b^2 f_1 f_2} \tag{5-62}$$

$$\eta^{*R} = \frac{9 \times 27[a + b(h + c_m - c_r - c_z + c_d - c_0)]^6}{2 \times 16^5 b^3 f_1^2 f_2} \tag{5-63}$$

$$p^{*R} = \frac{\alpha + \beta c_m}{2\beta} \tag{5-64}$$

此时，政府、下游企业、处理企业的最优利润分别为

$$\Pi^{*R}(s_1^{*R}, s_2^{*R}) = \frac{27^2[a + b(h + c_m - c_r - c_z + c_d - c_0)]^8}{4 \times 16^6 b^4 f_1^2 f_2} \tag{5-65}$$

$$\pi_2^{*R}(p^*, \rho^{*R}) = \frac{27^2[b(c_m - c_r - c_z + h + k - c_0) + a]^8}{16^7 b^4 f_1^2 f_2} + \frac{(\alpha - \beta c_m)^2}{4\beta}$$

$$- \frac{27[5a - 3b(h + c_m - c_r - c_z + k - c_0)][b(h + c_m - c_r - c_z + k - c_0) + a]^3}{2 \times 16^3 b f_1}$$

$$\text{（5-66）}$$

$$\pi_3^R(p_0^{*R}, \sigma^{*R}) = \frac{81[b(h + c_m - c_r - c_z + k - c_0) + a]^4}{4 \times 16^3 b^2 f_1} \qquad \text{（5-67）}$$

2. 政府价值补偿的策略分析

通过模型均衡结果的比较分析，可得政府在园区废弃物集中处理时的价值补偿实施策略：模型 R 是模型 M 的一种特殊情况，与模型 M 类似，在模型 R 下，政府对企业废弃物资源化最优政府价值补偿系数 s^{*R} 取决于模型参数 a、b、h、c_m、c_r、c_u（$c_u = c_0 + c_z$）、c_d、k，具体策略如下。

（1）废弃物资源化产生的环境效益越大，政府应给予的价值补偿额度越高。

证明：有 $\frac{\partial s}{\partial h} > 0$。证毕。由于政府以废弃物资源化产出的环境效益最大化为决策目标，因此政府会根据企业废弃物资源化带来的环境效益确定价值补偿额度，以最大化环境效益。

（2）处理企业从上游企业获得的废弃物处理费用越高，政府应给予的总价值补偿额度越低。证明：有 $\frac{\partial s^{*R}}{\partial k} = -\frac{1}{8} < 0$。证毕。

当废弃物环境处理成本越高，由于上游企业必须对废弃物进行无害化处理，上游企业也会自觉通过各种途径（包括自行处理或回收利用、企业间交换处理、通过废弃物处理企业集中处理等）对废弃物进行资源化或无害化处理；废弃物环境处理成本越高，上游企业给予处理企业的处理费用也越高，从而弥补了处理企业回收处理废弃物的一部分成本。因此，当上游企业对废弃物的环境处理成本较高时，政府可给予较低的价值补偿额度。

（3）对于制造企业利用废弃物进行产品生产，废弃物的再利用成本和制造成本越高，政府应给予的总价值补偿额度越高；制造企业使用新材料进行生产的生产成本越高，政府应给予的总价值补偿额度越低。

将 $c_u = c_0 + c_z$ 代入 s^{*R}，分别对 c_u、c_r、c_m 求一阶偏导数，得

$$\frac{\partial s^{*R}}{\partial c_u} = \frac{1}{8} > 0, \frac{\partial s^{*R}}{\partial c_r} = \frac{1}{8} > 0, \frac{\partial s^{*R}}{\partial c_m} = -\frac{1}{8} < 0$$

当制造企业利用废弃物进行产品生产的再利用成本和制造成本较高，而使用

新材料进行产品生产的生产成本较低时，制造企业利用废弃物生产节约的成本较少，甚至利用废弃物生产的成本大于使用新材料生产的成本。此时制造企业参与废弃物资源化活动的积极性较低，政府应给予较高的价值补偿额度以弥补企业利用废弃物进行生产的成本，进而提高制造企业参与废弃物资源化活动的积极性。反之，当制造企业使用新材料生产产品的成本大于利用废弃物生产的成本时，制造企业参与废弃物资源化活动的主动性较强，此时政府可给予较少的价值补偿额度。

（4）政府对企业废弃物资源化进行价值补偿不会影响企业产品的定价，但可通过影响企业间废弃物交换价格来促进企业间废弃物资源化协同处理。政府的价值补偿会提高企业废弃物回收质量水平和降低交换价格，从而降低下游企业废弃物利用的成本和提高废弃物资源化的比率。

（5）政府对企业三种不同废弃物资源化模式下的最优价值补偿系数 s^{*N}、s^{*M}、s^{*R}，可有效提高企业废弃物利用率，增强企业废弃物资源化活动的经济属性，同时提高环境效益。

（6）当单位废弃物的环境处理成本（c_d）、废弃物再利用成本（$c_u = c_0 + c_z$）、利用废弃物生产的产品制造成本（c_r）、为废弃物资源化而节约原材料和保护环境的单位环境效益（h）和制造企业使用新材料生产产品的成本（c_m）相同情况下。当 $w < c_d$ 时，政府给予废弃物集中资源化处理模式的价值补偿额度，大于给予企业间交换利用模式的价值补偿额度，但政府获得的环境效益要小于企业间废弃物交换利用模式下的环境效益；当 $w = c_d$ 时，政府对废弃物企业间交换利用模式和集中资源化处理模式的价值补偿模型相同，补偿模型的效果也相同。

容易证明，$s^{*M} \leqslant s^{*R}$，$\sigma^{*M} \geqslant \sigma^{*R}$，$\rho^{*M} \geqslant \rho^{*M}$，$\eta^{*M} \geqslant \eta^{*R}$，$\varPi^{*M} \geqslant \varPi^{*R}$。

现实生活中，作为专业的废弃物处理企业，废弃物的处理成本一般要比企业自行处理的成本要低，且园区废弃物资源化模式不同，其资源化的成本也不尽相同。因此，政府应根据园区企业废弃物不同资源化模式分别进行价值补偿。

3. 园区废弃物集中资源化处理的价值补偿政策建议

园区工业废弃物资源化经营，虽然环境效益显著，但其初始投资大、后期运行成本高，经济效益不足，具有明显的外部性特征。因此，在现行的资源环境体系下，单单依靠市场机制，由企业自发参与很难实现，需要政府制定激励补偿政策，发挥政府的主导和调节作用，促进工业废弃物这一种"特殊商品"在政府引导下，实现"自由流转"和价值增值。

1）合理确定废弃物集中处理的收费价格

集中处理收费价格的制定，除了对处理企业的经济效益产生影响，还影响生产排放企业的经济利润。由于园区内第三方集中处理中心多为基础设施，一旦投入运营，将使产废企业产生一定程度的路径依赖，并对处理企业成本、创新产生一定的抑制作用，从而出现高收费、低效率的现象。因此，集中处理收费的确定，需要政府调控与市场调节相结合，综合考虑上游企业的成本压力和处理企业的经济效益，既保证上游企业参与集中处理的积极性，又能够维持下游企业的正常经营。

2）提高废弃物资源化比率

废弃物资源化比率主要由废弃物的性质及处理企业的技术工艺水平决定，资源化比率越高，意味着投入产出率越高，效益越好。集中处理企业需要加强技术创新，优化生产要素配置，不断提高再生资源（能源）的产量。政府可以通过拓宽处理企业技术研发投资的融资渠道，推动产学研在集中处理企业中的实践应用，引进国际前沿的废弃物资源化核心技术，多方面提升处理企业的资源化水平（吴荻和武春友，2009）。

3）保障再生资源价格，降低集中处理成本

再生资源成本不仅包括资源化处理、处置、加工等成本，还有可能增加专用设备、技术等的投资，其价格往往与原生资源的价格相差不大，甚至会更高，因此，在成本和价格方面不具备很强的竞争优势。政府一方面可以通过增加政府采购，提高绿色消费的补贴额度，保证再生资源的有效出售；另一方面，通过优化处理企业的空间布局和路径，以降低运输成本，提供专用型资产、技术投资的有关支持，降低废弃物处理、处置成本，提高集中处理企业的运营绩效。

5.4 本 章 小 结

本章主要对园区废弃物资源化价值补偿的现状进行了分析，剖析了存在的主要问题，通过废弃物价值补偿的机理分析，构建了不同废弃物资源化模式下的政府价值补偿模型，为政府价值补偿政策的制定提供建议。本章的主要内容包括以下五个方面。

（1）园区废弃物资源化价值补偿政策问题剖析。基于我国工业废弃物 2013～2017 年的排放数据，对目前工业废弃物情况和政策效果进行分析，梳理了政府现有价值补偿机制和价值补偿工具，发现在实际应用中，缺乏对园区工业废弃物资源化的价值补偿政策等激励举措的管理、细化，使废弃物综合利用率没有得到有效提高，仍处于较低水平，未能从根本上改善环境质量。如何合理确定价值补偿对象、依据及标准等成为目前面临的主要难题。

（2）政府对园区的价值补偿机理和模式分析。从废弃物资源化的正外部性出发，阐述了政府进行价值补偿的必要性和引导园区废弃物资源化的主要激励手段，包括对污染者征收环境税的负向激励措施，对企业给予价值补偿的正向激励措施，同时对政府的价值补偿机理进行了分析。基于园区废弃物资源化的价值流转模式，针对企业内部回收、企业间协同处理和园区集中处理模式下的政府价值补偿问题，设定了模型参数及假设，为博弈模型的构建奠定了基础。

（3）运用 Stackelberg 博弈论，构建了不同废弃物资源化模式下的政府价值补偿模型，得出了不同资源化模式下政府的最优价值补偿金额。通过模型的求解，得出了不同模式下政府的价值补偿策略：①企业自行回收的模式下，政府的价值补偿能促进企业废弃物资源化水平的提高，且随着环境效益、再生产品制造成本、废弃物再利用成本的增加而提高，随着使用原生材料的生产制造成本、环境处理成本的增加而降低；②企业间协同处理模式下，政府存在不补偿、只补偿上游（废弃物生产）企业、只补偿下游（废弃物再利用）企业及同时补偿上游和下游企业四种策略，以不补偿的情形作为对照参考，通过不同补偿模式之间的对比分析，发现政府同时补偿上、下游企业时，企业的废弃物再利用率最高，其次是只补偿上游企业的补偿方式，只对下游企业进行价值补偿的政策效果及效率最低；③园区集中处理模式下，通过引入第三方的集中处理企业，将废弃物进行集中回收再利用，因此，政府分别对处理企业和下游企业进行价值补贴，当处理企业从上游企业得到的废弃物处理费用越高时，政府给予的总价值补贴额度越低；当废弃物资源化环境效益和再利用成本越高时，政府给予的价值补贴额度越高。因此，针对不同的废弃物资源化模式，政府应对不同的价值补偿对象进行适当地补偿，通过对补偿金额地调整，使政府与企业之间的博弈达到均衡，从而实现多方利益共赢。

（4）政府的价值补偿及配套政策，是推动园区经济主体开展工业废弃物资源化实践的重要保障。政府通过合理的价值补偿，一方面保证工业废弃物在流转过程中的经济合理性，调节废弃物交换价格，使其趋于买卖双方都能接受的价格区间；同时，价值补偿能增加买方在废弃物交换过程中的经济价值，促进废弃物流转；另一方面，通过对工业废弃物流转产生的环境效益激励，可提高经济主体参与资源化实践的积极性。为此，政府及园区管委会的配套政策，应从经济、行政或法律方面提供保障，协同促进以市场为主导、政府积极支持的废弃物资源化运行机制的形成和保持。在废弃物资源化中，政府与企业追求的目标不一致，政府更多的是追求环境效益，而企业追求的主要是经济利益。因此，政府的目标是获得的环境效益最大，同时考虑废弃物资源化参与企业的目标效用，政府关注的问题是如何确定最优的价值补偿，使其期望效益最大化，参与企业通过获得合理的收益来提高废弃物的再利用率。

（5）鉴于园区工业废弃物资源化的不同模式，政府对废弃物资源化的价值补偿对象及标准则不同。具体政策建议有：①企业自行回收废弃物价值补偿政策建议。企业自行回收的模式下，政府的价值补偿对象为产废企业，补偿标准与环境效益、产品制造、废弃物再利用成本正相关，与使用新材料、环境处理成本负相关。当产废企业的废弃物回收成本及再制造成本越高时，政府的价值补偿额度则越高，以弥补企业废弃物资源化的成本，从而激励企业的废弃物资源化活动。相反，当废弃物回收再利用的成本较低时，企业参与废弃物资源化的积极性较高，此时可适当降低价值补偿额度。②企业间废弃物交换利用价值补偿政策建议。企业间协同处理废弃物模式下，政府的价值补偿对象分为上游产废企业和下游利废企业，其补偿策略有三种：只补偿上游产废企业、只补偿下游利废企业、同时补偿上游企业和下游企业。当政府只补偿上游产废企业时，废弃物资源化的环境效益越大，回收处理的成本越高，政府的价值补偿额度应越大；当废弃物环境处理成本越大时，产废企业将自发通过各种途径资源化或无害化处理废弃物，也会给下游企业带来越高的处理费用，以弥补废弃物再利用企业的一部分成本，上下游企业会自发形成共生关系，此时政府可降低价值补偿额度。如果政府只对下游企业进行价值补偿，废弃物资源化的环境效益越大，废弃物资源化成本与制造成本越大，政府的价值补偿额度则越高；如果利用新材料生产的成本越高，政府可减少价值补偿额度。政府同时补偿上下游企业时，由于政府的补偿额度大小影响上下游企业废弃物的交换价格及回收质量，因此，政府应根据企业废弃物资源化相关成本及质量的变化，相应调整补偿对象及标准。③园区废弃物集中资源化的价值补偿政策建议。园区集中处理废弃物模式下，通过第三方企业将废弃物进行集中回收再利用，政府的价值补偿对象为处理企业和下游企业。当处理企业从上游企业取得的处理费用越高时，政府给予的总价值补贴额度应越低；当废弃物资源化环境效益和再利用成本越高时，政府给予的价值补贴额度则越高。政府补偿额度的调整，可使政府与企业之间的经济及环境效益达到均衡，实现多方利益共赢。同时，在废弃物集中资源化过程中，应合理确定废弃物的收费价格，并保障再生资源价格，降低集中处理成本。价值补偿政策对工业园区废弃物资源化的发展具有重要的作用。为使政府价值补偿政策在具体实施中得以有效运行，对企业实施有效的激励，政府可以通过补贴来调整对共生链的价值补偿，在园区废弃物价值管理的过程中起到主导、协调和激励的作用，从而实现园区废弃物价值流转的畅通。

　　本章的政府价值补偿模型构建、策略分析及政策建议，为第 6 章的案例应用提供了方法论基础，为政府对园区不同资源化模式下的价值补偿方案选择提供了决策依据。

第 6 章 工业废弃物资源化价值流在园区中的 具体应用——以 NX 综合工业园区为例

6.1 NX 综合工业园区基本情况介绍

6.1.1 NX 综合工业园区简介

NX 综合工业园区是经湖南省人民政府批准、国务院审核之后设立的国家级生态工业示范园区，它是被省政府划入最新战略规划区域和重点支持的园区。园区前身是成立于 1998 年的 NX 县科技工业园，总规划控制面积 60 平方千米，已建成面积 25 平方千米。在相关单位的科学规划及省政府的规范管理下，该园区在短时间内取得了长足发展，经济规模迅速扩大。从 2003 年开始，园区有计划地遵循循环经济发展理念，在湖南省人民政府、长沙市经济委员会等多部门的规划指导及财政支持下，已经取得了一定规模的循环经济发展绩效，积极推动园区内废弃物资源化协同处理，努力实现 GDP 的绿色增长，低碳经济发展效果显著，并于 2008 年 4 月成为全省首批循环经济试点园区，2009 年 7 月，园区成为省级低碳经济试点，2010 年 11 月升级为国家级经济技术开发区。园区在产业规划中以独特的地理优势及基础资源为中心进行布局，着力于引进技术含量高、环境污染小、产业相关性密切的企业及相关项目，在产业布局方面考虑企业情况，加强构建产业共生链，加快了园区工业废弃物资源化产业链的形成和发展。目前已建成多条企业间产品代谢和废物代谢的闭合产业链，构建了园区产业集群发展框架，形成了食品饮料产业、先进装备制造业、新材料产业三大主导产业，妇孕婴童、保健品与化妆品两大特色产业，以及现代商贸服务业的"321"产业发展格局。

园区作为省首批循环经济的试点园区，同时是两型示范园区、国家循环化改造示范试点园区，2017 年已成功引进企业 400 多家，其中规模企业有 260 多家，园区高新技术企业已经达到了 70 家，专利数超过 4000 个，并且园区内还成立了 1 家国家级企业技术中心，2 家国家火炬高新技术企业，2 家院士工作站，1 家博士后流动工作站，1 家国家级工程实验室，7 家省级技术中心，3 家省级工程技术中心，12 家市级技术中心，以及 33 个中国驰名商标。最近几年，在国家两型社会建设的号召下，园区根据"资源生态、基建生态、产业生态、科技生态、金融生态、政务生态、人才生态、社区生态"这八大生态建设理念，并结合自身特色及优势，加快了园区资源循环利用及产业集聚，重心放在工业园区向工业新城的转变。2015 年，园区获批国家级农业科技园、长江经济带转型升级示范开发区、省家电特色产业园、省食品加工特色产业园，2017 年获国家级绿色园区称号。截至 2018 年，该园区实现了规模工业总产值 663.48 亿元，同比增长 31.6%；而且，规模工业增加值达到了 154.6 亿元，同比增长 12.5%；财政收入 28.24 亿元，同比增长 14.6%。

　　NX 工业园区作为一个典型的综合类工业园区，目前已经形成了完备的生态工业链，包括以酱油企业、啤酒企业等为核心的食品产业链，以热电、建材为核心的建筑材料链，以及以再生企业、再制造企业为核心的再制造产业链，此外，还有一些规模相对较小的机电、新材料产业及服务业。NX 工业园区的主要产业链构成如图 6-1 所示。

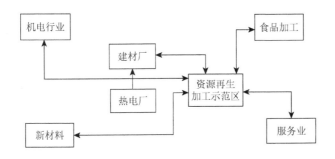

图 6-1　NX 工业园区产业链构成

　　从图 6-1 可知，NX 工业园区内部的产业链比较完善，各产业链相对独立。在园区各产业链中，资源再生加工示范区居于中心地位，是各个产业链之间物质集成的中心部分，是产业链之间连接的重要纽带。

6.1.2　NX 园区工业废弃物资源化现状

　　NX 园区内主要工业废气污染源有酱油、石油等公司 16 家，年排放废气约 74 713.6 万立方米；工业固废污染源主要有酱油、热电等企业 14 家，年排放废弃物约 43.8 万吨；工业废水污染源主要有酱油、肠衣、石油、造纸等企业 17 家，年排水约 1092.8 万吨，年排 COD 791.88 吨。在政府有关部门的指导和支持下，NX 工业园区从 2008 年开始运用循环经济理念，并已凸显成效。对于园区内的工业废弃物，园区经济主体主要采取了以下资源化手段。

（1）各企业根据工业废气实际生产需求情况，设置喷淋处理回收装置，降低外排废气污染物浓度；或通过麻石水膜除尘或者旋风除尘后再排放；此外，对于其他类的无组织废气，则通过机械通风和自然通风扩散到车间外。

（2）各企业产生的工业废水，企业内部一般根据项目类型分别进行处理：对于有价物质含量高的废水，通过企业车间内蒸发结晶处理，得到副产品出售给园区内相关企业进行综合利用，经沉淀过的废水还可以继续在企业内部循环利用，对环境无污染；对于价值量极低的废水，通过专门车间预处理后，使之达到《污水综合排放标准》（GB8978-1996）的一级标准，再排入园区的污水处理厂进行集中处理，转化成工业用水，实现水资源的综合利用。

（3）园区的工业固体废弃物，除了在企业内部设立物量中心，对各类废渣进行回收处理再利用外，还立足于园区三大主导产业，以热电、食品、再制造三大产业链为基础，在整个园区层面通过产业延伸及整合，促进工业固体废弃物在园区企业间的流转，实现清洁生产、节能降耗、资源综合利用、生态环境保护的可持续发展目标。目前园区已形成了多条较为完备的固废资源化协同处理价值链条，即园区热电废渣及废水资源再利用产业链，"酒渣、酱渣—生物肥料、饲料—农副产品加工"等食品产业循环经济产业链，固体废弃物回收拆解再利用循环产业链，工程机械零部件、机床零部件及医药设备零部件等再制造产业链。

园区产业链中的热电厂为园区集中供应蒸汽和电力，所产生的灰渣直接作为建材厂的原材料，该厂利用烟气中的二氧化硫生产脱硫石膏可直接销售；饲料厂可利用酱油厂及啤酒厂的酱渣和酒渣生产饲料；同时，通过建立废旧工程设备收集及拆解处理中心，进行再生产可实现资源节约和价值再造；各企业无法处理的工业废水可通过废水处理中心集中处理，产出的循环水为企业节约了新水成本，减少了废水的排放量。该园区废弃物资源化的主要废物流路径如图6-2所示。

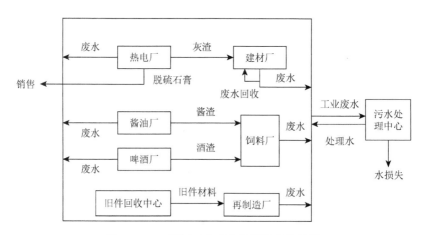

图6-2　NX园区工业废弃物资源化路径图

以园区内 H 新材料公司为例，公司对"三废"采取的治理措施或资源化情况如表 6-1 所示。

表 6-1　H 新材料公司工业废弃物产生、治理措施及排放情况汇总表

项目	污染源	污染物产生			治理措施	排放情况		
		名称	产生量/吨	产生浓度/(毫克/米³)		排放量/吨	排放浓度/(毫克/米³)	排放去向
废气	酸浸	H_2SO_4	1.8	116.1	通过管道进入碱液喷淋吸收塔吸收后经 15 米排气筒排放	0.18	11.61	经 15 米排气筒排放
	配酸	HCl	0.49	18		0.049	1.8	
	无组织排放	H_2SO_4	0.09	—		0.09	—	
固体废弃物	除铝工序	铝渣	1 037	—	一般类工业固体废弃物，外售相关企业	0	—	外售
	除铁工序	铁渣	460	—				外售
	酸浸工序	炭黑渣	360	—				外售
	废水处理站	污水处理渣	550	—	危险固体废弃物			危废处置中心
	生活垃圾站	垃圾	3.6	—	一般固体废弃物	0	—	环保部门
废水	生产废水	废水量	12 600	—	厂区污水处理站中和沉淀处理	12 600	—	NX 园区污水集中处理厂
		COD	5.67	450		1.260	100	
		Ni	0.539	42.8		0.013	1.0	
		Mn	0.252	20.0		0.025	2.0	
		Cu	0.045	3.57		0.006	1.5	
	生活废水	废水量	3 000	—	化粪池处理	3 000	间歇	NX 园区污水集中处理厂
		COD	0.75	250		0.66	220	
		BOD	0.6	200		0.3	100	
		NH_3-N	0.09	30		0.075	25	
		SS	0.36	120		0.3	100	

工业园区除了固体废弃物、废水需进行资源化处理外，在国家节能降排的大环境下，通过对园区能源集成处理中的价值流转分析，可以发现园区能源使用过程中存在的问题，以此为基础，设计科学合理的能源集成方案，并提出能源优化措施。同时给园区管理者及政府有关部门提供重要的参考建议，据此提出相应的管理机制，以激发工业企业的积极性及主动性，对优化园区废弃物使用状况、完善能源梯级利用、推动工业园区能源集成使用、提高能源使用效率、减少碳排放都具有重要的现实意义。

工业园区能源集成价值流转分析，能够帮助园区了解各生产环节废弃物的种类、数量及经济价值，清晰洞察园区能源价值流转情况，从而分析发现园区能源改善的关键点，对症下药，采取有力措施优化能源使用效率，从而达到园区能源效率和经济效率的双重优化。

6.2　NX 园区工业废弃物物质及能源流分析

6.2.1　NX 园区工业废弃物资源化的物质集成分析

1. 工业园区物质集成的目标

根据国家环境保护总局在《国家生态工业示范园区申报、命名和管理规定（试行）》（环发〔2003〕208 号）中对生态工业园的物质集成定义，生态工业园物质集成的目标确定为通过发掘园区供需企业双方的物质交换的需求和潜力，确定供需方的上下游关系，构建并丰富生态链网，提升园区物质利用效率，实现园区物质的减量化、再利用和再循环。结合 NX 工业园区集成的现状，可从三个层面理解其物质集成的目标。

（1）在园区企业层面，着力于园区企业进行清洁生产的相关工作。鼓励企业引进国内外清洁生产的核心技术，加快推进新的技术、工艺及设备应用。在此基础上提高生产力，降低材料的损耗成本，探索企业微循环的构建方式，淘汰一些落后的高能耗、高污染的生产模式，努力实现污染物的零排放。

（2）在企业间协同处理（生态产业链）层面，对于已经形成的生态产业链，要着力提高其物质和能源的再利用效率，加快物质再利用模式的优化，增加企业和产业链整体的共生收益，实现经济及环境效益的双赢。同时，要对园区物质的生态型流动模式进行合理规划，优化企业布局，引进补链型企业或生产线，推动园区产业的关联程度的提高。

（3）在园区整体层面，充分发挥园区优势，提高静脉产业的发展和园区的物质再利用、再循环的整体水平；积极建立和完善园区信息和技术咨询平台，及时向园区企业发布有关物质集成技术、管理和政策方面的信息；建设和维护园区基础设施，提升基础设施的服务水平。

2. NX 园区工业废弃物资源化的物质集成现状

目前，以园区三大主导产业为重点，通过产业延伸和整合，实现节能降耗、资源综合利用、清洁生产和环境保护，形成了四条区域循环经济链条。一是园区热电废渣及废水资源再利用产业链；二是"酒渣、酱渣—生物肥料、饲料—农副产品加工"等食品产业循环经济产业链;三是固体废弃物回收拆解再利用循环产业链;四是工程机械零部件、机床零部件及医药设备零部件等再制造产业链。

1)热电废渣及废水资源再利用产业链

为适应园区设施配套和环境保护需要,园区重点策划引进了区域性热电厂项目,并逐步取缔原企业自备的小锅炉,实行集中供热供汽。该项目全部完成后,每年可节约标煤约 9 万吨,减少二氧化碳、氮化物等气体排放 20 多万吨,并能有效解决用热企业增加而带来的高能耗、高污染隐患。同时,引进的建材厂以热电厂生产的灰渣、废水为原材料,生产新型环保建材加气混凝土砌块。建材厂将所产生的废水经过污水处理厂统一处理后,转化成为工业用水,从而达到资源综合利用、节能减排的综合效应。

2)食品产业循环经济产业链

食品产业是园区第一主导产业,年产值占比达到 30%。针对早期引进的酱油企业、啤酒企业等主要食品企业产生的酱渣、酒渣等废料,园区有针对性地引进饲料、生物肥料企业。废渣一部分转化为混合饲料后,用于养殖业,园区依托禽畜养殖公司,采取"公司 + 农户"的养殖模式,实现了无公害化、绿色养殖,猪和鸡进行产品深加工销售,既实现了规模养殖业的生产,又增加了农民的收入。另一部分废渣通过肥料生产企业生产生物发酵肥,所生产的产品氨基酸有机无机肥,含有大量作物所需要的营养成分,一部分用于园区附近的绿色蔬菜基地,剩余部分外售,具有显著的社会效益、经济效益和生态效益。

3)固体废弃物回收拆解再利用循环产业链

目前,园区引进并建成了三家静脉产业类公司:拆解公司、再生公司和液压公司,拆解公司根据拆解下的产品种类,分别送往再生公司和液压公司进行再生产、再制造。其中,产品类的 PE、PP 等废塑料,流转至再生公司塑胶复合托盘的加工生产;钢铝等金属类材料流转至油缸的再制造。通过固废回收拆解再利用相关企业间的合作,该条产业链主要对园区内、外的次品、废材和经过废弃物回收拆解的成品材料进行再制造,产品可直接用于相关机械成品的装配。园区每年能够减少约 10 万吨工业废渣排放量,实现了社会大循环层面上的废弃物流转与增值。

4)再制造产业链

发展再制造产业是园区现阶段开展循环经济工作的核心任务。目前,再制造规划已基本完成,多个零部件再制造企业已经落成。

根据园区调研数据及对工业废弃物资源化方式的描述,可归纳出 NX 园区工业废弃物资源化过程中的具体流向。

(1)企业内部的"增环流动"。例如,新材料公司生产工艺中氨作为产品的络合剂,合成反应中挥发的氨气经水洗塔洗涤,母液中的氨通过蒸氨塔脱氨冷凝后,大部分得到循环利用,回收氨元素的使用价值,减少工艺尾气对外排放造成的环境损害。

（2）企业间的"价值链流动"。例如，啤酒厂、酱油厂与饲料厂、生物化肥厂构建的废弃物资源化协同处理价值链，可实现酱渣、酒渣的回收利用；热电厂与建材厂开展废弃物资源化协同处理合作，园区中大量的粉煤灰得到有效回用。

（3）第三方的"集中处理"流动。例如，园区的污水处理厂、危废处理厂等基础设施建设，将园区各企业低经济价值、高环境污染的工业废弃物汇集起来，经过专业技术处理后，一部分回用给园区内生产企业再次利用，剩余的达标后对外排放。第三方集中处理的物质流转是一种特殊的企业间"价值链流动"，只是企业间为"一对一"，集中处理是"多对一"，两者均需要合理确定"废弃物"这一特殊的"商品"的价值及交换价格，才能实现废弃物的畅通流转。

由于 NX 园区规模较大，每个企业产生的废弃物种类、数量均有差异。本章以啤酒厂生产过程中产生的废弃物为例，核算其内部资源损失成本、外部环境损害成本，并对其内部回收效益进行计算、评价；同时，选取食品产业链上的"啤酒厂—饲料厂""麦糟"资源化协同处理价值链，作为企业间核算及分析的示例对象（图 6-3）；针对啤酒厂生产性废水排放量大，通过企业内处理达标后排放至废水处理中心，实现工业废水的集中回用。

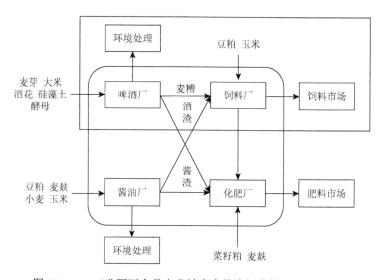

图 6-3　NX 工业园区食品产业链废弃物资源化协同处理物质流

6.2.2　NX 园区能源集成分析

1. 园区能源集成共生网络情况

从 NX 园区能源利用的现实情况出发，NX 工业园区基于各主导产业，通过布局产业共生网络、积极响应政府低碳经济理念，采取环保降污和资源整合双管齐下的措施，努力提升副产品循环利用率。在对废弃的能源进行综合集成并循环利用的过程中，园区形成了四条规模化产业链，并初步建成了废弃能源再利用的能源集成网络。园区在物质集成的基础上，各产业链所消耗的能源集成如图6-4所示。

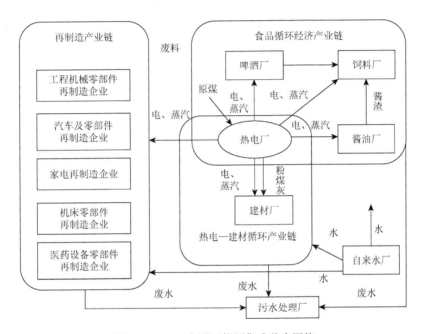

图 6-4　NX 工业园区能源集成共生网络

从图6-4中可以看出，园区的核心企业为啤酒厂、饲料厂、酱油厂、热电厂、建材厂、再制造企业。各企业的产品生产过程及消耗的能源种类如表6-2所示。

表 6-2　NX 工业园区产业链物质及能源输入输出情况表

物量中心	涉及工艺	输入		输出	
		原材料	主要能源	产成品	废弃物
啤酒厂	粉碎、糖化、过滤、煮沸、冷却、发酵、过滤、罐装	大麦、麦芽、玉米、淀粉、酵母、酒花	电、蒸汽、水	啤酒、麦芽糟	酒渣、酵母、残留蛋白质
饲料厂	原料粉碎、预混、配料、混合、膨化、制粒	玉米、豆粕、红高粱、鱼粉、酒渣、酱渣	电、蒸汽、水	饲料、生物肥料	废液
酱油厂	粉碎、蒸煮、冷却、拌种、制曲、发酵、浇淋、过滤、调配、灭菌	豆粕、小麦、麸皮、毛油、焦糖色、白糖、食盐、配料	电、蒸汽、水	成品油	酱渣、冷却水、蒸汽

续表

物量中心	涉及工艺	输入		输出	
		原材料	主要能源	产成品	废弃物
热电厂	原煤粉碎、锅炉燃烧、汽轮发电	原煤、石灰石、石灰石粉、液酸、液碱	电、蒸汽、水、煤	电、蒸汽	灰渣、石膏、废水
建材厂	细磨、计量、搅拌、浇注、发泡、切割、蒸养、分离包装	尾矿砂、粉煤灰、石灰、水泥、铝粉、石膏	电、蒸汽、水	混凝土砌块	废水、粉尘
再制造企业	拆卸、破碎、清洗、检测、涂装、包装	废旧塑料	电、蒸汽、水	PET瓶片、托盘成品	废水、杂质

（1）啤酒厂是园区的核心企业，生产工艺流程大致包括制麦、糖化、发酵、包装四个工序。生产啤酒的大麦进入浸麦槽进行洗麦、吸水两个过程后，再把其放入发芽箱等待其发芽，成为绿麦芽；发芽的绿麦芽先放入干燥塔炉进行烘干，再放入除根机中进行去根，最后制成成品麦芽，把麦芽轻压粉碎之后再制成酿造用麦芽。将麦芽放入糊化锅、糖化锅进行糖化分解，将分解后形成的成醪液用滤槽或压滤机过滤，加入酒花煮沸，去除热凝固物，冷却分离；把啤酒酵母加入到冷却的麦汁中，使其自然发酵。此时，麦汁中的糖分就会分解为酒精和二氧化碳。一星期后生成"嫩啤酒"，经过几十天使"嫩啤酒"成熟，最后再将成熟的啤酒过滤，便可以得到琥珀色的生啤酒。因此，啤酒厂在生产过程中消耗的能源主要是水、电和蒸汽。

（2）饲料生产过程中，首先，通过筛选设备去除原料中的石块、泥块、麻袋片等杂质，再按与配料工序的组合形式粉碎后配料，随后将粉碎后的原料送入"批量混合机"分批地进行混合，再通过调质将配合好的干粉料调质成为具有一定水分、一定湿度并有利于制粒的粉状饲料。其次，将混合后的物料倒入制粒系统，经模孔出来的棒状饲料由切辊切成需求的长度。最后，将颗粒饲料筛分成颗粒整齐、大小均匀的产品。上述过程需消耗热电厂提供的蒸汽。

（3）酱油厂在小麦炒熟后粉碎、蒸煮，期间加入适量麦麸、豆粕使其与小麦的粉末混合，冷却后开始制曲发酵。在制曲发酵的过程中进行浇淋、回淋处理。进行加热灭菌处理和冷却等处理后，可获得初步的成型酱油，将初步成型酱酒放入毛油罐一段时间后再进行调配与煮色，初成型产品进入成品油罐，在成品油罐中进行成色包装工序后，便形成成品油。其中，水、电和蒸汽是酱油厂在生产过程中所耗用的主要能源。

（4）热电厂的主要生产流程如下：原煤经一级、二级碎煤机破碎后，通过输煤栈桥和输煤皮带，由一次风机送入循环流化床锅炉炉腾，同时石灰石粉由石灰石风机送入炉腾，通过原煤和石灰石粉混合燃烧产生的热能，将水加热为高温高压蒸汽，然后将蒸汽送往汽轮机膨胀做功，由蒸汽带动汽轮机转动，将热能转变为机械能，最终汽轮机带动发电机转动，将机械能转变为电能，产生的电力经变压器送往电网供电，另外，在发电的同时抽出部分蒸汽作为商业及民用热源。企业于 2010 年 5 月正式投产，目前已建成总长近 13 千米的供汽管网，全面覆盖了工业园用热企业，日供汽量在 500 吨左右。

（5）建材厂生产的粉煤灰加气混凝土产品的生产工序为：石灰、石膏粗碎、磨细，采用的原材料主要为热电厂的粉煤灰，这极大地提高了园区废弃物资源利用率。该厂主要能源消耗为电、蒸汽和水。

（6）再制造企业作为园区再制造企业的模范，在高效的废弃塑料回收网络的支持下，可大范围、广泛地收集周边工业园区的废弃塑料物品，通过分拣、破碎、清洗，将废塑料中的不可用物质去除，再进行塑化、均化处理，在注塑成型后形成两种产品：PET 瓶片和托盘成品，生产过程主要消耗的能源为水、电和蒸汽。

从表 6-2 中可以看出，园区能源集成情况可以分为电、蒸汽、水，在能源流转过程中，每个企业还需投入各种原材料等资源，产出产成品，排放无法利用的废弃污染物，园区各类能源集成情况如下。

（1）电和蒸汽主要靠热电厂提供，该厂生产的电大多输送至园区其他企业，使电和蒸汽的价值得到充分利用。该园区电、蒸汽集成情况如图 6-5 所示。

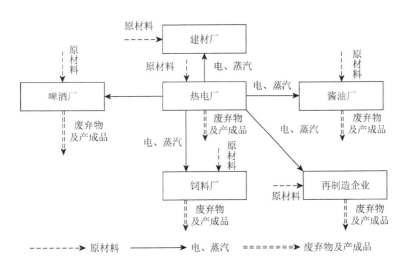

图 6-5　NX 工业园区电、蒸汽能源集成图

（2）园区自来水厂从当地河流抽取河水，经过吸附、沉淀、过滤、蒸馏、杀菌等步骤，输送到园区内的热电厂、建材厂、酱油厂、啤酒厂及饲料厂，建材厂产生的废水可在搅拌环节循环再利用，酱油厂产生的酱渣废液、啤酒厂产生的酒

渣废液提供给饲料厂作为生产原料，其他废水则统一排入园区污水处理厂，经处理后排入附近河流，形成一个闭合的回路。园区水集成情况如图6-6所示。

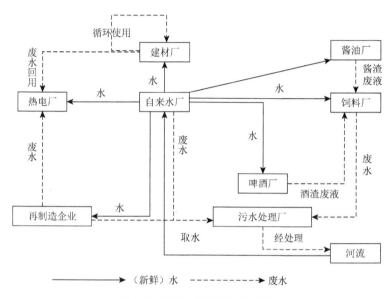

图6-6　NX工业园区水集成图

2. NX工业园区能源流转问题分析

园区以"减量化、再利用、资源化"和"循环化改造与园区产业发展相结合"为原则，尽量减少资源消耗和废弃物排放，不断提高产业关联度，提高资源利用效率和生态效率。通过废物交换利用、能量梯级利用、水循环利用，实现企业间物质、流量、信息和技术连接，逐层减量利用，物料闭路循环。将NX园区建设成为产业链关联性强、特色突出、资源产出率高、环境污染排放量低、创新服务体系完善、企业布局合理的循环经济示范园区。为实现上述能源效率目标，该园区的能源流转需解决以下关键问题。

（1）循环过程中能源利用率偏低。经过调研发现，NX园区的能源重复利用率与正常水平相比，仍存在不少差距，其中煤、电、蒸汽的重复利用问题尤为突出。从水资源的角度来看，园区每年工业用水量超过 500 万吨，热电废渣及废水资源再利用产业链、食品产品产业循环经济产业链及再制造产业链消耗的水资源最多。园区建立的污水处理厂在一定程度上提高了水资源的使用效率，但水的利用程度仍较低，目前仅有建材厂在生产过程中回用废水，其他企业缺乏废水回用意识，导致园区水资源成本较大，在一定程度上增加了园区外部环境损耗成本。

（2）输出端的能源环境成本大。园区能源输出大户主要是热电厂。热电厂输出的废弃物包括废水、粉尘、氮氧化物、二氧化硫及煤矸石、石膏等副产品，其他企业输出端排放物还包括残次品等。NX 园区在输出端的节能行为主要有：热电厂将锅炉燃烧产生的粉煤灰出售给建材厂作为生产原料，酱油厂和啤酒厂将生产过程中产生的酱渣废液和酒渣废液出售给饲料厂作为原料进行提炼加工。而煤矸石等固体废弃物，多为直接外排做掩埋处理，不但对环境造成污染，还加大了企业的运营成本，如煤矸石外排的环境税为 5 元/吨，无形中增加了企业的能源成本。因此，在能源输出端需考虑各企业废弃物排放成本及对环境造成的损害成本。

6.3　NX 园区工业废弃物资源化价值流核算及分析

6.3.1　园区内企业资源价值流核算

由于园区工业废弃物主要来源于企业的产品产生过程，因此，在核算废弃物资源化价值流时，首先应核算各企业资源输入及输出的价值流转，以反映各企业在产品生产过程中，产生的废弃物损失成本情况。以该园区的热电厂为例，热电厂消耗原煤所产生的废弃物主要是灰渣和二氧化硫。将烟气中的二氧化硫用于生产脱硫石膏后出售，每年收入约 60 万元，这大大提高了企业的经济效益。根据热电厂的工艺流程及物质的输入和输出情况，以及 2016 年的相关数据，运用资源价值流核算方法，可以计算出热电厂各物量中心输出资源的产品（或半成品）价值及废弃物损失价值，如图 6-7 所示（计算过程略）。

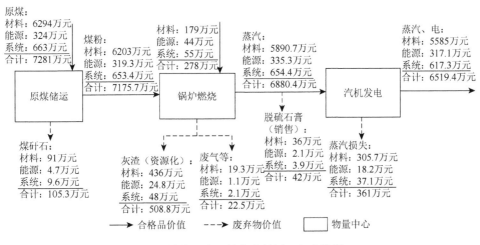

图 6-7　热电厂资源价值流转图（年度数据）

从图 6-7 可以看出，热电厂每年可以生产 6519.4 万元蒸汽及电产品，与此同时，也产生废弃物损失成本，为 997.6 万元（其中，煤矸石的损失成本为 105.3 万元，灰渣的损失成本为 508.8 万元，废气的损失成本为 22.5 万元，汽机发电的蒸汽损失为 361 万元）。石膏通过脱硫工艺将烟气的二氧化硫制成脱硫石膏用于销售，可以为企业带来约 18 万元毛利（即 60–42），这一举措也减少了烟气排放，同时，脱硫石膏的使用也极大地降低了矿石膏的开采量，对矿石膏资源起了一定的保护作用。根据上述方法，同样可以核算建材厂等其他企业的资源价值流。

6.3.2　NX 园区企业自行回收价值流核算及分析

1. 资源内部损失成本核算

以啤酒厂为例，构建 MFCA 资源流转模型，根据园区调研情况，可将啤酒厂的生产过程划分为 4 个物量中心：原材料处理中心、糖化中心、发酵过滤中心和包装中心，以一年为周期，采集企业生产和废弃物交易相关物质流和价值流数据。在输入端口，按照逐步结转的成本会计核算方法，对每个物量中心的材料成本、能源成本及间接成本（又称系统成本）进行归集、计算、分配、结转；在输出端口，根据废弃物与主产品的质量比例分配资源流成本。

确定啤酒厂的物质总体输入及成本。根据企业生产部门及财务部门提供的数据，在啤酒生产过程中，材料投入主要包括麦芽、大米、酒花、酵母、硅藻土等，年投入价值约 22 307.03 万元；消耗电力约 600.486 千瓦时、原煤 7200 吨、标准煤 5232 吨，合计约 974.66 万元；系统成本包括薪酬费用、折旧费用、维保费用及其他，合计投入为 1131.67 万元。据计算，啤酒厂的物质总体输入成本合计约 24 413.36 万元。通过详细计算，对合格品与废弃物进行成本分配，最终得到啤酒厂各物量中心的资源流价值汇总及结转情况如表 6-3 所示。

表 6-3　啤酒厂生产成本计算表　　　　　　　　单位：万元

项目	分类	原材料处理中心	糖化中心	发酵过滤	包装中心
上一物量中心转入	材料成本	—	5 857.53	5 770.37	6 424.82
	能源成本		51.30	557.35	748.96
	系统成本	—	101.38	291.50	845.96
本物量中心投入	材料成本	5 947.46	224.37	1 133.89	15 882.21
	能源成本	52.09	536.14	247.49	225.71
	系统成本	102.93	205.86	617.59	285.71

续表

项目	分类	原材料处理中心	糖化中心	发酵过滤	包装中心
本物量中心成本	材料成本	5 947.46	6 081.90	6 904.26	22 307.03
	能源成本	52.09	587.44	804.84	974.66
	系统成本	102.93	307.24	909.09	1 131.67
合格品成本	材料成本	5 857.53	5 770.37	6 424.82	21 992.30
	能源成本	51.30	557.35	748.96	960.91
	系统成本	101.38	291.50	845.96	1 115.71
	合计	6 010.21	6 619.22	8 019.74	24 068.92
废弃物成本	材料成本	89.93	311.53	479.44	314.72
	能源成本	0.79	30.09	55.89	13.75
	系统成本	1.56	15.74	63.13	15.97
	合计	92.28	357.36	598.46	344.44

啤酒厂的主要产成品是啤酒,生产过程中产生的主要固体废弃物,来自原材料处理中心的粉碎粉尘,糖化中心的麦糟、酒糟、炉渣,发酵过滤中心的废硅藻土、废酵母,以及包装中心的废纸箱、废玻璃、废瓶盖等;工业废气主要来自糖化中心燃煤锅炉产生的二氧化硫、烟尘;各个物量中心均有生产性废水产生。其中,发酵过滤中心产生的二氧化碳,企业采用内部回收工艺进行液压处理,作为包装车间洗涤、充气及包装等的原材料。通过设置废弃物回收处理物量中心,对发生的各项成本进行归集,并单独列示,经计算可得废弃物回收成本合计约30.68万元,通过内部回收减少的物料损失成本约为47.31(即314.72–267.41)万元,带来约16.63(即47.31–30.68)万元的内部资源成本节约价值(表6-4)。

表6-4　啤酒厂内部回收计算分析表　　　　　　　　单位:万元

生产成本	原材料成本	能源成本	系统成本	废弃物处理成本	合计
合格品	21 992.30	960.91	1 115.71	0.00	24 068.92
物料损失	314.72	13.75	15.97	0.00	344.44
内部回收	267.41	0.00	0.00	30.68	298.09
合计	22 574.43	974.66	1 131.68	30.68	24 711.45

2. 外部环境损害价值核算

对于粉碎粉尘,企业使用袋式除尘器,避免了其外泄造成的环境污染;麦糟与园区内饲料厂交换，酒花糟、废酵母与生物化肥厂协同处理，未产生环境损害；燃煤灰渣经干燥后外售给建材企业做辅料，不产生环境损害。根据各物量中心最终废弃物的排放量及 LIME 值，计算啤酒厂的外部环境损害成本，见表 6-5。

表 6-5 啤酒厂各物量中心外部损害价值

工序物量中心	废弃物种类	废弃物数量/(吨/年)	标准化/千克	LIME 值	汇率（最新）	外部损害成本/万元
糖化中心	二氧化硫	12.34	12 336	65.86	16.94	4.8
	烟尘	11.90	11 904	0.92		0.06
	合计					4.86
包装中心	废纸箱标签	96.00	96 000	2.89	16.94	1.64
	碎玻璃	680.00	680 000	0.77		3.1
	废瓶盖	16.00	16 000	0.83		0.08
	合计					4.82
生产综合废水	CODcr	295.74	295 736	0.63	16.94	1.09
	NH$_3$-N	11.50	11 504	394.94		26.82
	BOD5	73.94	73 936	0.63		0.27
	TP	1.22	1 224	954.42		6.9
	SS	126.37	126 368	1.16		0.86
	合计					35.94

3. 废弃物内部损失及外部损害评价

根据表 6-4 和表 6-5 的核算结果，将各物量中心废弃物的内部资源损失成本与外部环境损害价值进行合并列示，可得到啤酒厂的二维核算诊断比较表（表 6-6）。

表 6-6 啤酒厂"内部资源损失成本—外部环境损害价值"比较表

物量中心	内部资源损失成本/(万元/年)	外部损害成本/(万元/年)
原材料处理中心	92.27	—
糖化中心	357.36	4.86
发酵过滤中心	598.45	—
包装中心	344.44	4.82
生产综合废水	—	35.94
合计	1 392.52	45.62

从表 6-6 可以看出，啤酒厂生产综合性废水的外部环境损害价值最高，虽然通过企业内设的污水处理车间进行处理达标后排放，但是，水资源没有得到循环利用。原材料处理中心的废弃物内部损失成本最小，基本无环境损害。糖化中心的废弃物内部损失成本位居第二，麦糟、酒糟等通过与饲料厂、生物化肥厂协同处理，减少了一定的成本损失，但环境损害较大，主要为企业内设的燃煤锅炉产生的二氧化硫和粉尘。发酵过滤中心的废弃物内部损失成本最大，废酵母在企业内部无法循环利用，但是通过与生物化肥厂协同处理，减少了一部分成本损失，废硅藻土暂时通过无害化填埋处理的方式，支付了环境处理费用。包装中心的废弃物内部损失成本位于第三，主要是各种废弃的包装物，未得到资源化利用，环境损害排第三，主要是废弃包装物产生环境污染。因此，啤酒厂未来的改进方向是针对生产性废水、燃煤锅炉废气、废硅藻土、废弃包装物，寻求资源化利用和无害化处理的新途径。

6.3.3　NX 园区企业间协同处理废弃物价值流核算及分析

1. "啤酒—饲料"产业链"麦糟废渣"资源化价值流转核算

园区内的啤酒厂与饲料厂协同资源化"麦糟废渣"流程如图 6-8 所示。

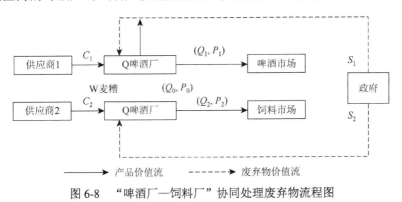

图 6-8　"啤酒厂—饲料厂"协同处理废弃物流程图

根据啤酒厂的财务数据，啤酒厂销售的啤酒不含增值税价格为 2850 元/吨，单位生产成本为 2500 元/吨，年产量 10 万吨，每千克啤酒平均产生约 50 克麦糟废渣，即单位产品废弃物的产出率为 5%，有机废渣的环境处理费用为 80 元/吨，如果选择对外出售，需要支付干燥成本 10 元/吨。饲料厂销售饲料不含增值税价格为 5000 元/吨，年产量为 12 万吨，单位生产成本为 4500 元/吨，对单位产品有机渣的需求率为 8%，资源化处理费 12 元/吨，且麦糟可等量替代有机渣，若从市场上直接购买原材料的不含税价格为 280 元/吨。政府对上下游企业的固定补贴为固定值 8。根据啤酒厂与饲料厂的交易数据，麦糟的平均交易价格为 220 元/吨，历史成交量为 5000 吨。据此，计算过程及结果如下。

（1）啤酒厂年产麦糟约 5000 吨，资源化率为 5000 吨/5000 吨＝100%，因为对啤酒厂和饲料厂来说，选择协同处理（合作，合作）均是占优策略；资源转化率亦接近 100%，因为投入到饲料厂的麦糟基本可完全替代外购的有机糟，并且节约了运输、装卸等成本。

（2）啤酒厂的内部经济价值增值为 5000 吨×（220−10＋8＋80）元/吨＝149 万元；饲料厂的内部经济价值增值为 5000 吨×（−220＋280−12＋8）元/吨＝28 万元。

（3）"啤酒厂—饲料厂"协同处理产生的环境价值增值：5000 吨×1000 千克/吨×0.48 日元/千克＝240 万日元，折合人民币约 14.17 万元（1 人民币＝16.94 日元）。

通过"啤酒厂—饲料厂""麦糟废渣"的综合利用，其价值流转情况可如图 6-9 所示。

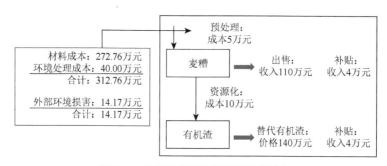

图 6-9   "麦糟废渣"资源化价值流转

图 6-9 显示，"麦糟废渣"的资源化协同处理带来了 177 万元（即 149＋28）的共生价值及 14.17 万元的环境效益。进一步分析可得，啤酒厂的麦糟废渣如果不对外出售，将损失材料成本 272.76 万元，并且需要支付环境处理费用 40 万元。由于麦糟中含有丰富的蛋白质和淀粉，有用物质含量较高，单位预处理和资源化成本较低，并满足饲料厂的生产需求，因而能够获得比较合理的市场价格。麦糟废渣的对外出售增加了 5 万元的预处理成本，减少了内部资源损失成本 110 万元，减少了环保处理的机会成本 40 万元，获得了政府的补贴 4 万元，这种废弃物流转的经济性较好，即使取消政府的固定补贴 4 万元，仍能够获得正收益。

2. "热电—建材"产业链的灰渣资源化价值流转核算

热电厂的灰渣可以被建材厂利用，生产出新型的环保建筑材料，灰渣直接作为产品材料（即 $d=1$）。根据企业数据资料，建材厂 2016 年利用热电厂的灰渣（Q_w）9.35 万吨；为了保证产品的质量，还增加了 5 元/吨的设备投资（r_3），同时根据市场调查，灰渣外购价格（r_5）为 50 元/吨。如果灰渣直接排放，热电厂则需要承担的处理及外部损害成本（r_1）为 20 元/吨。根据上述资料及第 3 章式（3-22），可以得出，灰渣在热电厂和建材厂之间的交换价格区间为

$$m = \min[(50 \times 1 - 5), 50] = 45 - 20 \leqslant P_w \leqslant 45$$

假定双方经过协商确定灰渣的单价为 36 元/吨，则各企业的经济效益计算如下。

$$\pi_{热电} = P_w \times Q_w + c_1 = 36 \times 9.35 + 20 \times 9.35 = 523.6 \text{ 万元}$$

$$\pi_{建材} = c_6 - P_w \times Q_w - c_3 = 50 \times 9.35 - 36 \times 9.35 - 5 \times 9.35 = 84.15 \text{ 万元}$$

由计算结果可知，利用灰渣做原料，建材厂可使热电厂的内部损失减少 336.6（36×9.35）万元，同时节约了外部损害成本 187（20×9.35）万元，两者合计数为 523.6 万元。研究还发现，建材厂由于外购灰渣的价格大于交换价格（50＞45），这也为企业节约了材料成本 84.15 万元。上述两种产业链的计算方法，同样适用于其他产业链进行价值流转核算及分析（计算过程略）。

6.3.4 园区工业废水集中处理价值流核算及分析

除建材厂部分废水可直接用于生产产品外，园区内其他企业的废水必须通过废水处理中心进行集中处理。根据环保部门的统计数据显示，2016 年需要处理 99.1 万吨核心企业的工业废水，各企业数据见表 6-7。财务部门提供的数据资料显示，处理上述工业废水需要投入 115.8 万元，其中，材料成本 4.1 万元，能源成本 19.3 万元，人工、设备及其他成本 92.4 万元。经过处理后的废水循环有效利用率达到约 87%，且经处理后的水质可直接用于生产产品，使用单价为 1.2 元/吨（低于新水单价 1.9 元/吨）。但是，如果废水直接对外排放，则需要缴纳 2.25 元/吨的排污费。现假设新水价格为各企业输入废水处理中心的单价，根据处理厂的相关数据及式（2-23），园区工业废水处理成本情况如表 6-7 所示。

表 6-7 园区工业废水集中处理成本计算表（年度数据）

输入或输出	类别		单价/(元/吨)	数量计算			成本计算		
				投入数量/万吨	利用数量/万吨	损失数量/万吨	投入成本/万元	利用成本/万元	损失成本/万元
输入	工业废水	热电厂	1.90	5.20	4.52	0.68	9.88	8.60	1.28
		建材厂	1.90	1.80	1.57	0.23	3.42	2.98	0.44
		酱油厂	1.90	16.70	14.53	2.17	31.73	27.61	4.12
		啤酒厂	1.90	4.20	3.65	0.55	7.98	6.94	1.04
		饲料厂	1.90	25.30	22.01	3.29	48.07	41.82	6.25
		再制造厂	1.90	45.90	39.93	5.97	87.21	75.87	11.34
	小计		1.90	99.10	86.21	12.89	188.29	163.82	24.47

续表

输入或输出	类别		单价/(元/吨)	数量计算			成本计算		
				投入数量/万吨	利用数量/万吨	损失数量/万吨	投入成本/万元	利用成本/万元	损失成本/万元
输入	水处理成本						115.80	103.45	12.35
	合计			99.10	86.21	12.89	304.09	267.28	36.81
输出	处理水循环利用	热电厂	1.20	4.52			5.43		
		建材厂	1.20	1.57			1.88		
		酱油厂	1.20	14.53			17.43		
		啤酒厂	1.20	3.65			4.38		
		饲料厂	1.20	22.01			26.41		
		再制造厂	1.20	39.93			47.92		
	小计			86.21			103.45		
	水损失成本					12.89			199.84
	污泥处理成本		20			0.04			0.80
	小计								200.64
废水处理成本节约计算	应投入新水		1.90	99.10			188.29		
	利用循环水		1.20	86.21			103.45		
	减少废水排放成本		2.25	99.10			222.98		
	成本节约						307.81		

注：表中物质流数据由园区统计部门提供，输入废水成本为各厂外购新水的成本，这种损失应由产废企业承担。损失成本为废水处理中心在处理中所发生的水资源损失

　　表 6-7 中，从园区角度分析可知，企业废水成本损失了 188.29 万元，而且废水处理需投入 115.8 万元，两者合计为 304.09 万元。当新水价格高于园区处理水价格时，企业利用处理水的成本为 103.45 万元。此时，通过数据可以计算出企业节约了 84.84（即 188.29-103.45）万元新水成本，但是，却使园区亏损 200.64 万元（即 304.09-103.45）。从环境效益这个大方向来看，园区节约了排污费 222.98 万元，两者综合考虑之后，可以取得的经济及环境效益为 22.34 万元（即 222.98-200.64）。

　　根据园区三大主要产业链，按照上述核算方法，可对其他两条产业链的价值流转进行核算（过程略），根据结果可绘制出 NX 园区废弃物资源化价值流转图（图 6-10）。

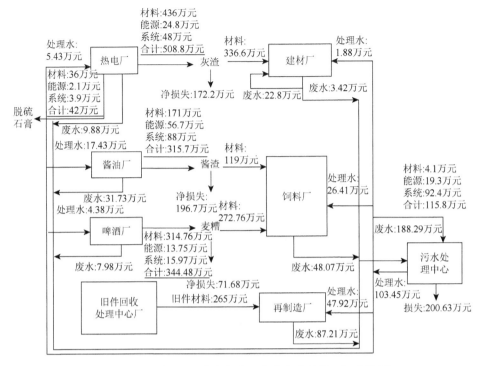

图 6-10 NX 园区工业废弃物资源化价值流转图（年度数据）

图 6-10 显示，园区固体废弃物的资源化，减少园区损失 993.36 万元（即 336.6 + 119 + 272.76 + 265），工业废水的集中处理利用，减少水资源损失 103.45 万元，在取得经济效益的同时，降低了外部损害成本。由于园区废弃物种类繁多，为简化核算，图 6-10 仅列示园区核心企业主要废弃物资源化的价值流转情况。

从图 6-10 中可以看到，尽管实现了废弃物循环利用，但生产企业仍需承担一部分损失成本，且废弃物的净损失大小与企业内部回收、企业间协同处理及园区集中处理的价值流转有关，其中热电厂灰渣净损失成本为 172.2 万元（即 508.8–336.6），酱渣及麦糟损失成本分别为 196.7 万元（即 315.7–119）和 71.72 万元（即 344.48–272.76）。为减少上述损失，企业应从源头减少废弃物的产生并有效利用。同时，通过关联企业之间的有效协作，循环利用废弃物为下游企业提供资源或能源，实现园区废弃物综合利用最大化。

6.4　NX 园区能源集成价值流核算

园区能源集成价值流转核算以不同产品的生产流程为基础，根据能源输入与输出的情况，计算其所生产的合格品消耗的能源数量与消耗的废弃物数量，然后进行诊断与核算，并以诊断与核算结果为基础，提出改善的措施并对其优化效果进行评价。

　　能源集成价值流转分析，可使企业生产流程中各个环节的能源流、价值流透明化，明晰各环节的废弃物的类别、耗用的能源成本及其比例。为园区寻找重点改善环节提供重要线索，从而为园区制定降低能耗的举措提供了依据，进一步提高经济与环境效益。另外，消耗能源会直接或间接排放二氧化碳，将能源折算成二氧化碳并进行二氧化碳物质流分析，可减少二氧化碳排放，促使企业实现经济与环境效益的双赢。

6.4.1　NX 园区能源集成内部价值流核算

1. 煤能源内部价值流核算

　　热电厂从煤矿购入原煤，经锅炉燃烧产生蒸汽，再通过汽轮机做功产生电能，一部分随废弃物排放出去，另一部分变成产成品。剩下粉煤灰输送到建材厂用来再加工制造混凝土砌块。根据原"煤—热电厂—建材厂"的物质流动轨迹，结合热电厂与建材厂的工艺流程，将热电厂分为原煤储运物量中心、锅炉燃烧物量中心，建材厂分为灰浆制备物量中心、发泡蒸养物量中心，分别计算各物量中心的能源价值流（图6-11）。

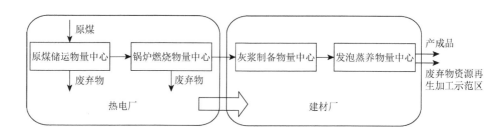

图 6-11　NX 工业园区煤能源集成各物量中心价值流图

　　根据热电厂2017年提供的有关数据，所计算的原煤输入输出、各物量中心合格品和废弃物成本计算如表6-8所示。从表6-8可以看出，NX园区2017年共投入原煤11.54万吨，合计成本6791.29万元，其中热电厂产成品分担的煤能源成本为4968.5562万元，废弃物分担的煤能源成本为1158.9248万元，输送到建材厂的粉煤灰为563.764万元。

表 6-8　NX 园区煤能源成本计算表（年数据）

地点		输入或输出	材料		材料单价/(元/吨)	合格品及废弃物材料数量计算			材料成本计算		
序列	名称		类别	名称		投入数量/万吨	合格品数量/万吨	废弃物数量/万吨	投入成本/万元	合格品成本/万元	废弃物成本/万元
	原煤储运中心	输入	原料	原煤	588.5000	11.5400			6791.2900		
		输出	合格品	碎煤			11.3700			6691.2450	
		输出	废弃物	煤矸石及杂质				0.1700			100.0450
热电厂	锅炉燃烧中心	输入	原料	碎煤	588.5000	11.3700			6691.2450		
		输出	合格品	蒸汽			125.7600			4968.5562	
		输出	废弃物	烟尘				2.2600			226.7521
				二氧化硫				0.1639			
				NOX				1.0890			
				废水				2.4860			
				石膏				23.7820			932.1727
				粉煤灰				14.3830			563.7640
				合计				44.1639			1722.6888
建材厂	灰浆制备中心	输入	原料	粉煤灰	14.3830				563.7640		
		输出	合格品	灰浆			12.6850			468.2042	
		输出	废弃物	粉尘				1.6980			95.5598
	发泡蒸养中心	输入	原料	灰浆	12.6850				468.2042		
		输出	合格品	混凝土砌块			8.7552			323.1267	
		输出	废弃物	废液				1.6313			60.1830
				次品				2.2985			84.8945

煤能源的有效利用率为 77.92%（即 5291.6829/6791.29），废弃物率为 22.08%（即 1499.6071/6791.29）。煤能源集成价值流转情况如图 6-12 所示。

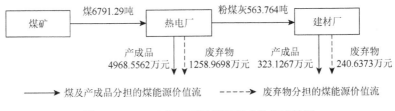

图 6-12　NX 工业园区煤能源集成价值流转图

2. 电、蒸汽能源集成价值流内部成本核算

NX 园区的电和蒸汽都由园区热电厂供应，热电—建材—食品—再制造产业链上的企业消耗热电厂输送的电能和蒸汽。以各企业作为物量中心，可分别对电和蒸汽进行能源集成价值流核算。各物量中心合格品和废弃物成本如表 6-9 和表 6-10 所示。

表 6-9　NX 园区电能成本计算表（年数据）

物量中心	输入或输出	材料		合格品及废弃物材料数量计算			材料成本计算		
		类别	名称	投入数量/万千瓦时	合格品数量/万吨	废弃物数量/万吨	投入成本/万元	合格品成本/万元	废弃物成本/万元
热电厂	输出	合格品	电	345.037			137.709		
建材厂	输入	原料	电	95.04			37.928		
	输出	合格品	混凝土砌块		25			26.1758	
		废弃物	废液			4.6563			4.8754
			次品			6.5682			6.8768
啤酒厂	输入	原料	电	23.43			9.35		
	输出	合格品	鲜啤酒		350			8.932	
		废弃物	废水			4.65			0.121
			残次品			11.76			0.297
酱油厂	输入	原料	电	3.927			1.562		
	输出	合格品	酱油		400			1.4797	
		废弃物	废水			6.8705			0.0254
			残次品			15.38			0.0569
饲料厂	输入	原料	电	75.02			29.953		
	输出	合格品	饲料		4000			29.678	
		废弃物	废液			34.67			0.253
			次品			2.5691			0.022
再制造企业	输入	原料	电	147.62			58.916		
	输出	合格品	成品		660			52.69	
		废弃物	废水			45.9			3.663
			次品			32.1			2.563

表 6-10 NX 园区蒸汽成本计算表（年数据）

物量中心	输入或输出	材料		合格品及废弃物材料数量计算			材料成本计算		
		类别	名称	投入数量/万吨	合格品数量/万吨	废弃物数量/万吨	投入成本/万元	合格品成本/万元	废弃物成本/万元
热电厂	输出	合格品	蒸汽		30.4293			756.1545	
建材厂	输入	原料	蒸汽	9.229			229.2794		
	输出	合格品	混凝土砌块		25			158.235	
		废弃物	废液			4.6563			29.472
			次品			6.5682			41.5724
啤酒厂	输入	原料	蒸汽	5.478			136.1406		
	输出	合格品	鲜啤酒		350			130.0434	
		废弃物	废水			4.65			1.7277
			残次品			11.76			4.3695
酱油厂	输入	原料	蒸汽	2.805			69.7099		
	输出	合格品	酱油		400			66.0372	
		废弃物	废水			6.8705			1.1343
			残次品			15.38			2.5384
饲料厂	输入	原料	蒸汽	2.7863			69.2459		
	输出	合格品	饲料		4000			68.6072	
		废弃物	废液			34.67			0.5947
			次品			2.5691			0.044
再制造企业	输入	原料	蒸汽	10.131			251.7781		
	输出	合格品	成品		660			225.1675	
		废弃物	废水			45.9			15.6594
			次品			32.1			10.9512

从表 6-9 可以看出，2017 年从热电厂输出到核心产业链的电能总计为 345.037 万千瓦时，成本合计 137.709 万元。其中，输出到建材厂的电能为 95.04 万千瓦时，合格品分担的电能成本 26.1758 万元，废弃物分担的电能成本 11.7522 万元；输出到啤酒厂的电能为 23.43 万千瓦时，合格品分担的电能成本 8.932 万元，废弃物分担的电能成本为 0.418 万元；输出到酱油厂的电能为 3.927 万千瓦时，合格品分担的电能成本 1.4797 万元，废弃物分担的电能成本 0.0823 万元；

输出到饲料厂的电能为 75.02 万千瓦时，合格品分担的电能成本 29.678 万元，废弃物分担的电能成本 0.275 万元；输出到再制造企业的电能为 147.62 万千瓦时，合格品分担的电能成本 52.69 万元，废弃物分担的电能成本 6.226 万元；五个企业合格品合计负担的电能成本为 118.9555 万元，废弃物合计负担的电能成本为 18.7535 万元，电能的有效利用率为 86.38%（118.9555/137.709≈86.38%），电能损失率为 13.62%。

从表 6-10 的信息中，可以发现 2017 年从热电厂输出的蒸汽合计 30.4293 万吨，总成本 756.1545 万元。建材厂使用 9.229 万吨，合格品与废弃物分别分担 158.235 万元、71.0444 万元；啤酒厂消耗 5.478 万吨，合格品与废弃物分别分担 130.0434 万元、6.0972 万元；酱油厂利用 2.805 万吨，合格品与废弃物分别分担 66.0372 万元、3.6727 万元；输出至饲料厂的蒸汽为 2.7863 万吨，合格品与废弃物分别分担 68.6072 万元、0.6387 万元；输出至再制造厂 10.131 万吨，合格品与废弃物各承担 225.1675 万元、26.6106 万元；在上述企业中，合格品、废弃物分别负担的蒸汽总成本为 648.0903 万元、108.0636 万元，蒸汽的有效利用率 85.71%（648.0903/756.1545 = 85.71%），损失率 14.29%。基于蒸汽与电的价值流核算结果,绘制的 NX 园区电和蒸汽的能源集成价值流转如图 6-13、图 6-14 所示。

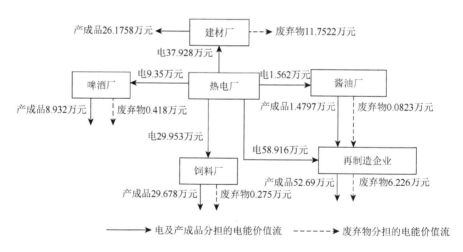

图 6-13　NX 园区电能源集成价值流图

3. 水集成价值流内部成本核算

园区自来水厂为 NX 园区水的主要供应源，其中，建材厂可循环利用自身及热电厂的废水，园区饲料厂可对酱油厂和啤酒厂生产过程中产生的酱渣、酒渣废液进行再加工。不能循环利用的废水则可统一通过管道输送至园区污水处理厂，进行集中处理。

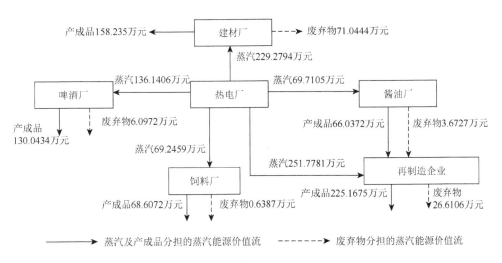

图 6-14　NX 园区蒸汽能源集成价值流图

NX 园区工业用水是主要用水环节。水集成分为热电厂、建材厂、酱油厂、饲料厂、啤酒厂和再制造企业。园区水平衡如图 6-15 所示。

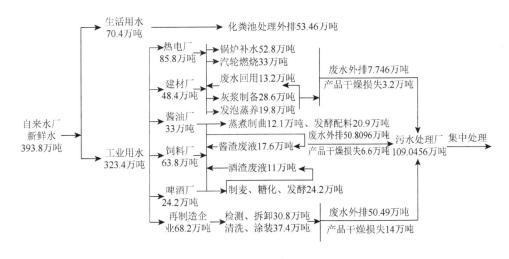

图 6-15　NX 园区水平衡图

根据水平衡图及水的输入输出情况，可计算出各个物量中心水资源的消耗数量。同时，反映出各企业生产过程中消耗新水、循环水的数量及水的损失情况。NX 工业园区水资源的消耗数量如表 6-11 所示。

表 6-11　NX 园区水资源消耗数量计算表（年数据）

方式	类别	投入产品中心	投入数量/万吨	利用率	利用数量/万吨	损失数量/万吨
投入	新水	热电厂	85.8		80.058	5.742
		建材厂	48.4		46.3955	2.0045
		酱油厂	33		14.63	18.37
		啤酒厂	24.2		19.58	4.62
		饲料厂	63.8		35.9805	27.8195
		再制造企业	68.2		17.71	50.49
		小计	323.4		214.354	109.046
循环利用	循环水	建材厂	13.2		7.92	5.28
		饲料厂	28.6		19.8	8.8
		小计	41.8		27.72	14.08
合计			365.2	66.29%	242.074	123.126

基于表 6-11 的数据，可计算出园区水资源利用有效率、水资源回收利用率及水资源利用损失率三大指标，计算公式如下所示。

$$水资源利用有效率 = \frac{有效利用量}{投入总量} = 242.074/365.2 \times 100\% \approx 66.29\%$$

$$水资源利用损失率 = \frac{损失量}{投入总量} = 123.126/365.2 \times 100\% \approx 33.71\%$$

$$水资源回收利用率 = \frac{投入总量 - 新水总量}{新水总量} = 41.8/323.4 \times 100\% \approx 12.93\%$$

当前，NX 园区中的工业用水单价为 2 元/吨，根据表 6-10 中的数据，可估算出各企业输入新水和循环水的成本。表 6-12 显示了各物量中心水资源消耗价值，即 NX 园区投入新水共计 646.8 万元，其中，有效利用成本 428.708 万元，损失成本 218.092 万元；建材厂回用废水为 26.4 万元，饲料厂利用啤酒厂的酒渣废液和酱油厂的酱渣废液共计 57.2 万元，循环水有效利用成本 55.44 万元。该产业链合计用水的总投入 730.4 万元，有效利用成本 484.148 万元，损失成本 246.252 万元，通过计算得出水资源的有效利用率约为 66.29%。根据上述计算表，可绘制出 NX 园区水能源集成价值流转图，如图 6-16 所示。

表 6-12　NX 园区水资源消耗价值计算表

方式	类别	投入产品中心	单价/(元/吨)	投入成本/万元	利用成本/万元	损失成本/万元
投入	新水	热电厂	2	171.6	160.116	11.484
		建材厂		96.8	92.791	4.009
		酱油厂		66	29.26	36.74
		啤酒厂		48.4	39.16	9.24
		饲料厂		127.6	71.961	55.639
		再制造企业		136.4	35.42	100.98
		小计		646.8	428.708	218.092
循环利用	循环水	建材厂		26.4	15.84	10.56
		饲料厂		57.2	39.6	17.6
		小计		83.6	55.44	28.16
合计				730.4	484.148	246.252

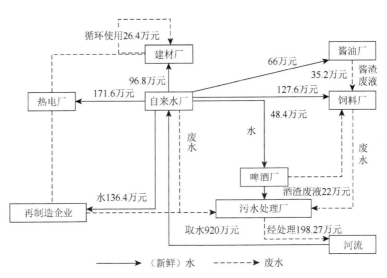

图 6-16　NX 园区水能源集成价值流转图

4. NX 园区能源集成价值流内部成本汇总

对园区煤、电、蒸汽和水的情况进行核算，各项能源的计算结果如表 6-13 所示，基于此，绘制能源集成价值流转图（图 6-17）。园区整体涵盖"热电—建材产业链""食品产业循环经济产业链"和"再制造产业链"三条主要生产链，以热电厂为能源中心，形成了电和蒸汽能源的自给自足、园区内部循环利用、酱渣废液和酒渣废液的循环利用、废水经污水处理厂回用的园区能源集成网络。

表 6-13　NX 园区能源集成内部价值流成本核算汇总表　　单位：万元

项目		热电厂	建材厂	酱油厂	啤酒厂	饲料厂	再制造企业	总计
本物量中心投入能源成本	煤	6 791.29						6 791.29
	电	1 122.484						1 122.484
	蒸汽	6 478.824						6 478.824
	水	171.6	96.8	66	48.4	127.6	136.4	646.8
	合计	14 564.198	96.8	66	48.4	127.6	136.4	15 039.398
从其他物量中心转入的可利用的能源成本	煤		563.764					563.764
	电		37.928	1.562	9.35	29.953	58.916	137.709
	蒸汽		229.279 4	69.710 5	136.140 6	69.245 9	251.778 1	756.154 5
	水					63.8		63.8
	合计		830.971 4	71.272 5	145.490 6	162.998 9	310.694 1	1 521.427 5
本物量中心投入能源成本合计	煤	6 791.29	563.764					7 355.054
	电	1 122.484	37.928	1.562	9.35	29.953	58.916	1 260.193
	蒸汽	6 478.824	229.279 4	69.710 5	136.140 6	69.245 9	251.778 1	7 234.978 5
	水	171.6	96.8	66	48.4	127.6	136.4	646.8
	合计	14 564.198	927.771 4	137.272 5	193.890 6	226.798 9	447.094 1	16 497.025 5
转出到其他物量中心的能源成本	煤	563.764						563.764
	电	137.709						137.709
	蒸汽	756.154 5						756.154 5
	水			33	24.2			57.2
	合计	1 457.627 5		33	24.2			1 514.827 5
自身回收利用的能源成本	煤							
	电							
	蒸汽							
	水		26.4					26.4
	合计		26.4					26.4
产成品的能源成本	煤	5 355.669	323.125					5 678.794
	电	846.912	26.175 6	1.485	8.932	29.678	52.69	965.872 6
	蒸汽	4 921.449	158.235	66.033	130.042	68.607	225.17	5 569.536
	水	160.116	92.790 5	29.5	39.16	71.960 9	35.42	428.947 4
	合计	11 284.146	600.326 1	97.018	178.134	170.245 9	313.28	12643.15
外排废弃物的能源成本	煤	871.857	240.639					1 112.496
	电	137.863	11.752 4	0.077	0.418	0.275	6.226	156.611 4
	蒸汽	810.220 5	71.044 4	3.677 5	6.098 6	0.638 9	26.608 1	918.288
	水	11.484	4.009 5	36.5	9.24	55.639 1	100.98	217.852 6
	合计	1 831.424 5	327.445 3	40.254 5	15.756 6	56.553	133.814 1	2 405.248

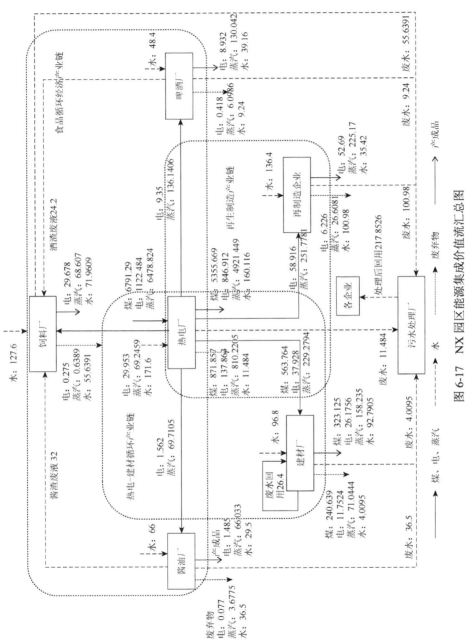

图 6-17　NX 园区能源集成价值流汇总图

本图数据单位为万元

6.4.2　NX 园区能源集成外部环境损害成本核算

能源价值流分析过程中，废弃物的外部环境损失成本主要是由废水、废气及固体废弃物引起的。图 6-15 中的数据显示，NX 园区内部废水产生情况如下：热电—建材产业链 7.746 万吨，食品产业链 50.8096 万吨，再制造产业链 50.49 万吨，产生的废水量合计 109.0456 万吨。根据 2018 年 1 月 1 日施行的《中华人民共和国环境保护税法》，每一污染当量废水的环境税额为 2.1 元。因此，整个园区的废水外部环境损害成本主要指的是经污水处理厂处理过后的环境损害成本；每一污染当量废气的环境税额为 1.2 元。

就工业固体废物而言，则一次性征收固体废物环境税，征收标准为：炉渣 25 元/吨、粉煤灰 30 元/吨、煤矸石 5 元/吨。根据环境税标准，NX 园区能源集成价值流外部环境损害成本具体的计算步骤如下。

1. 园区废水环境税

通过当量数的比较，NX 园区中最多的污染物为 COD、氨氮和石油类杂质，根据调研获取的 NX 园区环评数据，园区排放的污水中 COD、氨氮和石油类的含量分别为 60 毫克/升、15 毫克/升和 3 毫克/升。可计算各污染物的排放量：

COD = 109.0461 万吨×60 毫克/升 = 65 427.66 千克

氨氮 = 109.0461 万吨×15 毫克/升 = 16 356.915 千克

石油类 = 109.0461 万吨×3 毫克/升 = 3271.383 千克

根据污染当量值表可知，COD、氨氮、石油类的当量值分别为 1000 克、800 克、100 克，三种污染物的当量数为

COD = 65 427 660/1000 = 65 427.66

氨氮 = 16 356 915/800≈20 446.143 8

石油类 = 3 271 383/100 = 32 713.83

环境税收费额 = 2.1 元×前三种污染物的污染当量值之和

环境税 = 2.1×（65 427.66 + 20 446.143 8 + 32 713.83）≈24.9 万元

故园区废水处理后的外部损害成本为 24.9 万元。

2. 园区废气排污费计算

园区的废气排放源为热电厂的锅炉，废气污染物主要是二氧化硫、氮氧化物和烟尘，根据表 6-8 可知，热电厂产生的二氧化硫为 0.1639 万吨，氮氧化物为 1.089 万吨，烟尘为 2.486 万吨。由此，根据各污染物的污染当量值，计算出各污染物的当量数：

二氧化硫 = 1 639 000/0.95≈1 725 263.16

氮氧化物 = 10 890 000/0.95≈11 463 157.89

烟尘 = 2 486 000/2.18≈1 140 366.972 5

废气环境税征收额 = 1.2 元×前三项污染物的污染当量数之和

环境税 = 1.2×（1 725 263.16 + 11 463 157.89 + 1 140 366.972 5）≈1719.45 万元

即热电厂排放的工业废气对环境造成的外部损害成本为 1719.45 万元。

3. 园区固体废弃物排污费计算

园区热电—建材、食品、再制造产业链排放的固体废弃物主要是热电厂产生的煤矸石及杂质，由表 6-8 可知，煤矸石年产生量为 0.187 万吨。

征收额 = 5 元×煤矸石数量

排污费 = 5×0.187 = 0.935 万元

综上所述，NX 园区主要产业链上能源产生的废水、废气和固体废弃物对环境产生的外部损害成本分别为 24.9 万元、1719.45 万元、0.935 万元，合计 1745.285 万元。

6.4.3　NX 园区碳物质流成本的核算

煤的单位二氧化碳排放量为 2620 千克/吨，电、蒸汽与水的单位二氧化碳排放量分别为 0.996 千克/千瓦时、315.35 千克/吨、0.21 千克/吨。NX 园区各企业使用能源产生的二氧化碳排放量如表 6-14 所示。

表 6-14　NX 园区能源碳成本核算表

类别	煤（2620 千克/吨）		电（0.996 千克/千瓦时）		蒸汽（315.35 千克/吨）		水（0.21 千克/吨）		二氧化碳量合计/吨
	消耗数量/万吨	二氧化碳数量/吨	消耗数量/千瓦时	二氧化碳数量/吨	消耗数量/万吨	二氧化碳数量/吨	消耗数量/万吨	二氧化碳数量/吨	
热电厂	11.37	29.79	1214.29	1.269	138.38	43.683	85.8	0.018	74.76
建材厂			95.04	0.095	9.229	2.910	48.4	0.01	3.015
酱油厂			3.927	0.004	2.805	0.885	33	0.007	0.896
啤酒厂			23.43	0.023	5.478	1.727	24.2	0.005	1.755
饲料厂			75.02	0.075	2.7863	0.879	63.8	0.013	0.967
再制造企业			147.62	0.147	10.131	3.195	68.2	0.014	3.356
合计	11.37	29.79	1559.327	1.613	168.8093	53.279	323.4	0.067	84.749

表 6-14 中的数据显示，煤的使用量为 11.37 万吨，二氧化碳的排放量约为

29.79 吨；园区电的使用量 1559.327 万吨，二氧化碳的排放量为 1.613 吨；蒸汽的使用量为 168.8093 万吨，二氧化碳的排放量为 53.279 吨；水的使用为 323.4 万吨，二氧化碳的排放量为 0.067 吨；二氧化碳的合计排放量为 84.749 吨。

从工业园区能源集成价值流的诊断结果可知，NX 工业园区能源主要包括煤、水、蒸汽和电等。通过对不同能源的消耗情况分析，可得出能源在各类企业内的消耗、损失的详细情况，为分析园区能源消耗的总体情况提供了数据支持，通过识别耗能最多、能源损失最大的企业，可寻找亟须改善的潜力点。

6.5　NX 园区废弃物资源化价值流评价及优化

6.5.1　NX 园区废弃物资源化物质集成价值流评价及优化

1. NX 园区废弃物资源化物质集成价值流分析评价

园区内其他企业废弃物的协同处理（如酒糟、酱糟、炉渣、粉煤灰等），其计算与评价可以参照"啤酒厂—饲料厂"的方法（计算过程略）。据此，园区食品产业、热电—建材产业及园污水集中处理的资源化效率、资源转化率、经济价值增值和环境价值增值情况可如表 6-15 及图 6-18、图 6-19 所示，以此可作为评价园区工业废弃物资源化水平和效率及补偿激励的重要依据。

表 6-15　园区主要产业工业废弃物资源化价值流评价

废弃物种类	数量/吨	资源化效率	资源转化率	产废企业共生价值/万元	利废企业共生价值/万元	环境效益/万元
麦糟	5 000	100%	98.68%	149.00	28.00	14.17
酒花糟、废酵母	7 800	97.74%	96.33%	75.80	16.00	22.11
酱渣	9 200	92.25%	90.42%	240.00	89.00	26.07
炉渣、粉煤灰	26 000	65.40%	82.57%	273.25	390.64	164.72
生产性废水	7 440 000	68.09%	82.38%	81.85	366.32	47.49

根据园区内企业间协同处理主要废弃物的核算可以看出，麦糟、酒花糟、废酵母、酱渣等植物性残渣几乎全部得到协同再利用，并且给参与废弃物经营的上下游企业均带来了正的经济增值，还减少了外部环境损失。主要理由如下。

（1）植物性残渣的有价物质（蛋白质）含量比较高，即使不出售给园区内其他企业利用，也能对外销售并获取一定的收入（出售单价为 50 元/吨）。

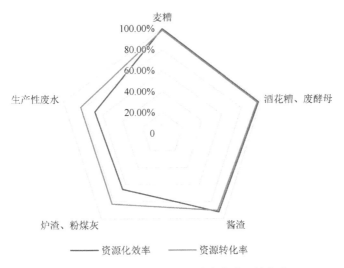

图 6-18　园区主要产业工业废弃物资源转化率

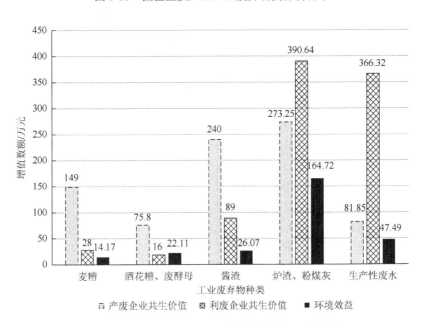

图 6-19　园区主要产业工业废弃物经济及环境增值

（2）企业间的价值链契合度强，位置相邻，上游的废弃物残渣经简单干燥处理后，即可作为下游饲料厂、生物化肥厂的原材料投入，预处理成本和资源化成本低。

（3）上游企业如果不出售废弃物，因环境处理的费用较高（环境处理费 800 元/吨），不合作的潜在机会成本大。即使没有政府的价值补贴，经营废弃物的企业仍可获得经济收益，价值补贴进一步增加了企业的经营绩效。

　　然而，植物残渣的协同资源化存在供需不匹配问题，如饲料厂年需要有机渣9600吨，上游啤酒厂10万吨主产品产量仅产生5000吨麦糟，如果啤酒厂在有效利用原材料的基础上提升生产规模，能为下游企业带来更多利好。而炉渣、粉煤灰的供需情况正好相反，其资源化率仅为65.40%，即下游水泥建材企业的规模有限，无法对上游制造企业、燃煤发电企业等的炉渣、粉煤灰进行全部消纳，由于炉渣、粉煤灰的外部环境影响较大，亟须对建材厂进行扩建或者引入新的利用企业。

　　除食品产业链上的植物性残渣、粉煤灰等工业固体废弃物得到较为理想的资源化利用外，园区内仍有一些经济价值低、环境污染严重的废气、废水没有得到很好的再利用，如园区企业自设的小锅炉燃煤含硫废气，对园区及周边的空气等造成了比较严重的污染。它们主要受企业主营业务经营的限制，内部新设废气回收投资与运营成本较大，单个企业内部废弃物产生规模小、经济性差等因素的影响。因此，政府及园区管委会有必要加强统筹管理，适时出台更加严格的排放标准；引进专业的处理企业（如制酸厂），对废气进行集中回收、处理再利用；对参与资源化经营的企业给予更多的补偿政策倾斜，如通过税收优惠或减免、专项投资补贴等方式提高其经济价值增量。

2. NX园区废弃物资源化物质集成价值流优化

　　国家级生态工业园区应当践行国家层面的可持续发展战略，创新园区发展模式，推进清洁生产。其中，产业共生是促进工业废弃物流转、实现节能减排的重要途径之一。从NX工业园区现有主要产业来看，工业废弃物的循环利用程度呈逐步上升的态势，废弃物质集成的广度和深度也逐步拓宽，主要表现在两个方面。

　　（1）产业链内部集成化程度逐步加深。食品产业链中工业废弃物的处理模式已升级为企业间的合作模式。酱渣可作为饲料企业原材料的替代品，此模式不仅降低了废弃物的对外排放量，也提高了资源的使用效率，促进了社会与环境效益的共赢。酱油厂与饲料厂物质集成的成功经验得到推广，促使更多的企业参与到集成产业链中（啤酒企业等），通过各企业生产过程中产生的废弃物循环利用，产业共生链延长，企业间的合作深度加深，废弃物资源化程度得到逐步提高。

　　（2）产业链的共生路径逐步实现外向型拓展。产业共生强调位于产业链内部企业间的废弃物循环利用，由于这些企业具有直接原材料趋同、上下游材料共享、生产具有相关性等，物质循环利用更易实现，这也是NX工业园区的主要发展方向。随着产业共生进程的深化，产业共生链条也跨越产业链界限，如食品产业链内，由于仍有部分企业没有实现热电联产，企业生产过程中，锅炉产生的炉渣能够作为建材产业链中建材企业的初始原材料，由此来实现食品产业链与建材产业链的产业共生交集。

虽然 NX 工业园区产业共生中工业废弃物资源化取得了一定的成效，但还存在以下不足。

首先，价值核算体系不健全，缺乏价值评价标准。当前，产业共生现象均存在于 NX 工业园区各产业链内部，但由于各产业链之间的发展程度各异，无法进行有效的统计与评价。单个企业以历史成本计量，不能核算工业废弃物的价值与成本构成；同时，企业以货币计量，价值构成未包括外部环境损害。因此无法对废弃物的交换成本、产业链内的废弃物循环利用、通过交换所创造的经济价值进行统一与精准的核算，这会导致产业共生集成信息的缺失。

其次，价值流转范围受限。产业共生通过工业废弃物的循环利用实现整体价值的增值，整体价值受到工业废弃物的数量与种类的影响，规模与流动价值一般呈正相关，这两个因素越高，创造的整体效益就越高。在 NX 工业园区中，循环利用的废弃物数量仍有提升的潜力。

通过对 NX 工业园区食品产业链工业废弃物价值流转的核算，食品产业共生链废弃物质的集成还应从以下几个方面进行改进。

（1）企业层面废弃物排放减量化有待进一步提升。园区内工业废气污染物主要为燃煤锅炉供热产生的二氧化硫、粉尘及制造企业生产过程产生的废气。气体废弃物形态、性质不稳定，基本不能实现对外输送，必须在企业源头予以减量或者回收处理。针对燃煤废气，一方面应逐步撤销企业自设锅炉，采取园区热电厂集中供气供热、集中处理废气的模式；另一方面，逐步改造以低硫煤为原料替代混合煤使用，降低最终排放的污染物数量。针对有机废气，在喷淋塔喷淋过滤处理基础上，增加活性炭吸附措施，实现有机废气中污染物质的截留。

（2）加强园区企业间废弃物资源化的协同处理。园区内主要工业固体废弃物为植物残渣、燃煤废渣等，工业废弃物既是"汇"，也是"源"，如果不经过有效回收或者处理，对大气、水域均会造成污染。园区目前初步构建了食品产业废弃物协同处理价值链、热电建材企业间灰渣资源化协同处理价值链。针对供需存在缺口问题，应加快园区建材厂二期建设进度，协调食品企业的生产规模，提高废弃物交换种类、数量有关物质流数据的公开与交流。寻求对园区外输出途径，以及引入新的利废企业等方式。例如，粉煤灰除了用作水泥工业和混凝土工程，还可以用作农业肥料和土壤改良剂等，从粉煤灰中回收煤炭资源，利用粉煤灰制造环保材料，借鉴国外新思路，研究粉煤灰作为造纸原料的技术及应用等。契合产业链之间废弃物交换，拓宽工业废弃物质集成广度。当前，NX 工业园区工业废弃物质集成仍以产业链内部企业间交换为主导，跨产业链交换依旧较为薄弱，暂未形成以园区为载体的工业废弃物交换共生网络，因此，要加大研发力度，促进产业链之间物质的交叉循环，如将建材产业链内的废旧机器售至资源再生企业，实现循环利用等，实现以产业共生链为基础、以工业废弃物为纽带的工业共生网络。

（3）提高园区基础设施层面废弃物集中处理再利用比率。工业废水是园区内仅次于工业废气的第二大污染源，单个企业的回收利用投资门槛高，且规模效应比较低。加快污水管网的规划建设，在保证纳入每个排污企业的同时，优化管网路线，降低整体投资成本。集中污水处理厂在维持正常运营的同时，应积极引进先进的污水处理及水资源再生技术，降低资源化处理成本，提高中水及再生水等的产出率，划分不同级别回用到园区工业生产过程中。同时，注重提升无害化处理水平，避免废水处理过程引起的环境容污力下降。

在对园区的物质集成进行改进的前提下，改进优化园区的价值核算体系，将促进园区的废弃物资源化，达到经济效益和环境效益的"双赢"。因此，园区应明晰流转价值考核标准、推广工业废弃物价值核算体制。通过核算工业废弃物流转价值，可以计算出园区内工业废弃物流转过程中产生的价值。推动废弃物资源化，关键在于价值透明化，将废弃物资源化价值流核算及分析方法在园区内企业进行推广，作为园区内企业会计核算体系的补充，可准确反映出工业废弃物流转创造的经济收益。政府部门应当设置考核体系，把废弃物流转价值作为企业绩效考评的一个标准，并实施激励机制，促进工业废弃物的价值流转畅通。

6.5.2　NX 园区废弃物资源化能源集成价值流评价及优化

1. NX 园区废弃物资源化能源集成价值流分析评价

根据 NX 园区各类能源内部价值流核算结果和外部损害成本计算，可从进行能源集成的"内部价值流成本-外部损害成本"综合分析（表 6-16、图 6-20）。

表 6-16　NX 园区各能源内、外部损失价值流汇总表　　　　单位：万元

能源类别	煤	电	蒸汽	水
内部损失价值	1499.6071	18.7535	108.2402	218.092
外部损害价值	1719.45	26.4396	145.1802	24.9
合计	3219.0571	45.1931	253.4204	242.992

表 6-16 和图 6-20 中数据显示，煤的内部损失、外部损害价值均最高，分别为 1499.6071 万元、1719.45 万元。内部损失价值中，热电厂锅炉燃烧产生的废弃物损失价值最高，如石膏达 932.1727 万元，占比 62.16%，其次是粉尘及废液、次

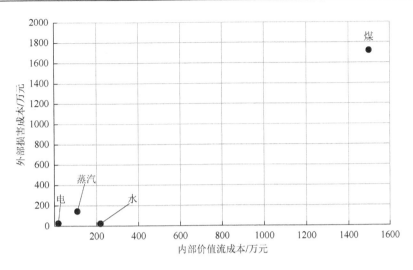

图 6-20　NX 园区各能源内、外部损失价值流综合分析图

品等废弃物。外部损害价值主要是锅炉燃烧产生的废气，其次是煤矸石，达到了 0.935 万元，因此，提高煤能源的利用率、降低热电厂的废弃物损耗是园区未来的重点。

电、蒸汽损失的主要原因是废弃物的产生及设备自身的损耗，图 6-20 显示，蒸汽、电的内外部环境损害价值分别为 253.4204 万元、45.1931 万元，蒸汽仅次于煤，而电是四种能源中最低的。蒸汽的外部损害价值为 145.1802 万元，污染源主要是热电厂的废弃物。电的内部损失价值主要是各企业的废液和残次品成本，外部损害价值则是热电厂排放的废气。通过对电和蒸汽能源有效利用情况，以及废弃物中各能源的比重进行比较，有利于找出需要重点改善的潜力点。每个物量中心的能源使用情况都不相同，通过分析可得出各物量中心能源损失的情况及具体原因。

在产品生产过程中，会涉及新水、再生水、蒸发回水、循环水等类型的水。NX 园区主要产业链考虑的主要是新水与循环水，因此，对于水的成本分析并不是简单的流入流出。水从某个物量中心流入，并不一定直接由其排出，往往会流入下一物量中心，最后作为废水排出；另外，蒸发也会导致水的损失。因此，对于水资源成本分析，应该重点关注各个物量中心水的流入情况及种类。通过水分析找出用水最多、造成水资源浪费最严重的环节，以便提出改善措施，达到节约用水的目的。根据表 6-11 的水资源消耗数量计算表，可得 NX 园区水资源有效利用率为 66.29%（即 428.708/646.8），水的循环利用率仅为 12.93%（83.6/646.8），因此有必要加大水资源的循环使用力度。从废水处理角度来看，园区内建有污水处理厂，由于污水排放对环境的损害降低，水资源的外部损害价值在四种能源中是最低的。

从园区角度来看，各企业的物量中心内部损失价值、外部损害价值情况如表 6-17 所示。

表 6-17　NX 园区各企业内、外部损失价值汇总表　　单位：万元

能源类别	热电厂	建材厂	酱油厂	啤酒厂	饲料厂	再制造企业
内部损失价值	1258.9698	315.907	39.3954	15.7553	56.5532	133.7072
外部损害价值	1230.7372	0.3905	0.3894	0.5753	2.7951	3.8445
合计	2489.707	316.2975	39.7848	16.3306	59.3483	137.5517

根据表 6-17，可绘制 NX 园区各企业"内部损失价值-外部损害价值"综合分析图（图 6-21）。

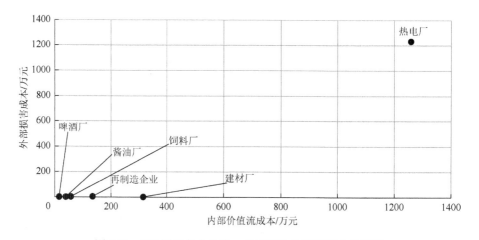

图 6-21　NX 园区各企业内、外部损失价值流综合分析图

从图 6-21 可以看出，在 NX 园区三大产业链中，热电厂的内、外部损失价值均最高，对热电厂进行成本控制，加强社会责任教育至关重要。建材厂、啤酒厂和酱油厂的外部损害成本较低，而饲料厂、再制造企业废水排放量大，相比前三个企业的环境损害成本要高，分别为 2.7951 万元和 3.8445 万元，这两家企业应减少废水的排放，加强废水的循环利用。

2. NX 园区碳物质流成本评价

根据表 6-14 的园区能源碳成本核算表，绘制的碳排放汇总图如图 6-22 所示。热电厂的二氧化碳排放量最多，为 74.76 万吨，主要是锅炉燃烧环节燃烧煤及汽轮机组发电使用大量蒸汽导致。其他五家企业的碳排放源主要是蒸汽使用。

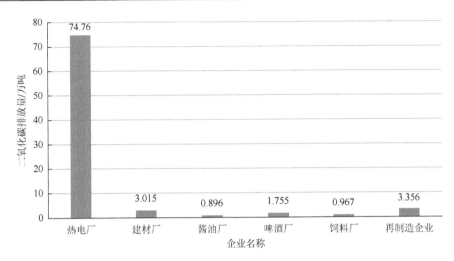

图 6-22 NX 园区各企业能源碳排放汇总分析图

因此，要控制园区碳排放量，重点应对园区热电厂进行优化控制，尽量减少煤和蒸汽的使用量。还要关注建材厂和再制造企业的蒸汽使用情况，通过改善工艺流程或生产设备来减少蒸汽的使用量，从而减少园区二氧化碳排放。

3. NX 园区能源集成价值流优化措施

园区层面应树立节能减排意识，加大对相关企业的扶持力度。大力引进发展低碳经济的相关企业，争取政府扶持，引导社会对新型企业进行投资。通过与各大金融机构、政府的协商与合作，给发展低碳经济的企业相关福利政策；同时，放宽信贷额度与条件，结合新能源和可再生能源的特点延长还贷期限，落实贷款扶持，促进低碳型企业的发展。上述措施有利于优化我国的产业结构和能源结构，促进低碳经济和社会环境的发展。园区及相关企业在得到扶持的同时，不断开展节能减排活动，使员工树立环保意识，从思想和行动上做好节能减排。

园区管委会应加大监管力度，建立健全相关机制。加强对发电企业的监管，检查能源的利用率，避免浪费和环境污染。对各能源消耗等相关信息进行统计分析，设置高耗能预警。对企业的能源使用结构进行调查，优化能源结构。对高耗能、高污染的企业进行规劝或处罚，大力推行新能源和清洁能源。实行企业目标责任制，对发电厂和污水处理厂着重进行考核，使其起到带头示范作用。对园区内的企业进行节能减排考核，根据企业实际情况建立相关评价体系，落实考核工作。加强日常检查工作，严格执行考核制度。细化各项考核指标，对各项能源消耗和利用率、排放量进行统计，从源头减少企业生产对环境的破坏。对发电设备的使用率和能源消耗做出统计，考核工业"三废"的排放，考察企业排放的资格和指标、实际排放量。定期对考核结果进行统计，对考核不通过的企业做出相应的经济处罚。

对能源价格进行调整，制定相关的配套政策。利用价格引导企业使用电与蒸汽，减少火力发电。我国目前已制定相关政策，对火力发电的企业实施价格引导政策。这一举措可有效推动能源结构的优化。在提供能源利用的同时，增加新能源和清洁能源的供给量。但在经济全球化和低碳经济的要求下，关于能源的相关政策还有待补充，具体如下。

（1）完善新能源电价政策，尤其是可再生能源。目前国家仅对电和其他少数能源出台价格政策，新能源并没有得到广泛推广和普及。因此应当鼓励电网行业联合利用新能源和可再生能源发电，在企业得到相关补偿的同时还能优化自身结构，提供多样化的服务，促进企业与社会的可持续发展。

（2）对利用创新技术减少二氧化碳、二氧化硫与粉尘等排放的发电企业，给予合理的补偿以弥补投资成本。由于新能源和清洁能源在我国使用率不高，其生产成本大，容易遇到技术瓶颈。对于引进先进技术或进行科学创新的发电企业，国家应当予以一定的补偿作为激励措施，使企业愿意自觉进行能源结构升级，从而有效保护环境，促进低碳经济的发展。

（3）建立健全节能发电补偿机制与奖励办法。从实际出发，设置不同的节能减排奖励机制，并进行跟踪和指导，从而制定出具有参考价值的补偿机制与奖励政策。

针对 NX 园区企业具体情况，提出以下改革措施。

（1）热电厂燃料中心的煤炭堆置场及输送系统易产生两种污染：甲烷逸散与粒状污染物。对于甲烷的逸散，可直接将甲烷导入锅炉内充当燃料。粒状污染物可以通过增设挡风帷幕及洒水来防治。通过上述方法的使用，可得出污染物由99.07 吨/月下降至 42.24 吨/月，下降幅度达 57.36%；若增加袋式集尘器设备及设置室内煤仓，则可以完全收集所有煤尘。烟气脱硫治理采用石灰石膏法烟气脱硫系统，可使脱硫效率达到 95%，对改善烟气硫氧化物排放浓度有很大作用，但硫氧化物的排放量仍有 1652.2 吨，对环境产生了极大损害。此时可使用蒸汽加热，每月节约用电 173.8 万千瓦时。在监测原材料的输送过程中，热电厂的配送煤炭设备必不可少，但设备老化，改进犁煤器后，解决了漏煤、洒煤问题，设备运行效率得以提高。煤矸石是煤生产过程中排放的固体废弃物，热电厂每年产生约0.187 万吨煤矸石，直接外排至环境，每年产生的外部环境损害成本高达 0.935 万元，直接经济损失为 91.698 万元。煤矸石的处理利用是热电厂的关注重点，低品位的煤矸石可作为生产制备陶瓷聚空心球产品的原料，形成循环经济。将绝热材料用于企业内运输蒸汽、半成品管道制作与设备加热和冷却，可减少热量的损失，同时还应定期检查原辅材料阀门、企业蒸汽输送管道与设备，防止设备泄漏带来能源浪费及环境污染。

（2）建材厂产生的废弃物中，主要的元素为硅的氧化物和硅酸盐，这些固体废弃物大多为不合格品，只能以极低价格在市场上售出。建议将不合格产品集中存放，经过破碎、球磨，作为复用的原材料，节约企业成本。目前，建材厂使用普通吸尘罩，吸尘效果较差，每年会产生约 2.8479 万吨的粉尘，而袋式除尘器不仅可捕集干燥、细小的粉尘，还能吸收非纤维性粉尘（普通吸尘罩无法吸入），这些粉尘由于重力作用，较小粉尘被滤料滞留，颗粒大的粉尘沉入灰袋底部，气体得到净化，测试所得数据显示，袋式除尘器的除尘率可以高达 98%。

（3）对于产生的杂质，由于没有进一步利用价值，再制造企业的主要处理方式，就是将其运至园区垃圾填埋场进行集中化处理，运输成本也较低。但是对于排放的大量废水，该厂每年损失约 100.98 万元。建议厂区内建立自己的废水回收系统，通过对废水进行批量的三次沉淀、加工处理并达标后再对外排放，能最大限度地减少对外部环境的损害，真正实现节能减排，促进企业的长远发展。在企业废弃物的排放中，熔融挤压中心排放的废弃物价值最大，是总废弃物价值的 75%，如果对不合格的产品进行回融或进行进一步加工，可在减少废弃物排放的同时，提升企业的整体经济价值。园区内再制造企业每年的耗电量为 147.62 万千瓦时，占三大产业链总用电量的 40%，推进变频装置的设立，可在最大程度上对园区整体用电量进行节约，减少企业碳排放。

（4）新建隔油沉淀池，可以将待处理污水中的颗粒物与浮油去除，以保证后续的生化工艺流程顺利开展。同时，考虑到现有废水池容量太小，高峰期会造成废水溢出情况，将废水中转处理池扩容，会大大提高污水厂的运营效率。

6.5.3　NX 园区能源集成价值流优化效益评价

1. 经济效益优化评估

优化措施的实施，可节约成本或者增加经济效益，各项措施所带来的经济效益（扣除成本后）如表 6-18 所示。

表 6-18　优化措施实施后经济效益评估

物量中心	措施	效果	经济效益/(万元/年)
热电厂	增加袋式除尘器设备	提高产品合格品率，减少废弃物排放	11.55
	使用石灰石膏法烟气脱硫系统	改善烟气硫氧化物排放浓度	39.27
	改进犁煤器，并充分回收利用煤矸石	提高原煤使用效率，节约企业成本	8.173
建材厂	次品回收再利用	提高原料复用程度，降低成本	38.764
	增加一台袋式除尘器	减少粉尘排放，降低环境污染	28.963

续表

物量中心	措施	效果	经济效益/(万元/年)
再制造企业	建立废水回收系统	废水循环利用，提高企业收益	37.4
	产品回融或再加工	减少产品浪费，降低内部损耗	10.45
污水处理厂	新建隔油沉淀池	提高污水排放质量，减少环境损害成本	2.2
	投加悬浮生物填料	加强氨氮硝化，降低出水氨氮含量	3.85
	扩大废水中转处理池	提高污水处理容量，应对高峰期压力	1.705
园区总体	采用绝热材料	减少热量的散失	5.775
	加装变频装置	节能降耗	3.08
	定期对水管、原材料阀门和各类设备进行检查	防止漏水和材料浪费	4.345
合计			195.525

表 6-18 显示，优化措施实施后，NX 园区每年的经济收益会提高 195.525 万元。另外，加强废水的处理，可以将废水的回用率提高 6.8%，即节约新水 6.8%。结合表 6-10 数据，节约水资源成本 43.912 万元/年（即 323.4×6.8%×2），同时，废水回用率的提高导致废水排放减少 6.8%。此外，废水的处理还可以将废水中的 COD 含量减少 12%，每年可减少环境税 1.386 万元（注：计算过程略），经济效益合计为 45.298（即 43.912 + 1.386）万元。因此，园区三条产业链实施优化措施后，带来的经济效益为 240.823 万元。

2. 能源效率优化评估

结合能源部门与园区管委会的统计数据，园区优化措施实施后，估算的能源节省情况如表 6-19 所示。

表 6-19　优化措施实施后能源效率评估

物量中心	产品	措施	效果	节省能源
热电厂	电	改进犁煤器，并充分回收利用煤矸石	能源的有效利用率提高	3.03%
	蒸汽			2.67%
建材厂	混凝土砌块	次品回收	能源的有效利用率提高	1.18%
		增加袋式除尘器		3.98%
酱油厂	酱油	烘干车间回收	能源的有效利用率提高	0.17%
		回收浆料湿筛渣	能源的有效利用率提高	0.20%
				0.20%
		废水处理	增加废水回用率	3.3%

续表

物量中心	产品	措施	效果	节省能源
再制造企业	PET 瓶片、托盘成品等	建立废水回收系统	增加废水回用率	22.00%
		产品回融	能源的有效利用率提高	7.15%
园区总体	所有产品	采用绝热材料	减少散热能耗	0.47%
		加装变频装置	减少电耗	11%
		扩大废水中转池	减少 COD 排放量	3.22%

根据调研资料计算,园区整体在优化前各能源的效率为:煤 31.35 吨,水 23.023 吨,电 265.815 千瓦时,蒸汽 12.21 吨,综合能源效率为 0.869。经优化后的能源效率分别为:煤 26.46 吨,水 16.214 吨,电 223.85 千瓦时,蒸汽 9.57 吨,综合能源效率为 0.737。优化前后的详细数据比较如表 6-20 所示。

表 6-20　NX 园区企业优化措施前后能源效率对比表

产品	能源种类	优化之前	优化之后	能源效率提高比率
热电厂	煤/吨	39.16	32.78	16%
	水/吨	24.09	14.146	41%
	电/(千瓦时/吨)	401.5	335.313	16%
	蒸汽/吨	28.116	21.054	25%
	综合能源效率	1.32	1.287	3%
建材厂	煤/吨	23.54	20.152	14%
	水/吨	17.6	16.291	7%
	电/(千瓦时/吨)	237.6	209.341	12%
	蒸汽/吨	10.494	9.713	7%
	综合能源效率	0.825	0.759	8%
酱油厂	水/吨	18.7	12.76	32%
	电/(千瓦时/吨)	125.928	105.908	16%
	蒸汽/吨	3.564	3.322	7%
	综合能源效率	0.913	0.286	69%
啤酒厂	水/吨	16.698	15.444	8%
	电/(千瓦时/吨)	171.182	152.658	11%
	蒸汽/吨	5.236	4.631	12%
	综合能源效率	1.001	0.992 2	1%

产品	能源种类	优化之前	优化之后	能源效率提高比率
饲料厂	水/吨	27.5	18.37	33%
	电/(千瓦时/吨)	267.52	233.2	13%
	蒸汽/吨	7.436	6.831	8%
	综合能源效率	1.177	1.078	8%
再制造企业	水/吨	33.55	20.24	40%
	电/(千瓦时/吨)	391.182	306.658	22%
	蒸汽/吨	18.436	11.869	36%
	综合能源效率	1.298	1.122	14%
园区整体	煤/吨	31.35	26.46	16%
	水/吨	23.023	16.214	30%
	电/(千瓦时/吨)	265.815	223.85	16%
	蒸汽/吨	12.21	9.57	22%
	综合能源效率	0.869	0.737	15%

从表 6-20 的计算结果可以看出，优化措施的实施可以减少企业的综合能耗。从园区整体层面来看，综合能源效率提高了 15%。

3. 环境效益优化评估

碳排放强度是指每万元国内生产总值（gross domestic product，GDP）所排放的二氧化碳。由于本章研究的是企业的碳强度，为了与能源效率保持一致，可将其定义为单位产品生产所排放的二氧化碳数量。经过计算，企业在实施优化措施前，热电厂、建材厂、酱油厂、啤酒厂、饲料厂、再制造企业的碳强度分别为 4.224、2.343、1.155、1.452、2.266、3.762，三条产业链整体的碳强度为 2.475。根据表 6-16 及能源强度，可计算得出能源的节约值，实施优化措施后，各企业对应的碳强度分别为 3.322、1.914、1.012、1.232、2.002、2.673，整体碳强度为 2.211。全年预计减少二氧化碳排放 25.08 万吨。为企业每年节约成本约 240.053 万元，能源消耗大大降低，促进了园区低碳经济的发展。

6.5.4　低碳措施实施后的园区能源集成价值流分析

NX 园区实施优化措施后，各类企业内、外部损失成本减少情况如表 6-21 所示。

表 6-21　NX 园区企业优化措施实施前后经济效益对比表　　单位：万元

物量中心	内部损失成本		成本净节约额③	经济效益合计①-②+③	外部环境损害成本		
	改善前①	改善后②			改善前	改善后	节约额
热电厂	1258.9698	1246.8148	39.831	51.986	1230.7372	992.189	238.5482
建材厂	315.907	298.9955	25.751	42.6625	0.3905	0.2321	0.1584
酱油厂	39.3954	29.1214	7.755	18.029	0.3894	0.1672	0.2222
啤酒厂	15.7553	8.7813	10.692	17.666	0.5753	0.4378	0.1375
饲料厂	56.5532	39.1952	13.145	30.503	2.7951	2.178	0.6171
再制造企业	133.7072	103.2372	35.827	66.297	3.8445	2.6576	1.1871
合计	1820.2879	1726.1454	133.001	227.1435	1238.7320	997.8617	240.8705

由表 6-21 可以看出，NX 园区共产生经济效益 227.1435 万元。其中，再制造企业建立了自身的污水处理系统，大大降低了废水成本，内部损失成本节约最大。外部损害成本方面，因热电厂原煤脱硫后，污染气体排放浓度大大降低，成本节约额达 240.8705 万元，约占园区外部损害成本总节约额的 99%。通过上述分析，NX 园区优化后的能源集成内部价值流核算汇总如表 6-22 所示。

表 6-22　NX 园区优化后能源集成内部价值流成本核算汇总表　　单位：万元

项目		热电厂	建材厂	酱油厂	啤酒厂	饲料厂	再制造企业	总计
本物量中心投入能源成本	煤	6 756.97						6 756.97
	电	1 122.484						1 122.484
	蒸汽	6 471.674						6 471.674
	水	148.5	79.2	55	39.6	112.2	105.6	540.1
	合计	14 499.628	79.2	55	39.6	112.2	105.6	14 891.228
从其他企业物量中心转入的可利用的能源成本	煤		548.636					548.636
	电		35.398	1.562	8.58	29.051	55.616	130.207
	蒸汽		221.133	69.707	143.33	67.936	231.836	733.942
	水						83.6	83.6
	合计		805.167	71.269	151.91	180.587	287.452	1 496.385
本物量中心投入能源成本合计	煤	6 756.97	548.636					7 305.606
	电	1 122.484	35.398	1.562	8.58	29.051	55.616	1 252.691
	蒸汽	6 471.674	221.133	69.707	134.75	67.936	231.836	7 197.036
	水	148.5	79.2	55	39.6	112.2	105.6	540.1
	合计	14 499.628	884.367	126.269	182.93	209.187	393.052	16 295.433

项目		热电厂	建材厂	酱油厂	啤酒厂	饲料厂	再制造企业	总计
转出到其他物量中心的能源成本	煤	548.636						548.636
	电	130.207						130.207
	蒸汽	725.362						725.362
	水			50.6	33			83.6
	合计	1 404.205		50.6	33			1 487.805
自身回收利用的能源成本	煤	34.32						
	电							
	蒸汽	7.15						
	水	22	26.4	5.5	13.2	10.78	36.3	114.18
	合计	63.47	26.4	5.5	13.2	10.78	36.3	92.18
产成品的能源成本	煤	5 355.669	401.357					5 757.026
	电	803.275	23.65	1.331	8.415	27.016	50.93	914.617
	蒸汽	4 565.748	150.084	62.062	108.427	66.264	221.54	5 174.125
	水	101.97	75.2521	24.09	33.55	53.13	33.66	321.652 1
	合计	10 826.662	650.343 1	87.483	150.392	146.41	306.13	12 167.420 1
外排废弃物的能源成本	煤	868.329	147.279					1 015.608
	电	137.031 4	11.748	0.061 6	0.462	0.231	5.968 6	155.502 6
	蒸汽	798.611	71.049	3.817	5.445	0.583	26.18	905.685
	水	3.773	3.947 9	34.32	8.481	55.396	94.424	200.341 9
	合计	1 807.744 4	234.023 9	38.198 6	14.388	56.21	126.572 6	2 277.137 5

由表 6-21 的数据可得出,经过低碳措施改造后,"热电—建材产业链""食品产业循环经济产业链""再制造产业链"预计分别节约 94.6485(51.986 + 42.6625)万元、66.198(18.029 + 17.666 + 30.503)万元、66.297 万元,三者合计 227.1435 万元。园区整体层面,年碳排放量约为 1072.9223 万吨,是主要产业链碳排放量(84.749 万吨)的 12.66 倍,以上述计算结果为基础,可估算出整个园区实行能源集成节能减排措施后,为 NX 园区每年节省约 2875.6367(227.1435 × 12.66 ≈ 2875.6367)万元。

根据表 6-22 所绘制的园区优化措施后的能源集成价值流图如图 6-23 所示。以热电厂为中心,三条主要产业链形成闭路循环,各企业建立了废水回用系统,如酱油厂、饲料厂、啤酒厂、再制造企业增加废水回用系统,分别回用废水 5.5 万元、10.78 万元、13.2 万元、36.3 万元,且在能源排放方面也较优化措施实行前大幅度减少,能源利用效率在园区整体层面上得到了提高。

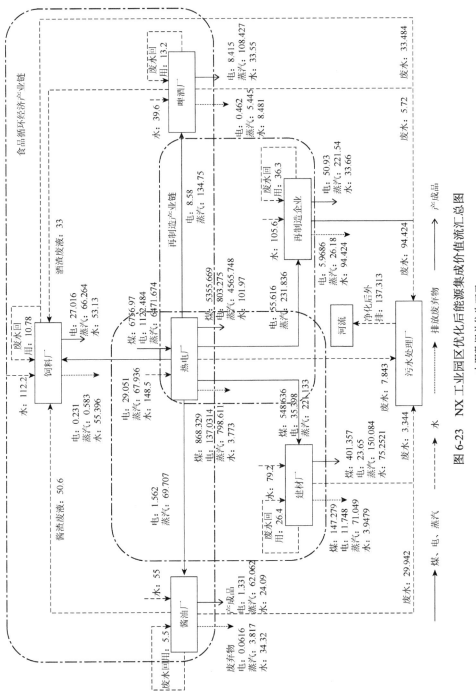

图 6-23　NX 工业园区优化后能源集成价值流汇总图

本图数据单位为万元

6.6　NX 园区废弃物资源化价值流转补偿政策建议

结合 NX 园区的现实情况，应用第 5 章建立的政府价值补偿模型，通过模型结果分析和价值流的核算、评价与优化，可提出 NX 园区废弃物资源化价值流转补偿的政策建议。本章只选取园区的热电—建材循环产业链为研究对象，对政府价值补偿模型进行运用，其余产业链的价值补偿思路以此类推，不再一一详述。

6.6.1　NX 园区热电—建材循环产业链的价值补偿

为适应经济形势的发展，实现环保要求，园区针对性地引进了热电联产项目，实行集中供热供汽。同时，还投建了建材和污水再生项目，以解决园区的废渣和污水等的循环再利用。园区污水处理厂工程实施后，将使 NX 园区附近区域污水得到全面治理，可大大改善该区域水体的环境，同时，再生水厂可利用经污水处理厂处理后的水，用于再生水的生产，大大节约了水资源，保护了环境，实现了经济与环境效益。热电项目投产以来，承担着为园区多家企业供应蒸汽及电力的任务。热电厂产品生产过程主要耗用燃煤，燃煤锅炉年耗原煤近 20 万吨，生产过程产出大量的废气、废渣和废水，通过资源化技术处理，可以用作园区建材厂的替代材料生产建材产品，其生产的产品属于国家提倡发展的新型环保产品。该建材厂每年可消化粉煤灰 13.5 万吨，工业废水 20 万立方米，且生产过程无二次污染，既可消耗掉热电厂的废渣、废水，减少了环境污染，又通过"变废为宝"，节约了资源成本。为了鼓励园区企业积极开展废弃物资源化，提高废弃物循环利用效率，政府或园区管委会应针对废弃物资源化的不同方式，综合考虑废弃物资源化的收益与成本、环境效益等，落实补偿依据及标准，合理确定最优价值补偿政策。根据第 4 章的补偿方案，园区废弃物资源化的价值补偿政策如下。

1. 政府对热电企业废气回收利用的价值补偿

根据热电厂提供的有关数据，热电企业每年产出的废气 q_0 大约为 90 000 立方米，近年来因环保指标要求越来越高，为了满足环保要求与废气再利用，热电企业除了除尘改造、新增脱硫、脱硝改置技改项目外，还重点推动了技术升级改造项目。相关的成本参数见表 6-22，利用废气生产的产品市场需求函数为 $D(p) = 2 \times 10^6 - 3 \times 10^3 p$，单位生产成本 $c_r = 30$ 元/吨，利用新原材料生产产品的单位制造成本 $c_m = 25$ 元/吨，废气资源化成本 $c_u = 62$ 元/吨，废气回收利用的投资

成本系数 $f=3.1\times10^6$，环境处理单位成本 $c_d=100$ 元/吨，废弃物资源化产出的单位环境效益 $h=110$ 元。把参数代入到第 4 章的模型 N，则：

$$\max_s \varPi^N = 62\,500(110-s)\eta$$

$$\max_\eta \pi_1^N = 62\,500\eta(25-30-62+150+s)+(\alpha-\beta p)(p-25)-3\,100\,000\eta^2$$

通过数值对比分析，当政府不对热电企业回收利用废气予以价值补偿（即 $s=0$），以及采用最优价值补偿金额（即 $s=s^*$）时，其他参数的对比情况如表 6-23 所示。

表 6-23　热电企业废气资源化相关参数对比表

s	η	p	$\varPi$	π_1
$s=0$	83.67%	45.83	5 046 307.96	3 472 257.22
$s=s^*=13.5$	97.28%	45.83	5 867 092.99	4 235 629.83

从表 6-23 可以看出，政府给予热电企业最优价值补偿 $s^*=13.5$ 元/吨，此时，废气再利用率为 97.28%，热电企业废气再利用获得的经济利润为 4 235 629.83 元，政府的期望收益为 5 867 092.99 元，比不采取价值补偿方案约分别提高了 16.27%，21.98%。政府价值补偿 s 与废气再利用率 η 之间的关系可如图 6-24 所示。

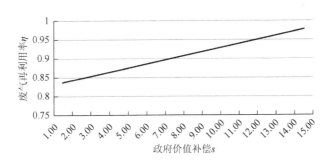

图 6-24　政府价值补偿与废气再利用率关系图

从表 6-22 与图 6-24 可以清晰地看到，政府若采用最优价值补偿政策时，随着价值补偿 s 的增加，热电企业废气再利用率、企业的利润和废气资源化的环境效益也都增加。政府的价值补偿越高，废气再利用率越高。因此，政府的价值补偿能够积极促进企业进行废弃物资源化。

2. 政府对"热电—建材"产业链废渣循环利用的价值补偿

为提高经济和环境效益，政府鼓励园区企业加大废渣处理资源化率。热电厂将其产出的废弃物进行初步处理后，出售给建材厂用作原料生产建材产品。建材厂用热电企业产出的废渣做原材料的需求函数为 $D(Q) = 300\,000 - 6000p_0$，建材产品的需求函数为 $D(q) = 2\,000\,000 - 20\,000p_0$，热电厂废渣回收处理成本 $c_0 = 14$ 元/吨，废弃物无害化的环境处理成本 $c_d = 30$ 元/吨，废渣回收处理的投资系数 $f_1 = 10\,000\,000$；建材厂使用新材料的生产成本 $c_m = 67$ 元/吨，使用热电厂废渣为原料的资源化成本 $c_z = 12$ 元/吨，相应的制造成本 $c_r = 46$ 元/吨，资源化的投资系数 $f_1 = 2\,920\,000$。废渣资源化产生的环境效益 $h = 53$ 元/吨。园区企业间废弃物交换利用的价值补偿模型如下：

$$\max_{s_1,s_2} \Pi^M = (28 - s_1 - s_2)\rho\sigma(300\,000 - 6000p_0)$$
$$\max_{p,\rho} \pi_2^M = \rho\sigma(300\,000 - 6000p_0)(p - 46 - 12 + s_2)$$
$$+ [2\,000\,000 - 10\,000p - \rho\sigma(300\,000 - 6000p_0)](p - 67) - 5\,000\,000p^2$$
$$- p_0\sigma(300\,000 - 6000p_0)$$
$$\max_{\sigma,p_0} \pi_1^M = \sigma(300\,000 - 6000p_0)(p_0 + 30 - 14 + s_1) - 140\,000\sigma^2$$

（6-1）

式（6-1）中，s_1 为政府对热电厂废渣资源化的价值补偿，s_2 为政府对建材厂利用热电厂废渣进行产品生产的价值补偿。求解式（6-1），可得到政府对热电厂和建材厂废渣资源化的最优价值补偿系数（s_1^*, s_2^*）。

（1）政府同时补偿热电厂和建材厂时，即 $s_1 \neq 0, s_2 \neq 0$。废渣的协同处理中，处理企业共同承担了废弃物资源化成本，政府对参与企业进行价值补偿，可直接弥补废渣资源化的部分成本。则政府对参与企业的补偿模型为

$$\max_{s_1,s_2} \Pi^M = (28 - s_1 - s_2)\rho\sigma(300\,000 - 6000p_0)$$
$$\max_{p,\rho} \pi_2^M = \rho\sigma(300\,000 - 6000p_0)(p - 46 - 12 + s_2)$$
$$+ [2\,000\,000 - 10\,000p - \rho\sigma(300\,000 - 6000p_0)](p - 67) - 5\,000\,000p^2$$
$$- p_0\sigma(300\,000 - 6000p_0)$$
$$\max_{\sigma,p_0} \pi_1^M = \sigma(300\,000 - 6000p_0)(p_0 + 30 - 14 + s_1) - 140\,000\sigma^2$$

（6-2）

求出的最优解如表 6-24 所示。

表 6-24　政府同时给予热电厂和建材厂价值补偿的均衡解

s_1	s_2	p_0	σ	ρ	p	η	Π	π_1	π_2
11.25	3.88	11.38	0.895	0.95	133.5	0.853 9	2 547 724.13	4 006 327.75	43 136 648

最优价值补偿（s_1^*, s_2^*）＝（11.25，3.88），即政府给予热电厂废渣资源化处理的价值补偿为 11.25 元/吨，政府对建材厂利用废渣生产产品的价值补偿为 3.88 元/吨；此时，废渣再利用率为 85.39%，热电厂废渣经过初步处理后出售给建材厂的价格为 11.38 元/吨，建材厂利用废渣生产的产品出售价格为 133.5 元/米^2，在废渣资源化中，政府获得的环境效益为 2 547 724.13 元，热电厂废渣资源化处理获得的期望收益为 4 006 327.75 元，建材厂获得的期望收益为 43 136 648 元。

（2）如果政府只对热电厂进行价值补偿（$s_1 \neq 0, s_2 = 0$），则模型为

$$\max_{s_1} \Pi^M = (28 - s_1)\rho\sigma(300\,000 - 6000 p_0)$$

$$\max_{p,\rho} \pi_2^M = \rho\sigma(300\,000 - 6000 p_0)(p - 46 - 12 + s_2)$$
$$\quad + [2\,000\,000 - 10\,000 p - \rho\sigma(300\,000 - 6000 p_0)](p - 67) - 5\,000\,000 p^2$$
$$\quad - p_0\sigma(300\,000 - 6000 p_0)$$

$$\max_{\sigma, p_0} \pi_1^M = \sigma(300\,000 - 6000 p_0)(p_0 + 30 - 14 + s_1) - 140\,000\sigma^2$$

$$(6\text{-}3)$$

求解模型，可得最优解如表 6-25 所示。

表 6-25　政府只给予热电厂价值补偿的均衡解

s_1	p_0	σ	ρ	p	η	Π	π_1	π_2
14.571	9.71	133.5	0.973 8	0.756 6	0.736 7	2 391 254	4 741 074	42 737 349

由表 6-25 可知，最优价值补偿（s_1^*, s_2^*）＝（14.571，0），即政府给予热电厂的价值补偿 $s_1 = 14.571$ 元/吨；此时，建材厂产品价格不变，仍为 133.5 元/米^2，废弃物交换价格为 9.71 元/吨，低于政府同时补偿热电厂和建材厂两个企业。由于政府不补偿建材厂，热电厂获得的补偿将降低废弃物交换价格，从而降低建材厂废渣利用成本，增加其废渣利用的需求。在此情形下，废渣再利用率为 73.67%，政府获得的环境效益为 2 391 254 元，热电厂废渣资源化处理的期望收益为 4 741 074 元，建材厂的期望收益为 42 737 349 元。

（3）如果政府只补偿建材厂（$s_1 = 0, s_2 \neq 0$），此时补偿模型为

$$\max_{s_1} \Pi^M = (28 - s_2)\rho\sigma(300\,000 - 6000p_0)$$

$$\max_{p,\rho} \pi_2^M = \rho\sigma(300\,000 - 6000p_0)(p - 46 - 12 + s_2)$$
$$\qquad + [2\,000\,000 - 10\,000p - \rho\sigma(300\,000 - 6000p_0)](p - 67) - 5\,000\,000p^2$$
$$\qquad - p_0\sigma(300\,000 - 6000p_0)$$

$$\max_{\sigma,p_0} \pi_1^M = \sigma(300\,000 - 6000p_0)(p_0 + 30 - 14) - 140\,000\sigma^2$$

$$(6\text{-}4)$$

求解模型，可得最优解如表 6-26 所示。

表 6-26　政府只给予建材厂价值补偿的均衡解

s_2	p_0	σ	ρ	p	η	Π	π_1	π_2
9.5	17	133.5	0.653 4	0.854 8	0.558 5	2 045 851	2 134 658	43 046 081

如表 6-26 可知，最优价值补偿（s_1^*, s_2^*）=（0，9.5），即政府给予建材厂废渣资源化的价值补偿为 9.5 元/吨，政府对热电厂废渣资源化处理的价值补偿为 0；此时，废渣再利用率为 55.85%，热电厂废渣经过初步处理后，出售给建材厂的价格为 17 元/吨，建材厂利用废渣生产的产品出售价格为 133.5 元/米²，在废渣资源化中，政府获得的环境效益为 2 045 851 元，热电厂废渣资源化处理获得的期望收益为 2 134 658 元，建材厂获得的期望收益为 43 046 081 元。

3. 政府价值补偿策略比较分析

为了比较政府补偿与否对园区"热电厂—建材厂"废弃物资源化产生的影响，现假设政府不对"热电厂—建材厂"废渣资源化进行价值补偿。此时，热电厂和建材厂的决策模型为

$$\max_{p,\rho} \pi_2^M = \rho\sigma(300\,000 - 6000p_0)(p - 46 - 12 + s_2)$$
$$\qquad + [2\,000\,000 - 10\,000p - \rho\sigma(300\,000 - 6000p_0)](p - 67) - 5\,000\,000p^2$$
$$\qquad - p_0\sigma(300\,000 - 6000p_0)$$

$$\max_{\sigma,p_0} \pi_1^M = \sigma(300\,000 - 6000p_0)(p_0 + 30 - 14) - 140\,000\sigma^2$$

$$(6\text{-}5)$$

求解模型，可得其均衡解如表 6-27 所示。

表 6-27　政府不给予价值补偿的均衡解

p	p_0	σ	ρ	η	Π	π_1	π_2
133.5	17	0.653 4	0.415 8	0.271 7	53 798.87	2 134 657.80	42 265 250.50

由表 6-27 所知，在无补偿情况下，废渣再利用率 27.17%，热电厂废渣经过初步处理后，出售给建材厂的价格为 17 元/吨，建材厂利用废渣生产的产品出售价格为 133.5 元/米 ^{2}，在废渣资源化中政府获得的环境效益为 53 798.87 元，热电厂废渣资源化处理获得的期望收益为 2 134 657.80 元，建材厂获得的期望收益为 42 265 250.50 元。

1）政府不同的价值补偿政策对比分析

政府不同的价值补偿政策下，废渣资源化企业的经济与环境效益的对比情况如表 6-28 所示。

表 6-28　政府不同补偿政策下的均衡解

参数	$s_1=0,s_2=0$	$s_1\neq0,s_2\neq0$	$s_1\neq0,s_2=0$	$s_1=0,s_2\neq0$
s_1	0	11.25	14.571	0
s_2	0	3.88	0	9.5
p_0	17	11.38	9.71	17
p	133.5	133.5	133.5	133.5
σ	0.653 4	0.895	0.973 8	0.653 4
ρ	0.415 8	0.95	0.756 6	0.854 8
η	0.271 7	0.853 9	0.736 7	0.558 5
Π	53 798.87	2 547 724.13	2 391 254	2 045 851
π_1	2 134 657.80	4 006 327.75	4 741 074	2 134 658
π_2	42 265 250.50	43 136 648	42 737 349	43 046 081
Π/s	—	168 388.90	164 110.49	215 352.74

从表 6-28 可知，即使政府不给予价值补偿，通过副产品的交易，也能够使废弃物循环利用产业链产生利润和环境效益。若政府给予价值补偿，废弃物循环利用产业链的利润和环境效益、废弃物再利用率都会大幅增加。在废渣资源化过程中，政府对热电企业和建材企业的价值补偿方式不同，副产品的交换价格、废渣再利用率、废渣资源化的环境效益、热电企业和建材企业的利润，会随着政府的价值补偿方式不同而不同。当政府对热电企业的价值补偿越高时，即 14.571＞11.25＞0，

则副产品的交换价格越低，即 9.71＜11.38＜17；反之，当政府补偿建材企业高于热电企业时，副产品的交换价格越高，可弥补热电企业废渣处理的一部分成本。上述四种补偿方案中，政府只对建材企业进行价值补偿的方案最优，其次为同时对热电企业和建材企业进行价值补偿的方案，再次为政府只对热电企业进行价值补偿的方案，最后为政府不对热电企业和建材企业的废渣资源化进行价值补偿的方案。

2）废渣资源化的成本 c（$c = c_r + c_z + c_0$）对政府价值补偿效果的影响

当其他参数条件不变，废渣资源化成本 c（$c = c_r + c_z + c_0$）介于 72 与 88 之间变化时，政府同时对热电企业和建材企业进行价值补偿效果 $\varPi / (s_1 + s_2)$、政府只补偿热电企业的效果 $\varPi / s_1$、政府只对建材企业补偿的效果 $\varPi / s_2$，相应的变化情况如图 6-25 所示。

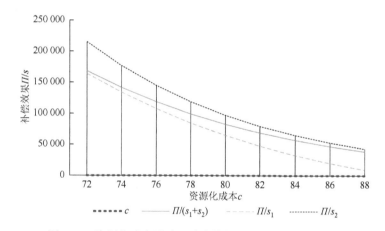

图 6-25　资源化成本影响下政府价值补偿方案效果变化图

从图 6-25 可以看出，政府价值补偿的效果随着废渣资源化的成本的增加而减少；但在废渣资源化成本的变化过程中，政府只对建材企业进行价值补偿的方案，其补偿效率最高，其次为政府同时补偿热电企业和建材企业的方案，最后为政府只对热电企业价值补偿的方案。因此，从废渣资源化的成本影响的动态表现来看，政府若采用只对建材厂进行价值补偿的方案时，所得到的环境效益最大。

6.6.2　政府对园区废水综合利用的价值补偿

对园区企业产生的废水回收、处理、再利用等循环利用方式，可以减少新水的使用和废水排放量。通过建立园区污水处理再生基础设施，对园区企业排放的废水集中处理和再利用，可减少不必要的投资建设，降低企业废水处理成本；同时对废水进行处理循环再利用，减少了水资源的消耗和废水的产生。NX 园区水资源的梯级利用模式如图 6-26 所示。园区废水的综合利用，可从根本上降低水资源消耗和实现废水的零排放，提高园区经济和环境效益。

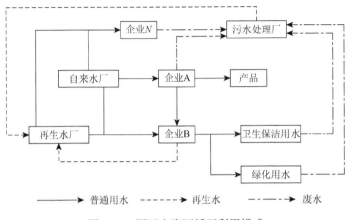

图 6-26　园区水资源循环利用模式

图 6-26 显示，NX 园区水的梯级利用关系为：自来水—回用水—卫生保洁用水、绿化用水—污水（经处理后）—再生水；自来水—污水（经处理后）—再生水。在园区水资源循环利用中，本章主要考虑将园区企业生产过程产生的废水，经过处理循环利用，通过园区管网进入污水处理厂，废水经污水处理厂处理后可用于再生水厂生产工业用水和再生水，提供给园区耗水大户，如热电厂、建材厂等企业，作为生产中的工业用水；工业用水和再生水可流回园区用于景观用水、生活用水、公共绿地浇水及园区内杂用水等，不仅降低了用水成本，同时还节约了水资源。

根据园区提供的资料，NX 园区工业用水量为 1078.2505 万吨，废水排放量为731.52 万吨，废水处理量 637.38 万吨，工业废水处理率达到 87.1%。建立园区废水循环利用的生态链系统，对园区企业排放的废水进行回收、处理、再利用，减少废水排放，降低废水对环境的污染，实现园区整体的经济与环境效益。由于成本、技术等因素，园区企业自行对废水再生循环利用的成本过高，为了避免废水循环利用设施的重复建设，实现废水循环利用，园区投建了废水循环利用项目，通过完善园区废水排放管网，将废水引入污水处理厂，废水经污水处理厂处理后再进入再生水厂继续处理，生产工业用水和再生水。废水循环利用相关成本系数如表 6-29 所示。园区再生水厂利用经污水处理过的废水需求量为 $D(Q) = 4 \times 10^6 - 3.1 \times 10^6 p_0$，园区企业再生水的需求量为 $D(q) = 1.43 \times 10^7 - 5 \times 10^6 p$，由于企业产生的废水通过污水处理厂进行无害化处理，并支付一定的处理费用，污水处理厂处理废水获得的收益 $K = 0.5$ 元/吨，废水处理的投资系数 $f_1 = 1.9 \times 10^6$，废水处理成本 $c_0 = 0.1$ 元/吨；再生水厂采用新水的成本为 $c_m = 1.5$ 元/吨，使用废水的成本 $c_z = 0.2$ 元/吨，相应的制

造成本 $c_r = 1.1$ 元/吨，废水处理的投资系数 $f_2 = 6.2 \times 10^5$。废水循环利用产生的环境效益 $h = 1$ 元/吨。

表 6-29　参数假设

α	β	a	b	c_m	c_r	K	c_0	c_z	h	f_1	f_2
1.43×10^7	5×10^6	4×10^6	3.1×10^6	1.5	1.1	0.5	0.1	0.2	1	1.9×10^6	6.2×10^5

根据第 4 章模型 R，政府对园区废水集中处理的价值补偿模型如下：

$$\max_{s_1,s_2} \Pi^R = (1 - s_1 - s_2)\rho\sigma(4\,000\,000 - 3\,100\,000 p_0)$$

$$\max_{p,\rho} \pi_2^M = \rho\sigma(4\,000\,000 - 3\,100\,000 p_0)(1.5 - 1.1 - 0.2 + s_2)$$
$$+ (14\,300\,000 - 5\,000\,000 p)(p - 1.5) - 620\,000 p^2 \qquad (6\text{-}6)$$
$$- p_0\sigma(4\,000\,000 - 3\,100\,000 p_0)$$

$$\max_{p_0,\sigma} \pi_3^R(p_0,\sigma) = \sigma(4\,000\,000 - 3\,100\,000 p_0)(p_0 + 0.5 - 0.1 + s_1) - 1\,900\,000\sigma^2$$

$$\text{s.t. } k = \frac{K}{\sigma} \leqslant c_d$$

可求得最优解如表 6-30 所示。

表 6-30　政府对园区废水综合利用价值补偿均衡解

s_1	s_2	σ	ρ	η	p	p_0	Π	π_1	π_2
0.48	0.16	95.84%	93.82%	89.92%	2.18	0.21	1 091 530	1 745 099	2 192 965

如表 6-30 所示，最优价值补偿（s_1^*，s_2^*）=（0.48，0.16），即政府给予污水处理的价值补偿为 0.48 元/吨，政府对再生水厂利用废水生产再生水和工业用水的价值补偿为 0.16 元/吨；此时，废水再利用率为 89.92%，污水处理厂对废水经过处理后出售给再生水厂的价格为 0.21 元/吨，再生水厂利用废水生产的再生水和工业用水出售给园区内企业的价格为 2.18 元/吨，在废水资源化中，政府获得的环境效益为 1 091 530 元，污水处理厂废水处理获得的期望收益为 1 745 099 元，再生水厂获得的期望收益为 2 192 965 元。其他条件不变情况下，废水循环利用的环境效益 h 与政府价值补偿 s^* 之间的关系如图 6-27 所示。

从图 6-27 可以发现，当废水循环利用产生的环境效益较小时，政府可给予较低的价值补偿，通过市场调节，企业自发地对废水进行循环利用，从而实现自身利益最优。当废水对环境损害大时，政府应积极采取措施，鼓励企业废水循环利用，维护环境效益。

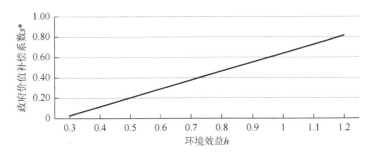

图 6-27　政府价值补偿系数与环境效益之间的关系图

园区废水集中处理中，政府所获得的环境效益(Π)、污水处理厂利润(π_1)、再生水厂利润（π_2）与价值补偿的关系如图 6-28 所示。

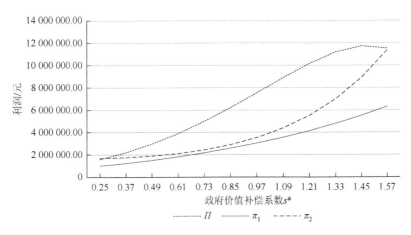

图 6-28　政府环境效益、污水处理厂利润、再生水厂利润与政府价值补偿的关系图

由图 6-28 可见，政府若采用最优补贴政策，废水循环利用相关企业的利润大幅提高，特别是污水处理厂的利润提高幅度大于再生水厂，其环境效益也得到了大幅提高。

6.6.3　NX 园区废弃物资源化价值流转补偿的政策建议

园区工业废弃物资源化产业的发展，需要政府、园区和企业等多方主体共同合作，园区工业废弃物资源化的发展，需要各方面的不断完善和进步。政府为了更好地实施价值补偿政策，推进园区工业废弃物资源化产业链的发展，本章站在政府、园区管委会及企业的角度，提出了以下政策建议。

（1）充分发挥政府在园区工业废弃物资源化中的引导作用。工业废弃物资源化具有显著的环境效益，符合国家节能减排的可持续发展政策，我国废弃物资源化产业发展正处于初级阶段，企业进行废弃物资源化所获得的收益不足以弥补成本，需要政府的参与，引导园区企业积极开展废弃物资源化活动。政府的价值补偿政策是一项复杂工程，应将园区工业废弃物资源化作为废弃物管理的重要途径，发挥政府积极引导作用。完善环境保护与废弃物资源化相关法律法规制度，以法律法规、政策制度的形式，保障园区企业的废弃物资源化，并通过对相关产业调整升级，严格限制高能耗、高污染行业，对破坏环境的行为进行严厉的惩罚，鼓励企业节约资源，减少排放。充分发挥政府的管理与协调职能，综合协调解决园区工业废弃物资源化过程中出现的问题，不断推进园区工业废弃物资源化产业的发展。

（2）完善废弃物资源化的相关政策。明确企业在生产过程中需履行的环保责任与义务，对产业生态化、工业废弃物资源化发展起着重要作用。政府应完善园区工业废弃物资源化的法规政策，为园区工业废弃物资源化价值补偿措施的实施提供具体政策依据。政府应积极引导企业处理副产品，减少废弃物排放；政府也应当通过补贴等优惠政策，减少企业废弃物资源化可能产生的风险和成本，使企业有利可图，从而促进企业之间的副产品再利用合作模式，制定出与工业废弃物资源化发展相匹配的价值补偿方案，针对资源化三种模式具体分析，采取有针对性的补偿措施。政府应根据企业废弃物资源化的环境效益和废弃物资源化成本衡量指标进行补偿，通过间接地干预副产品交易价格来缓解链间企业的利益冲突，在促进改善企业废弃物资源化管理技术的同时，调动园区企业废弃物资源化的积极性，以降低因废弃物资源化增加的成本，从而提高废弃物资源化处理效率。在制定相关政策时，要根据实际情况对园区工业废弃物中的不同问题区别对待，制定相关细化的政策，还要根据实际情况的变化，调整相应的法规政策，使相关法规政策发挥最大的作用。园区工业废弃物资源化协同处理过程中，建设废弃物交换价格机制，建立废弃物资源化信息交换平台，加强园区企业之间信息的共享，增强关联企业废弃物资源化协同处理的主动性和积极性。

（3）健全废弃物资源化价值补偿的监管体系。根据 Stackelberg 博弈理论可以看出，在政府与企业间的博弈中，政府对企业废弃物资源化行为的监控必不可少，是保证政府补偿机制有效运行和效果最优的必要保障。因此，一方面要提高园区相关监管部门的监控能力。科学有效的监督管理是促进园区工业废弃物资源化发展的重要条件。政府相关管理部门各司其职，加强对园区工业废弃物处理问题的监管，保证园区工业废弃物在各个处理环节的合法合规。另一方面，提高企业节能减排意识。园区企业工业废弃物资源化协同处理对节能减排具有重要作用，加强宣传推广，提高企业环保意识。通过举办废弃物资源化协同处理技术交流研讨会、设备展览会等，对园区工业废弃物资源化典型案例进行介绍和经验技术交流。

（4）作为园区管委会，应试行并推广废弃物资源化价值流核算，明确废弃物价值流转评价及考核标准。通过对企业内部废弃物资源流成本、企业间废弃物流转价值、第三方集中处理成本收益、废弃物资源化环境价值的核算，能够实现废弃物资源化过程中各项成本或价值的透明化，更加全面地对外提供与废弃物产生、资源化利用有关的经济增值（或循环不经济）和环境价值，以此作为园区当局企业业绩的一项重要指标，并分情况采取激励措施。

（5）园区管委会应加强产业共生规划设计，促进交换关系形成。废弃物在企业间的流转在满足一定范围的经济条件约束即可实现（合作，合作），但在国内实践中，多数园区是经循环化改造或者全新规划而成，许多交换关系是自上而下的政策设计，很难自发形成。园区管委会应通过统筹规划建设废弃物耦合系统，发展生态产业链，出台新的资源环境法律法规、制定更加严格的排放标准、加强行政干预等，使企业间基于废弃物共享进行产品生产，对企业排放的大量工业"三废"进行最大限度的利用。

（6）园区管委会应协调工业废弃物资源化经营中的成本收益关系，推进废弃物资源化市场机制形成。构建废弃物信息交换平台，在交换关系形成的基础上，需要保证经营废弃物资源化企业的经济性问题，综合考虑企业的生产函数、成本函数、效益函数等因素，采取经济激励措施，提高低经济价值或无经济价值废弃物的资源化利用，增强废弃物资源化的经济属性，提高政府及参与企业的期望效用，促进废弃物的综合流转。根据园区废弃物资源化系统的经济能力强弱和环境效益大小，确定政府补偿的额度，使政府财政资金发挥出最大的经济和环境效用。当废弃物资源化系统的经济增值低，环境效益显著时，应加大政府补贴政策的执行力度；若废弃物资源化系统的经济能力强，附加值较低，环境效益相对不高，可考虑减少补贴；通过政府的政策扶持，园区废弃物利用技术及水平得以提高，参与企业的经济效益十分显著时，政府可适当考虑取消补贴。

（7）园区企业应提高资源与能源利用效率，减少资源的投入和废弃物产出。废弃物引发的资源巨额浪费、环境破坏严重、企业成本负担增加等问题，不利于可持续发展。内部废弃物的实质是对资源的无效利用，与企业效益最大化的目标是相悖的。因此，为提高资源利用率，管理废弃物的最好方法就是尽量减少废弃物的产生。企业对产出的废弃物的管理，必须要考虑对经济、社会、环境效益的影响。废弃物处置将发生环境处置成本，废弃物的循环再利用，也会发生废弃物回收和资源化相关成本，产生环境效益。在对废弃物资源化及处置成本管理时，不仅要考虑如何提高废弃物资源化利用效率，降低废弃物资源化成本，还要考虑企业废弃物对环境的影响，避免造成废弃物资源化过程中的二次污染。在充分研究废弃物资源化物质流和价值流关系的基础上，寻找废弃物资源化及处理处置成本高的原因，加强管理，注重废弃物资源化技术和工艺的研发，加强企业高度一体化运作，做到既能使废弃物资源化的成本减少，又能使废弃物对环境的影响降到最低，实现工业废弃物资源化率最大化。

（8）加强企业间的废弃物的协同处理。通过不同企业之间的合作，对废弃物进行多级循环利用，共同提高企业的生存与盈利能力。同时，通过形成共生关系，实现资源节约和环境保护。工业园区内企业之间的废物互相利用，以达到废物排放的最小化，这需要许多技术支持（如信息、水资源循环利用、能源综合利用、回收及再循环、重复利用与替代、环境监测及网络运输等技术）。园区内企业与企业之间废弃物协同处理，必然会降低企业之间废弃物资源化的技术成本、基础设施建设成本、信息成本等。因此，加强企业间废弃物协同处理或园区废弃物集中处理，降低废弃物资源化成本与废弃物处理处置成本，可在提高废弃物资源化经济效益的同时，提高环境效益。

总之，循环经济的本质是"废弃物资源化"。资源价值流作为重要的环境管理工具，将其应用于园区各主体环节回收的材料、能源及其他资源的价值流转核算中，可揭示园区废弃物资源化过程中的价值流转信息，分析其对园区经济和环境效益的影响，可为优化园区资源效率等循环经济管理服务提供决策依据。通过对园区废弃物资源化价值流转的计算及分析，揭示各主体废弃物资源化中的有效利用价值及损失价值，从而挖掘价值流转不畅的重点环节及原因。以此为基础，政府或园区管委会可制定合理的价值补偿政策，发挥政府及园区管委会的主导、协调和激励作用。通过园区与政府的良性互动获得资金支持，充分调动企业废弃物资源化的主动性和积极性，为推进园区绿色转型升级增添强劲的"绿色动力"。

6.7　本章小结

本章基于前 5 章的理论基础及方法分析，引入 NX 工业园区的案例，对该园区的废弃物资源化价值流进行了核算、分析、评价及优化，并通过政府价值补偿模型的构建，提出了不同废弃物资源化模式下的价值补偿政策建议。本章内容主要包括以下六方面。

（1）NX 工业园区基本情况介绍。本章对 NX 工业园区的发展状况、园区目前的产业建设情况和废弃物资源化现状进行了介绍。该园区为湖南省人民政府批准、国务院审核设立的国家生态工业示范园区，已形成"热电—建材""啤酒—饲料""固体废弃物回收拆解再利用"和"零部件回收再制造"等循环经济产业链，并具备对废水集中处理的能力，建立了能源集成网络，为废弃物资源化价值流核算、分析和评价方法，以及政府价值补偿政策等的应用提供了现实背景。

（2）NX 工业园区废弃物物质集成及能源集成分析。基于对园区的现实调研，在工业园区物质集成的目标下，分析了园区废弃物资源化的物质集成和能源集成现状，介绍了各产业链的具体情况，绘制了蒸汽、电力、水等集成的网络图，为价值流核算与分析及评价提供了核算对象和物质、能源流动路径基础。

（3）根据园区各循环经济产业链和水集成网络，对企业内部回收、企业间协同处理和园区集中处理三种模式下的价值流核算进行了应用。以热电厂和啤酒厂为例，计算并分析了热电厂和啤酒厂的内部资源损失成本和外部环境损害成本，核算企业内部废弃物回收的资源价值流；以"啤酒—饲料"和"热电—建材"产业链为例，分别核算了酒渣和灰渣在企业间协同处理时的资源价值流；以园区废水集中处理为例，对园区集中处理废水的价值流进行了核算。

（4）根据园区的能源集成网络，对园区煤、蒸汽及电力能源的"二次"循环利用的价值流核算进行了应用。利用"内部资源价值—外部环境损害"的二维核算方法体系，对煤、蒸汽及电力等能源集成的价值流进行了核算，绘制了园区的能源集成价值流转图。通过对不同能源的消耗情况进行分析，可得出能源在各类企业的消耗、损失情况，为分析园区能源消耗提供了数据支持，通过识别耗能最多、能源损失最大的企业，寻找亟须改善的潜力点。

（5）NX 工业园区废弃物资源化价值流评价及优化。在对园区废弃物资源化价值流核算的基础上，对园区物质和能源集成的价值流进行了分析和评价，提出了物质集成路径和能源集成的优化措施。

（6）NX 工业园区废弃物资源化价值流转补偿政策建议。根据第 5 章构建的政府价值补偿模型，选取园区的"热电—建材"循环产业链为研究对象，对企业内部回收和企业间协同处理的政府价值补偿模型进行运用，确定政府的价值补偿方案，其余产业链的价值补偿应用以此类推，不再一一赘述；选取园区的废水综合利用，对园区集中处理的政府价值补偿模型进行运用，提出了政府的价值补偿政策；通过对政府价值补偿政策的分析，本章站在政府、园区管委会及企业的角度，提出了具体的政策建议。研究表明，NX 园区核心企业产生的固体废弃物，通过技术手段实现资源化，每年可减少损失约 993.36 万元；园区能源集成采取优化措施后，每年可带来经济效益约 195.525 万元；工业废水的集中处理利用，每年使水资源损失减少约 103.45 万元。

参 考 文 献

曹广喜, 杨灵娟. 2012. 基于间接碳排放的中国经济增长、能源消耗与碳排放的关系研究——1995~
　　2007年细分行业面板数据[J]. 软科学, 26 (9): 1-6.

常香云, 钟永光, 王艺璇, 等. 2013. 促进我国汽车零部件再制造的政府低碳引导政策研究——
　　以汽车发动机再制造为例[J]. 系统工程理论与实践, 33 (11): 2811-2821.

陈定江, 李有润, 沈静珠, 等. 2004. 工业生态学的系统分析方法与实践[J]. 化学工程, 32 (4):
　　53-57.

陈军, 杨影. 2014. 考虑财政补贴的工业生态链均衡定价决策研究[J]. 中国管理科学, 22 (S1):
　　233-239.

陈伟强, 石磊, 钱易. 2008. 2005 年中国国家尺度的铝物质流分析[J]. 资源科学, 30 (9):
　　1320-1326.

陈有真, 段龙龙. 2014. 产业生态与产业共生——产业可持续发展的新路径[J]. 理论视野, (2):
　　78-80.

崔爱红. 2011. 完善中国工业废弃物处理政策的对策建议——基于发达国家的经验与启示[D].
　　青岛大学硕士学位论文.

戴铁军, 赵鑫蕊. 2017. 废纸回收利用体系生态成本核算[J]. 再生资源与循环经济, 10 (6): 7-11.

邓明君. 2009. 物质流成本会计运行机理及应用研究[J]. 中南大学学报 (社会科学版), 15 (4):
　　523-532.

邓明君, 罗文兵, 黄丽娟. 2009. 国外物质流成本会计研究与实践及其启示[J]. 湖南科技大学学
　　报 (社会科学版), 12 (2): 78-83.

邓舒仁. 2012. 低碳经济发展研究: 理论分析和政策选择[D]. 中共中央党校博士学位论文.

丁焕峰, 周月鹏. 2010. 能源消费与经济增长关系——基于中国 1953~2007 年的实证研究[J]. 工
　　业技术经济, 29 (7): 71-76.

丁杨科, 冯定忠, 金寿松, 等. 2018. 基于博弈论的再制造逆向物流定价决策[J]. 控制与决策,
　　33 (4): 749-758.

董会娟, 耿涌. 2012. 基于投入产出分析的北京市居民消费碳足迹研究[J]. 资源科学, 34 (3):
　　494-501.

董锁成, 于会录, 李宇, 等. 2016. 中国工业节能: 循环经济发展的驱动因素分析[J]. 中国人
　　口·资源与环境, 26 (6): 27-34.

段宁. 2001. 清洁生产、生态工业和循环经济[J]. 环境科学研究, (6): 1-4, 8.

冯金华. 2019. 价值、价格和产量: 兼评所谓的 "世纪之谜" [J]. 世界经济, 42 (3): 3-26.

冯巧根. 2006. 成本会计创新与资源消耗会计[J]. 会计研究, (12): 33-40, 95.

冯巧根. 2008. 基于环境经营的物料流量成本会计及应用[J]. 会计研究, (12): 69-76, 94.

冯伟, 黄力程, 李文才. 2011. 我国农作物秸秆资源化利用的经济分析: 一个理论框架[J]. 生态

经济，（2）：94-96，115.

冯之浚. 2005. 论循环经济[J]. 福州大学学报（哲学社会科学版），19（2）：5-13.

高青松，胡佳慧. 2015. 市场逻辑、政府规制与建筑垃圾资源化研究[J]. 生态经济，31（5）：83-87.

葛建华，葛劲松. 2013. 基于物质流分析法的柴达木循环经济试验区环境绩效评价研究[J]. 青海
　　　社会科学，（2）：103-107.

郭庆方. 2015. 循环经济技术经济特征与价格运行机制研究[J]. 特区经济，（1）：120-122.

韩玉堂，李凤岐. 2009. 生态产业链链接的动力机制探析[J]. 环境保护，37（4）：30-32.

杭正芳，周民良. 2010. 日本城市废弃物处理机制研究[J]. 城市发展研究，17（12）：106-112.

何开伦，李伟，刘志学. 2016. 工业园区废弃物物流系统发展激励机制研究[J]. 管理评论，28（1）：
　　　169-178.

何杨平. 2014. 生态产业链上下游企业的价格激励机制分析[J]. 经济师，（12）：63-65.

胡春力. 2011. 实现低碳发展的根本途径是产业结构升级[J]. 开放导报，（4）：23-26.

胡冠九，陈素兰，蔡熹，等. 2015. 江苏省化工园区污水处理厂污泥重金属污染及生态风险评价[J]. 长
　　　江流域资源与环境，24（1）：122-127.

胡强，曹柬，贺小刚，等. 2017. 基于政府补贴的制造企业生产战略决策研究[J]. 管理工程学报，
　　　31（1）：111-117.

胡山鹰，薛东峰，沈静珠，等. 2003. 贵阳磷化工生态工业园区规划[Z]. 北京：清华大学.

胡绍雨. 2013. 我国能源、经济与环境协调发展分析[J]. 技术经济与管理研究，（4）：78-82.

胡晓鹏. 2008. 产业共生：理论界定及其内在机理[J]. 中国工业经济，（9）：118-128.

黄和平，毕军，张炳，等. 2007. 物质流分析研究述评[J]. 生态学报，27（1）：368-379.

黄凯南. 2009. 演化博弈与演化经济学[J]. 经济研究，44（2）：132-145.

黄训江. 2015. 生态工业园生态链网建设激励机制研究——基于不完全契约理论的视角[J]. 管
　　　理评论，27（6）：111-119.

计军平，马晓明. 2011. 碳足迹的概念和核算方法研究进展[J]. 生态经济，（4）：76-80.

蒋懿. 2015. 工业园区废弃物价值流转模型构建研究[J]. 商场现代化，（6）：287.

金友良. 2011. 基于循环经济的企业资源价值流转核算研究[J]. 华东经济管理，25（1）：153-157.

金友良，童晓姣. 2016. 低碳背景下企业能源价值流分析——以氧化铁红生产为例[J]. 科技管理
　　　研究，36（12）：235-239.

孔鹏志，杨忠直. 2011. 基于 Stackelberg 博弈的循环经济闭环产业链研究[J]. 中国人口·资源与
　　　环境，21（9）：132-137.

蓝艳，周国梅. 2016. 中国与德国循环经济比较研究[J]. 环境保护，44（17）：27-30.

李广明，黄有光. 2010. 区域生态产业网络的经济分析——一个简单的成本效益模型[J]. 中国工
　　　业经济，（2）：5-15.

李海燕，但斌，刘顺国. 2009. 制造业关联供应链构建的经济分析与实施对策研究[J]. 管理世界，
　　　（7）：167-168.

李海燕，饶凯，徐玲玲，等. 2011. 基于讨价还价博弈的关联供应链生产性废弃物的定价策略[J].
　　　统计与决策，（18）：48-50.

李清慧，石磊. 2012. 基于主体建模的废物交换模型与仿真分析[J]. 环境科学研究，25（11）：
　　　1297-1303.

李新然，蔡海珠，牟宗玉. 2014. 政府奖惩下不同权力结构闭环供应链的决策研究[J]. 科研管理，

35（8）：134-144.

李新然，左宏炜. 2017. 政府双重干预对双销售渠道闭环供应链的影响[J]. 系统工程理论与实践，37（10）：2600-2610.

李焱煌，李伟，苏植锐，等. 2015. 化工园区水环境风险公共应急设施布局研究[J]. 环境科学与管理，40（7）：68-70.

林剑艺，孟凡鑫，崔胜辉，等. 2012. 城市能源利用碳足迹分析——以厦门市为例[J]. 生态学报，32（12）：3782-3794.

林杰，曹凯. 2014. 双渠道竞争环境下的闭环供应链定价模型[J]. 系统工程理论与实践，34（6）：1416-1424.

林万祥，肖序. 2006. 环境成本管理论[M]. 北京：中国财政经济出版社.

刘渤海. 2012. 再制造产业发展过程中的若干运营管理问题研究[D]. 合肥工业大学博士学位论文.

刘光富，鲁圣鹏，李雪芹，等. 2014. 废弃物资源化城市共生网络形成模式研究[J]. 科技进步与对策，31（12）：36-40.

刘光富，鲁圣鹏，李雪芹. 2014. 产业共生研究综述：废弃物资源化协同处理视角[J]. 管理评论，26（5）：149-160.

刘广为，赵涛. 2012. 中国碳排放强度影响因素的动态效应分析[J]. 资源科学，34（11）：2106-2114.

刘庆山. 1994. 开发利用再生资源 缓解自然资源短缺[J]. 再生资源研究，（10）：5-7.

刘三红，肖序，刘铁桥. 2016. 工业废弃物价格形成机制研究——基于循环经济视角[J]. 价格理论与实践，（6）：80-83.

刘韵，师华定，曾贤刚. 2011. 基于全生命周期评价的电力企业碳足迹评估——以山西省吕梁市某燃煤电厂为例[J]. 资源科学，33（4）：653-658.

卢福财，胡平波. 2015. 工业废弃物循环利用：网络运行绩效及其影响因素[J]. 经济管理，37（12）：145-153.

卢伟. 2010. 废弃物循环利用系统物质代谢分析模型及其应用[D]. 清华大学博士学位论文.

卢伟，张天柱. 2010. 废弃物循环利用方法学研究进展[J]. 环境科学与管理，35（12）：129-139.

陆学，陈兴鹏. 2014. 循环经济理论研究综述[J]. 中国人口·资源与环境，24（S2）：204-208.

罗希，张绍良，卞晓红，等. 2012. 我国交通运输业碳足迹测算[J]. 江苏大学学报（自然科学版），33（1）：120-124.

毛洪涛，李晓青. 2008. 资源流成本会计：一种创新的环境成本核算方法[J]. 财务与会计，（7）：15-17.

毛建素，陆钟武. 2003. 物质循环流动与价值循环流动[J]. 材料与冶金学报，2（2）：157-160.

牛文元，金涌，冯之浚. 2010. 发展循环经济的六大抓手[J]. 中国经济周刊，（6）：42-44.

平卫英. 2011. 基于物质流分析的循环经济评价体系构建及实证分析[J]. 生态经济，（8）：38-42，47.

邱宇. 2006. 生态工业园区的分析与集成[D]. 福建师范大学硕士学位论文.

任鸣鸣，杨雪，鲁梦昕，等. 2016. 考虑零售商自利的电子废弃物回收激励契约设计[J]. 管理学报，13（2）：285-294.

任勇，吴玉萍. 2005. 中国循环经济内涵及有关理论问题探讨[J]. 中国人口·资源与环境，15（4）：131-136.

师博，沈坤荣. 2013. 政府干预、经济集聚与能源效率[J]. 管理世界，（10）：6-18.

石海佳. 2015. 基于复杂网络的产业生态系统结构复杂性研究[D]. 清华大学博士学位论文.

石磊. 2008. 工业生态学的内涵与发展[J]. 生态学报，28（7）：3356-3364.

石垚，杨建新，刘晶茹，等. 2010. 基于 MFA 的生态工业园区物质代谢研究方法探析[J]. 生态学报，30（1）：228-237.

宋雅杰. 2010. 我国发展低碳经济的途径、模式与政策选择[J]. 特区经济，（4）：237-238.

苏青福. 2011. 生态工业园风险识别与废弃物交换价格研究[D]. 天津大学博士学位论文.

苏扬. 2005. 循环经济[J]. 宁夏工程技术，4（2）：164.

孙耀华，仲伟周，庆东瑞. 2012. 基于 Theil 指数的中国省际间碳排放强度差异分析[J]. 财贸研究，23（3）：1-7.

谭元发. 2011. 能源消费与工业经济增长的协整与 ECM 分析[J]. 统计与决策，（4）：89-91.

田海龙，李岩，高维春. 2009. 基于因子分析法原理的水环境模糊评价模型[J]. 吉林化工学院学报，26（2）：40-42.

田金平，刘巍，臧娜，等. 2016. 中国生态工业园区发展现状与展望[J]. 生态学报，36（22）：7323-7334.

田云，张俊飚. 2013. 碳排放与经济增长互动关系的实证研究——以武汉市为例[J]. 华中农业大学学报（社会科学版），（1）：118-121.

王保乾. 2011. 循环经济发展模式及实现途径的理论研究综述[J]. 中国人口·资源与环境，21（S2）：1-4.

王达蕴，肖妮，肖序. 2017. 资源价值流会计标准化研究[J]. 会计研究，（9）：12-19.

王国印. 2012. 论循环经济的本质与政策启示[J]. 中国软科学，（1）：26-38.

王军，周燕，刘金华，等. 2006. 物质流分析方法的理论及其应用研究[J]. 中国人口·资源与环境，16（4）：60-64.

王明远. 2005. "循环经济"概念辨析[J]. 中国人口·资源与环境，15（6）：13-18.

王普查，陈华燕，刘朵. 2013. 循环经济下资源价值流成本会计方法应用研究[J]. 科技管理研究，33（17）：233-235.

王琪. 2006. 工业固体废物处理及回收利用[M]. 北京：中国环境科学出版社.

王庆一. 2001. 能源效率及其政策和技术（上）[J]. 节能与环保，（6）：11-14.

王瑞，诸大建. 2018. 中国环境效率及污染物减排潜力研究[J]. 中国人口·资源与环境，28（6）：149-159.

王淑萍，程志光，董晨萱. 2010. 燃煤电厂固体废弃物资源化利用经济分析[J]. 能源工程，（4）：45-47，54.

王文宾，达庆利. 2010. 考虑政府引导的电子类产品逆向供应链奖惩机制设计[J]. 中国管理科学，18（2）：62-67.

王文宾，邓雯雯，白拓，等. 2016. 碳排放约束下制造商竞争的逆向供应链政府奖惩机制研究[J]. 管理工程学报，30（2）：188-194.

王文宾，张雨，范玲玲，等. 2015. 不同政府决策目标下逆向供应链的奖惩机制研究[J]. 中国管理科学，23（7）：68-76.

王文英，刘丛丛. 2012. 森林生态服务市场的构建及运行机制研究[J]. 中国林业经济，（1）：60-62.

王喜刚. 2016. 逆向供应链中电子废弃产品回收定价和补贴策略研究[J]. 中国管理科学，24（8）：

107-115.

王兆华,尹建华.2005.生态工业园中工业共生网络运作模式研究[J].中国软科学,(2):80-85.

王治莹,李春发.2014.基于超网络的生态工业链动态均衡研究[J].管理工程学报,28(1):151-159.

魏楚,沈满洪.2007.能源效率与能源生产率:基于 DEA 方法的省际数据比较[J].数量经济技术经济研究,24(9):110-121.

吴荻,武春友.2009.废物外包处理模式下的生产商产品定价研究[J].科研管理,30(5):169-177.

吴志军.2010.生态工业园区产业共生关系分析——以南昌高新技术产业开发区为例[J].经济地理,30(7):1148-1153.

武娟妮,石磊.2010.工业园区磷代谢分析——以江苏宜兴经济开发区为例[J].生态学报,30(9):2397-2405.

夏西强,朱庆华,赵森林.2017.政府补贴下制造/再制造竞争机理研究[J].管理科学学报,20(4):71-83.

项国鹏,宁鹏,黄玮,等.2016.工业生态学研究足迹迁移——基于 Citespace Ⅱ 的分析[J].生态学报,36(22):7168-7178.

肖序,金友良.2008.论资源价值流会计的构建——以流程制造企业循环经济为例[J].财经研究,34(10):122-132.

肖序,刘三红.2014.基于"元素流-价值流"分析的环境管理会计研究[J].会计研究,(3):79-87.

肖序,毛洪涛.2000.对企业环境成本应用的一些探讨[J].会计研究,(6):55-59.

肖序,谢志明,易玄.2009.循环经济资源价值流研究[J].科技进步与对策,26(22):57-60.

肖序,熊菲.2010.循环经济价值流分析的理论和方法体系[J].系统工程,28(12):64-68.

肖序,熊菲.2015.环境管理会计的 PDCA 循环研究[J].会计研究,(4):62-69.

肖序,曾辉祥.2017.可持续供应链管理与循环经济能力:基于制度压力视角[J].系统工程理论与实践,37(7):1793-1804.

肖序,曾辉祥,李世辉.2017.环境管理会计"物质流-价值流-组织"三维模型研究[J].会计研究,(1):15-22.

肖序,郑玲.2012.资源价值流转会计——环境管理会计发展新方向[J].会计论坛,(2):3-12.

肖序,周志方,李晓青.2008.论环境成本的创新——基于内部资源流成本与外部损害成本的融合研究[J].上海立信会计学院学报,22(5):39-46.

肖序,周志方.2009.资源价值流转评价与分析模型的构建与应用[J].环境科学与管理,34(12):136-140.

谢识予.2002.经济博弈论[M].上海:复旦大学出版社.

谢志明.2012.燃煤发电企业循环经济资源价值流研究[D].中南大学博士学位论文.

谢志明,易玄.2008.循环经济价值流研究综述[J].山东社会科学,(9):66-68.

邢芳芳,欧阳志云,杨建新,等.2007.经济-环境系统的物质流分析[J].生态学杂志,26(2):261-268.

熊菲,肖序.2014.基于价值流的钢铁企业循环经济绩效测量研究[J].环境污染与防治,36(5):13-18,23.

徐保成.2013.基于动态演化博弈的生态工业链稳定性研究[D].东北大学硕士学位论文.

许家林.2008.资源会计学的基本理论问题研究[M].上海:立信会计出版社.

许士春，何正霞，龙如银.2012.环境政策工具比较：基于企业减排的视角[J].系统工程理论与实践，32（11）：2351-2362.

颜建军，谭伊舒.2016.生态产业价值链模型的构建与推演[J].经济地理，36（5）：168-174.

杨桂元，宋马林.2010.影子价格及其在资源配置中的应用研究[J].运筹与管理，19（5）：39-44.

杨忠直.2008.循环经济系统废弃物资源化的经济学分析[J].西北农林科技大学学报（社会科学版），8（4）：36-42.

易余胤，袁江.2012.渠道冲突环境下的闭环供应链协调定价模型[J].管理科学学报，15（1）：54-65.

殷会娟，张文鸽，张银华.2017.基于价值流理论的水权交易价格定价方法[J].水利经济，35（2）：53-55，74，77-78.

于海杰，李国峰，李向阳.2008.生态工业链定价策略的博弈分析[J].运筹与管理，17（4）：34-38.

于荣，朱喜安.2009.我国经济增长的碳排放约束机制探微[J].统计与决策，13（13）：99-101.

余伟，陈强，陈华.2016.不同环境政策工具对技术创新的影响分析——基于2004-2011年我国省级面板数据的实证研究[J].管理评论，28（1）：53-61.

余亚东，陈定江，胡山鹰，等.2015.经济系统物质流分析研究述评[J].生态学报，35（22）：7274-7285.

元炯亮.2003.生态工业园区评价指标体系研究[J].环境保护，（3）：38-40.

张汉江，余华英，李聪颖.2016.闭环供应链上的回收激励契约设计与政府补贴再制造政策的优化[J].中国管理科学，24（8）：71-78.

张静波.2007.基于循环经济的工业废弃物资源化模式研究[D].合肥工业大学硕士学位论文.

张坤民.2008低碳世界中的中国：地位、挑战与战略[J].中国人口·资源与环境，18（3）：1-7.

张雷.2001.中国能源安全问题探讨[J].中国软科学，（4）：7-12.

张雷，李艳梅.2010.结构节能：中国低碳经济发展的基本路径选择[J].中国环境科学学会：8.

张玲，袁增伟，毕军.2009.物质流分析方法及其研究进展[J].生态学报，29（11）：6189-6198.

张维迎.2004.博弈论与信息经济学[M].上海：人民出版社.

赵荣钦，黄贤金.2010.基于能源消费的江苏省土地利用碳排放与碳足迹[J].地理研究，29（9）：1639-1649.

郑本荣，杨超，杨珺.2018.回收渠道竞争下制造商的战略联盟策略选择[J].系统工程理论与实践，38（6）：1479-1491.

郑东晖，胡山鹰，李有润，等.2004.生态工业园区的物质集成[J].计算机与应用化学，21（1）：6-10.

郑玲.2011.基于生态设计的资源价值流转会计研究[D].中南大学博士学位论文.

郑玲.2013.基于生态设计的资源价值流转会计研究[M].北京：经济科学出版社.

郑玲，肖序.2010.资源流成本会计控制决策模式研究——以日本田边公司为例[J].财经理论与实践，31（1）：57-61.

钟太洋，黄贤金，李璐璐，等.2006.区域循环经济发展评价：方法、指标体系与实证研究——以江苏省为例[J].资源科学，28（2）：154-162.

周美春，钱瑜，钱新，等.2008.生态工业园区物质集成实证研究——以江苏省南通市袁桥镇生态工业园区规划为例[J].生态经济，24（7）：115-119.

周齐宏，李有润，胡山鹰，等.2004.基于主体（agent）的工业园区用水系统仿真与分析[J].计算机与应用化学，21（3）：411-415.

周哲. 2005. 生态工业复杂适应系统研究[D]. 清华大学博士学位论文.

周志方, 肖序. 2009. 流程制造型企业的资源价值流转模型构建研究[J]. 中国地质大学学报（社会科学版）, 9（5）：43-50.

朱明峰, 梁樑. 2007. 循环经济的物质与非物质循环实现途径研究[J]. 华东经济管理, 21（1）：16-19.

朱庆华, 窦一杰. 2011. 基于政府补贴分析的绿色供应链管理博弈模型[J]. 管理科学学报, 14（6）：86-95.

朱文兴, 卢福财. 2013. 鄱阳湖生态经济区产业共生网络构建研究[J]. 求实,（2）：61-64.

诸大建. 2000. 从可持续发展到循环型经济[J]. 世界环境,（3）：6-12.

诸大建. 2003. 循环经济：21世纪的新经济[J]. 理论参考,（8）：28-30.

诸大建. 2017. 绿色消费：基于物质流和消费效率的研究[J]. 中国科学院院刊, 32（6）：547-553.

邹平座. 2005. 价值理论的新发展——自然主义价值观[J]. 财经研究, 31（4）：80-92.

Arena U, Di Gregorio F. 2014. A waste management planning based on substance flow analysis[J]. Resources Conservation and Recycling, 85: 54-66.

Ashton W S, Bain A C. 2012. Assessing the "short mental distance" in eco-industrial networks[J]. Journal of Industrial Ecology, 16（1）: 70-82.

Bansal P, McKnight B. 2009. Looking forward, pushing back and peering sideways: analyzing the sustainability of industrial symbiosis[J]. Journal of Supply Chain Management, 45（4）: 26-37.

Basiri Z, Heydari J. 2017. A mathematical model for green supply chain coordination with substitutable products[J]. Journal of Cleaner Production, 145: 232-249.

Berkel R V. 2006. Regional resource synergies for sustainable development in heavy industrial areas: an overview of opportunities and experiences[R]. Perth Western Australia: Centre of Excellence in Cleaner Production.

Browne D, O'Regan B, Moles R. 2009. Use of carbon footprinting to explore alternative household waste policy scenarios in an Irish city-region[J]. Resources, Conservation and Recycling, 54（2）: 113-122.

Chertow M R. 2000. Industrial symbiosis: literature and taxonomy[J]. Annual Review of Energy and the Environment, 25（1）: 313-337.

Christ K L, Burritt R L. 2015. Material flow cost accounting: a review and agenda for future research[J]. Journal of Cleaner Production, 108: 1378-1389.

Cleveland C J, Costanza R, Hall C A S, et al. 1984. Energy and the U. S. economy: a biophysical perspective[J]. Science, 225（4665）: 890-897.

Costa I, Massard G, Agarwal A. 2010. Waste management policies for industrial symbiosis development: case studies in European countries[J]. Journal of Cleaner Production, 18（8）: 815-822.

Côté R P, Cohen-Rosenthal E. 1998. Designing eco-industrial parks: a synthesis of some experiences[J]. Journal of Cleaner Production, 6（3/4）: 181-188.

Cucchiella F, D'Adamo I, Lenny Koh S C, et al. 2015. Recycling of WEEEs: an economic assessment of present and future e-waste streams[J]. Renewable and Sustainable Energy Reviews, 51: 263-272.

Domenech T, Davies M. 2011. Structure and morphology of industrial symbiosis networks: the case of Kalundborg[J]. Procedia-Social and Behavioral Sciences, 10: 79-89.

Dong L, Gu F M, Fujita T, et al. 2014. Uncovering opportunity of low-carbon city promotion with industrial system innovation: case study on industrial symbiosis projects in China[J]. Energy Policy, 65 (3): 388-397.

Druckman A, Jackson T. 2009. The carbon footprint of UK households 1990-2004: a socio-economically disaggregated, quasi-multi-regional input-output model[J]. Ecological Economics, 68 (7): 2066-2077.

Edwards-Jones G, Plassmann K, York E H, et al. 2009. Vulnerability of exporting nations to the development of a carbon label in the United Kingdom [J]. Environmental Science & Policy, 12 (4): 479-490.

Fakoya M B, van der Poll H M. 2013. Integrating ERP and MFCA systems for improved waste-reduction decisions in a brewery in South Africa[J]. Journal of Cleaner Production, 40: 136-140.

Fakoya M B. 2015. Adopting material flow cost accounting model for improved waste-reduction decisions in a micro-brewery[J]. Environment, Development and Sustainability, 17 (5): 1017-1030.

Fan Y P, Qiao Q, Fang L, et al. 2017. Emergy analysis on industrial symbiosis of an industrial park-A case study of Hefei economic and technological development area[J]. Journal of Cleaner Production, 141: 791-798.

Graedel T E, Allenby B R, Comrie P R. 1995. Matrix approaches to abridged life cycle assessment[J]. Environmental Science & Technology, 29 (3): 134A-139A.

Guenther E, Jasch C, Schmidt M, et al. 2015. Material Flow Cost Accounting-looking back and ahead[J]. Journal of Cleaner Production, 108: 1249-1254.

Guo B, Geng Y, Sterr T, et al. 2016. Evaluation of promoting industrial symbiosis in a chemical industrial park: a case of Midong[J]. Journal of Cleaner Production, 135: 995-1008.

Herczeg G, Akkerman R, Hauschild M Z. 2018. Supply chain collaboration in industrial symbiosis networks[J]. Journal of Cleaner Production, 171: 1058-1067.

Hertwich E G, Peters G P. 2009. Carbon footprint of nations: a global, trade-linked analysis[J]. Environmental Science & Technology, 43 (16): 6414-6420.

Huang B J, Yong G, Zhao J, et al. 2019. Review of the development of China's Eco-industrial Park standard system[J]. Resources, Conservation and Recycling, 140: 137-144.

IFAC (International Federation of Accountants). 2005. International Guidance Document on Environmental Management Accounting[R]. New York: IFAC.

Jafari H, Hejazi S R, Rasti-Barzoki M. 2017. Pricing decisions in dual-channel supply chain with one manufacturer and multiple retailers: a game-theoretic approach[J]. RAIRO-Operations Research, 51 (4): 1269-1287.

Jafari H, Hejazi S R, Rasti-Barzoki M. 2017. Sustainable development by waste recycling under a three-echelon supply chain: a game-theoretic approach[J]. Journal of Cleaner Production, 142: 2252-2261.

Jasch C. 2006. Environmental management accounting (EMA) as the next step in the evolution of management accounting[J]. Journal of Cleaner Production, 14 (14): 1190-1193.

Jasch C. 2015. Governmental initiatives: the UNIDO (United Nations Industrial Development Organization) TEST approach[J]. Journal of Cleaner Production, 108: 1375-1377.

Jotzo F, Pezzey J C V. 2007. Optimal intensity targets for greenhouse gas emissions trading under uncertainty[J]. Environmental and Resource Economics, 38 (2): 259-284.

Karakayalı İ, Emir-Farinas H, Akçalı E. 2010. Pricing and recovery planning for demanufacturing operations with multiple used products and multiple reusable components[J]. Computers & Industrial Engineering, 59 (1): 55-63.

Karlsson C, Nellore R. 1999. Improved development by strategic specification processes[J]. International Journal of Vehicle Design, 21 (1): 21.

Kasemset C, Chernsupornchai J, Pala-ud W. 2015. Application of MFCA in waste reduction: case study on a small textile factory in Thailand[J]. Journal of Cleaner Production, 108: 1342-1351.

Kim H W, Dong L, Choi A E S, et al. 2018. Co-benefit potential of industrial and urban symbiosis using waste heat from industrial park in Ulsan, Korea[J]. Resources, Conservation and Recycling, 135: 225-234.

Kokubu K, Kitada H. 2015. Material flow cost accounting and existing management perspectives[J]. Journal of Cleaner Production, 108: 1279-1288.

Lehtoranta S, Nissinen A, Mattila T, et al. 2011. Industrial symbiosis and the policy instruments of sustainable consumption and production[J]. Journal of Cleaner Production, 19(16): 1865-1875.

Leigh M, Li X H. 2015. Industrial ecology, industrial symbiosis and supply chain environmental sustainability: a case study of a large UK distributor[J]. Journal of Cleaner Production, 106: 632-643.

Li H, Dong L, Ren J Z. 2015. Industrial symbiosis as a countermeasure for resource dependent city: a case study of Guiyang, China[J]. Journal of Cleaner Production, 107: 252-266.

Liu S D, Wu H Q. 2016. The ecology of organizational growth: chinese law firms in the age of globalization[J]. American Journal of Sociology, 122 (3): 798-837.

Liu Y, Quan B T, Xu Q, et al. 2019. Corporate social responsibility and decision analysis in a supply chain through government subsidy[J]. Journal of Cleaner Production, 208: 436-447.

Liu Z, Geng Y, Hung-Suck P, et al. 2016. An emergy-based hybrid method for assessing industrial symbiosis of an industrial park[J]. Journal of Cleaner Production, 114: 132-140.

Lombardi D R, Laybourn P. 2012. Redefining Industrial Symbiosis[J]. Journal of Industrial Ecology, 16 (1): 28-37.

Lowe C R, Burton S J, Burton N P, et al. 1992. Designer dyes: 'biomimetic' ligands for the purification of pharmaceutical proteins by affinity chromatography[J]. Trends in Biotechnology, 10: 442-448.

Lund H. 2007. Renewable energy strategies for sustainable development[J]. Energy, 32(6): 912-919.

Mirata M. 2004. Experiences from early stages of a national industrial symbiosis programme in the UK: determinants and coordination challenges[J]. Journal of Cleaner Production, 12 (8/9/10): 967-983.

Mitra S, Ghanbari-Siahkali A, Kingshott P, et al. 2004. Chemical degradation of an uncrosslinked pure fluororubber in an alkaline environment[J]. Journal of Polymer Science. Part A Polymer Chemistry, 42 (24): 6216-6229.

Mitra S, Webster S. 2008. Competition in remanufacturing and the effects of government subsidies[J]. International Journal of Production Economics, 111 (2): 287-298.

Moraga G, Huysveld S, Mathieux F, et al. 2019. Circular economy indicators: What do they measure?[J]. Resources, Conservation and Recycling, 146: 452-461.

Mortensen L, Kørnøv L. 2019. Critical factors for industrial symbiosis emergence process[J]. Journal of Cleaner Production, 212: 56-69.

Nakajima M, Kimura A, Wagner B. 2015. Introduction of material flow cost accounting (MFCA) to the supply chain: a questionnaire study on the challenges of constructing a low-carbon supply chain to promote resource efficiency[J]. Journal of Cleaner Production, 108: 1302-1309.

Ohnishi S, Dong H J, Geng Y, et al. 2017. A comprehensive evaluation on industrial & urban symbiosis by combining MFA, carbon footprint and emergy methods—case of Kawasaki, Japan [J]. Ecological Indicators, 73: 513-524.

Papaspyropoulos K G, Blioumis V, Christodoulou A S, et al. 2012. Challenges in implementing environmental management accounting tools: the case of a nonprofit forestry organization [J]. Journal of Cleaner Production, 29/30: 132-143.

Prox M. 2015. Material flow cost accounting extended to the supply chain-challenges, benefits and links to life cycle engineering [J]. Procedia CIRP, 29: 486-491.

Ren J Z, Dong L, Sun L, et al. 2015. Life cycle cost optimization of biofuel supply chains under uncertainties based on interval linear programming[J]. Bioresource Technology, 187: 6-13.

Ren J Z, Manzardo A, Mazzi A, et al. 2015. Prioritization of bioethanol production pathways in China based on life cycle sustainability assessment and multicriteria decision-making[J]. The International Journal of Life Cycle Assessment, 20 (6): 842-853.

Salmi O, Hukkinen J, Heino J, et al. 2012. Governing the interplay between industrial ecosystems and environmental regulation[J]. Journal of Industrial Ecology, 16 (1): 119-128.

Schmidt A, Götze U, Sygulla R. 2015. Extending the scope of material flow cost accounting-methodical refinements and use case [J]. Journal of Cleaner Production, 108: 1320-1332.

Schmidt M. 2015. The interpretation and extension of Material Flow Cost Accounting (MFCA) in the context of environmental material flow analysis[J]. Journal of Cleaner Production, 108: 1310-1319.

Schmidt M, Nakajima M. 2013. Material flow cost accounting as an approach to improve resource efficiency in manufacturing companies[J]. Resources, 2 (3): 358-369.

Schrack D. 2013. Integration of external costs and environmental impacts in material flow cost accounting-a life cycle oriented approach[C]. Dresden: EMAN-EU 2013 Conference on Material Flow Cost Accounting.

Soytas U, Sari R. 2009. Energy consumption, economic growth, and carbon emissions: challenges faced by an EU candidate member[J]. Ecological Economics, 68 (6): 1667-1675.

Spekkink W, Eshuis J, Roorda C, et al. 2013. Transition management at the local scale. An analysis of challenges in transition management at the local scale in two case studies. [J]. Policy Society, 3 (2):

87-96.

Su X Y, Tian Y, Sun Z C, et al. 2013. Performance of a combined system of microbial fuel cell and membrane bioreactor: Wastewater treatment, sludge reduction, energy recovery and membrane fouling[J]. Biosensors and Bioelectronics, 49: 92-98.

Su Y, Wang L, Zhang F S. 2018. A novel process for preparing fireproofing materials from various industrial wastes[J]. Journal of Environmental Management, 219: 332-339.

Sulong F, Sulaiman M, Norhayati M A. 2015. Material Flow Cost Accounting (MFCA) enablers and barriers: the case of a Malaysian small and medium-sized enterprise (SME) [J]. Journal of Cleaner Production, 108: 1365-1374.

Tao Y, Evans S, Wen Z G, et al. 2019. The influence of policy on industrial symbiosis from the firm's perspective: a framework[J]. Journal of Cleaner Production, 213: 1172-1187.

Tseng M L, Tan R R, Chiu A S F, et al. 2018. Circular economy meets industry 4.0: can big data drive industrial symbiosis?[J]. Resources, Conservation and Recycling, 131: 146-147.

van Beers D, Biswas W K. 2008. A regional synergy approach to energy recovery: the case of the Kwinana industrial area, Western Australia[J]. Energy Conversion and Management, 49 (11): 3051-3062.

Viere T, Möller A, Schmidt M. 2010. Methodische Behandlung interner Materialkreisläufe in der Materialflusskostenrechnung[J]. Uwf Umweltwirtschaftsforum, 18 (3-4): 203-208.

Wagner B. 2015. A report on the origins of Material Flow Cost Accounting (MFCA) research activities[J]. Journal of Cleaner Production, 108: 1255-1261.

Wang B, Ren C Y, Dong X Y, et al. 2019. Determinants shaping willingness towards on-line recycling behaviour: an empirical study of household e-waste recycling in China[J]. Resources, Conservation and Recycling, 143: 218-225.

Wang H D, Han H G, Liu T T, et al. 2018. "Internet +" recyclable resources: a new recycling mode in China[J]. Resources, Conservation and Recycling, 134: 44-47.

Wang N M, He Q D, Jiang B. 2019. Hybrid closed-loop supply chains with competition in recycling and product markets[J]. International Journal of Production Economics, 217: 246-258.

Wilson S, Manousiouthakis V. 1998. Minimum utility cost for a multicomponent mass exchange operation [J]. Chemical Engineering Science, 53 (22): 3887-3896.

Wilts C H. 2016. Germany on the road to a circular economy?[R]. Bonn: Friedrich-Ebert-Stiftung.

Yang W X, Li L G. 2018. Efficiency evaluation of industrial waste gas control in China: a study based on data envelopment analysis (DEA) model[J]. Journal of Cleaner Production, 179: 1-11.

Zhou Z F, Zhao W T, Chen X H, et al. 2017. MFCA extension from a circular economy perspective: Model modifications and case study[J]. Journal of Cleaner Production, 149: 110-125.

后　记

近年来，我们对工业园区循环经济领域尤其是对园区工业废弃物资源化的研究，让我们切身体会到社会各界对生态文明建设及促进企业可持续发展所给予的巨大关注，也深刻体会到该研究领域对推动"两型社会"构建的重要意义。

在本书撰写之初，我们的初衷与设想有二：一是理论联系实际，特别是在节约资源和环境保护作为基本国策，以及可持续发展作为国家战略的背景下，力求研究成果具有可操作性，力求为国家政府和国内相关企业提供借鉴与启示；二是在继承已有研究的基础上进一步拓展本领域的研究视角。我们不求全面创新，只求有所创新，本书力图在继承前人研究的基础上阐发出新意，形成自己的见解。然而，由于我们志大才疏，设想与事实或实践仍可能存在偏差。我们真诚地希望相关专家、学者不吝赐教，我们也诚恳接受读者的批评，不断提升研究水平，共同为我国生态环境保护贡献绵薄之力。

历经三载，本书终于成稿出版。抚卷思忆，因诸多问题萦绕脑海而踌躇不前的苦恼，以及遇旁人点拨而瞬间豁然开朗的喜悦，如今依然历历在目。本书得以顺利完稿出版，离不开各方大力支持。首先，本书的撰写与完成离不开国家社会科学基金一般项目"园区工业废弃物资源化协同处理中的价值流转与补偿研究"（编号：15BGL147）的支持，本书的出版得到了中南大学商学院"双一流"建设专著出版专项经费资助，在此表示衷心的感谢。其次，本书之所以能呈现比较丰富的研究案例，离不开长沙经济技术开发区、宁乡经济技术开发区各位领导和工作人员的支持和指导，感谢他们无私地分享相关资料，他们所分享的翔实资料为本书的撰写提供了坚实的案例素材。再次，本书得以顺利出版，还离不开课题组成员的共同努力和付出，在此尤其感谢贺蒙博士、沈玖柒硕士、莫少婉硕士等同学的积极参与和有力支持，还有唐美德、李玲娇、唐政、徐敏、罗翀等硕士研究生，以及李珞珈、吕芳婷、刘奇等本科生进行的文本校对和文献整理工作，也离不开众多专家、学者及同事在写作过程中给予的勉励和指导。最后，特别感谢科学出版社徐倩等资深编辑为本书出版提供的帮助和付出的辛勤劳动。总之，感谢所有关心、帮助我们的领导、同事、朋友和同学们，您们的支持与帮助是最宝贵的财富。

在本书完稿并即将出版之际，一闪的轻松感过后仿佛又上紧了弦，本领域的理论与实务发展之快不容丝毫懈怠，此刻我们又站在了新的起点上迎接新的征程和挑战。